構造力学演習

基本から応用まで

監修 北原 武嗣

著 梶田 幸秀
松村 政秀
鈴木 康夫
田中 賢太郎
橋本 国太郎
大谷 友香

電気書院

はじめに

構造力学は，水理学や地盤力学と並んで土木系の学科（学系・コース・専攻）において基礎となる力学系の必須科目である．その中で，構造力学は構造物を計画・設計・建設・維持管理する上で知っておくべき基本中の基本となる学問である．土木系学科において対象となる構造物は，橋，トンネル，ダム，港湾施設，等々，多種多様である．

本書では，これら多種多様な構造物に関して，線部材で構成される平面的な構造（はり，トラス，柱）のみを対象とし，基本的な問題を確実に解くことができるよう配慮して執筆した．構造力学を身につけるためには，背景となる基礎理論をしっかりと学習し，その内容を理解することが重要である．このため，巷には多くの名著と呼ばれる教科書がすでに執筆されている．これらの書物や大学での講義を通して，着実に理論を自分のものにしてほしい．しかしながら，構造力学を本当に理解するためには，理論の学習のみでなく，実際に自分自身で多くの問題を解いていくことがきわめて重要となる．自分の頭を使い，手を動かすことで知識が定着するのである．

各章の最初にまとめてある「基本的な考え方」を確認し，続いて「基本問題」「演習問題」を自分自身ですべて解いてもらいたい．余力のある人は，発展問題にも挑戦し，より学力を高めてほしい．発展問題は，公務員試験や各種資格試験にも出題された問題の類題であり，学力レベルを把握する目安にもなると考えられる．また要所要所において「Point」や「ここに注意！」として重要事項や注意点をまとめている．これらに留意して学習を進めることで，基本から応用まで段階を踏んで定着度合いを深めていけるよう配慮している．

構造力学，特に土木系で必須となる項目は可能な限り網羅するよう努めたが，まずは基本の理解と定着を優先し，静定構造を中心に取り扱った．不静定構造に関しては，最小仕事の原理と変位の適合条件のみを第 15 章にて扱っている．

本演習書は，大学において実際に構造力学やその関連科目の講義を担当している気鋭の先生方に，教育現場での経験を活かして執筆を担当いただいた．また，私の研究室に所属していた河野洋佑氏（当時，関東学院大学大学院），須藤遼氏（当時，関東学院大学大学院），および高田耕平氏（当時，関東学院大学理工学部）らにすべての問題を実際に解いてもらい，学生目線からの忌憚ない貴重な意見を頂いた．共著者とともに，これらの方々に感謝申し上げる．

2020 年 11 月

監修　北原武嗣

構造力学を学ぶにあたって留意すべき前提条件

(1) 微小変形の仮定

高校までの物理では，物体に力が作用しても変形しないような理想化された物体（剛体）の力学を学んだ．これに対し，構造力学は変形する現実的な物体の力学である．しかしながら，構造力学で考える変形は大きな変形ではなく微小な変形のみ取り扱う．この仮定によって，力が作用して構造物が変形しても，変形前と変形後で力の作用方向は変化しないと見なすことができる．

(2) 平面保持の仮定

変形前に平面であった部分は変形後も平面を保持していると考える．

(3) 線形理論の仮定

構造物に作用する荷重と変形の関係には比例関係があると仮定する．すなわち，2 倍の力を加えれば変形も 2 倍になり，力をなくせばもとの状態に戻ることになる．この仮定が成り立つ状態では重ね合わせの原理が成り立つ．

単位・次元・有効数字

従来の計量単位には，メートル法やヤード・ポンド法がある．そのうち，メートル法にも，MKS 単位系や重力単位系などがあり統一されていなかった．国際的に統一した単位系使用の必要性から，1960 年に国際単位系（SI）が定められた．SI 単位系では，7 つの基本単位と多数の組立単位からなる SI 単位，加えて大きさを表す接頭辞が用いられる．これら単位を表す記号を単位記号といい，原則として直立体（ローマン体）の小文字が用いられる．単位の名称が固有名詞から導かれているものは，1 文字の場合，N（ニュートン）のように大文字，2 文字の場合は，Pa（パスカル）のように 1 番目の文字のみを大文字とする．

付表 1 に SI 基本単位と SI 組立単位のうち，構造力学でよく用いられる単位を，付表 2 に SI 接頭辞を示す．

付表1　SI 単位

量	単位	読み方	組立単位	工学単位	換算
長さ	m	メートル	–	m	–
質量	kg	キログラム	–	$kgf \cdot s^2/m$	$1\ kgf \cdot s^2/m = 9.8\ kg$
時間	s	秒	–	s	–
力	N	ニュートン	$kg \cdot m/s^2$	kgf	$1\ kgf = 9.8\ N$
応力	Pa	パスカル	N/m^2	kgf/m^2	$1\ kgf/m^2 = 9.8\ Pa$
仕事	J	ジュール	$N \cdot m$	$kgf \cdot m$	$1\ kgf \cdot m = 9.8\ J$

付表2　SI 接頭辞

大きさ	記号	読み	大きさ	記号	読み
10^{12}	T	テラ	10^{-3}	m	ミリ
10^{9}	G	ギガ	10^{-6}	μ	マイクロ
10^{6}	M	メガ	10^{-9}	n	ナノ
10^{3}	k	キロ	10^{-12}	p	ピコ

物理量は，数値と単位が掛け合わされた形で表される．

量　＝　数値　×　単位（例：　1,447　×　m　＝　1,447 m）

具体的な数値でなく，一般的な量を表す場合はローマ字，もしくはギリシャ文字の斜体（イタリック体）を用いる．この量を示す文字を量記号という．

付表3　量記号の例

量	量記号	量	量記号
長さ	L	質量	m
面積	A	時間	t
体積	V	力	F

観測値や計測値には，必ず誤差が含まれる．このような場合，信頼のおける桁の数値を用いる必要があり，これを有効数字という．有効数字の扱いに習熟する必要があるが，詳細は類書にあたっていただきたい．

また，物理量には次元があるため，次元を調べることで式の形や正しさ，係数の次元などを確認することができる．

■目次

第1章　力と力のモーメント

力の性質を理解し，力のモーメントの計算ができるようにしましょう．力は，物体に動きを与えたり，物体を変形させたりします．複数の力を同じ働きをする１つの力に合成することや，１つの力を同じ働きをする複数の力に分解することを学びます．

力のモーメントとは，ある点に回転運動を与える作用のことです．力の作用線上に物体の重心がある場合，回転せずにそのまま平行移動しますが，力の作用線上に物体の重心がない場合，平行移動と同時に回転運動が生じます．力のモーメントの大きさは，力の大きさと力の作用線と回転の中心との距離の積で表すことができます．

●基本的な考え方

力（Force）とは，物体に働くと運動や変形など，その物体の状態を変化させる作用のことである．

力の単位には N（ニュートン）を用い，1 N は，質量 1 kg の物体に 1 m/s² の加速度を生じさせるような力と定義し，次のように表す（図 1−1）．

力 ＝ 質量 × 加速度

$1\,[\mathrm{N}] = 1\,[\mathrm{kg}] \times 1\,[\mathrm{m/s^2}] = 1\,[\mathrm{kg \cdot m/s^2}]$

力のモーメントとは，ある点または軸まわりに物体を回転させようとする力の作用のことであり，以下のように計算できる（図 1−1）．

力のモーメント ＝ 力 × 回転中心から力の作用線までの垂直距離

$M\,[\mathrm{N \cdot m}] = F\,[\mathrm{N}] \times L\,[\mathrm{m}] = F \cdot L\,[\mathrm{N \cdot m}]$

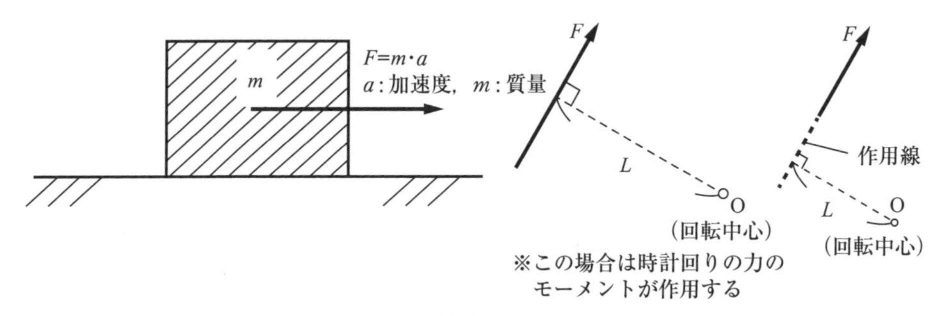

図 1−1

1　力の合成（1点に作用する場合）

図 1−2 に示すように，P_1，P_2，P_3 の力が点 O の 1 点に作用する場合の，合力 R と合力 R の作用線と x 軸となす角 α を求める方法を示す．

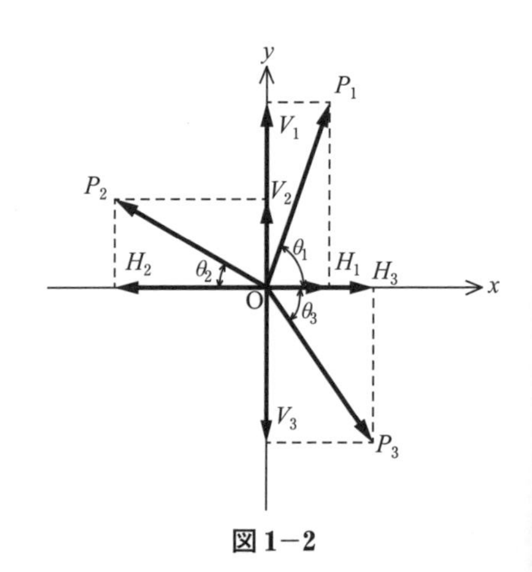

図 1−2

解き方

1) 水平方向（x 方向）の分力および総和の計算

右向きを正として図 1−2 に示す力 P_1，P_2，P_3 の x 方向の分力を総和する．

$H_1=P_1\cos\theta_1$，　$H_2=-P_2\cos\theta_2$，　$H_3=P_3\cos\theta_3$

$\Sigma H=H_1+H_2+H_3$

$\therefore \Sigma H=P_1\cos\theta_1+(-P_2\cos\theta_2)+P_3\cos\theta_3$

2) 鉛直方向（y 方向）の分力および総和の計算

上向きを正として図 1−2 に示す力 P_1，P_2，P_3 の y 方向の分力を総和する．

$V_1=P_1\sin\theta_1$，　$V_2=P_2\sin\theta_2$，　$V_3=-P_3\sin\theta_3$

$\Sigma V=V_1+V_2+V_3$

$\therefore \Sigma V=P_1\sin\theta_1+P_2\sin\theta_2+(-P_3\sin\theta_3)$

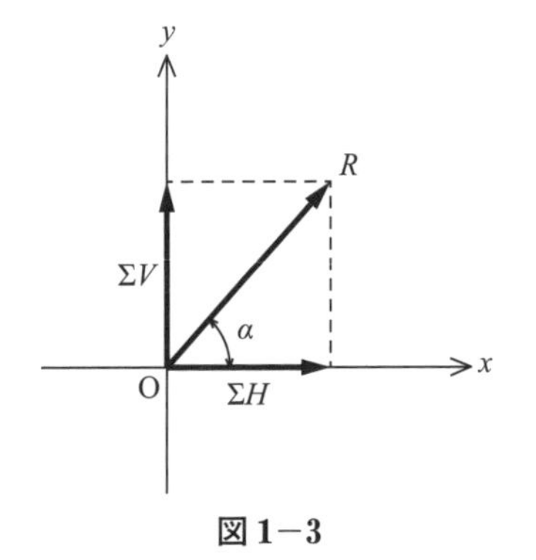

図 1−3

3) 力の合力 R の計算

$R=\sqrt{(\Sigma H)^2+(\Sigma V)^2}$

4) 合力 R が x 軸となす角

$\tan\alpha=\dfrac{\Sigma V}{\Sigma H} \longrightarrow \alpha=\tan^{-1}\dfrac{\Sigma V}{\Sigma H}$

5) 力の合力 R が，点 O から見てどの方向に向くかは，水平方向および鉛直方向の分力の正負によって，表 1−1 および図 1−4 に示す第Ⅰ～Ⅳ象限のどこに位置するかがわかる．

表 1−1　合力の向き

	第Ⅰ象限	第Ⅱ象限	第Ⅲ象限	第Ⅳ象限
ΣH	＋	−	−	＋
ΣV	＋	＋	−	−
$\tan\alpha$	＋	−	＋	−

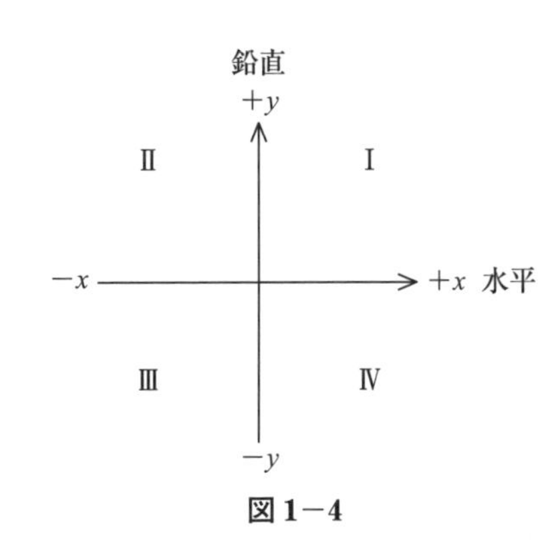

図 1−4

2　力の合成（1点に作用しない場合）

図1−5に示すように，P_1，P_2 の力が1点に作用しない場合の，力の合成 R と，合力 R の作用線と x 軸となす角 α を求め，作用点の位置を求める方法を示す．

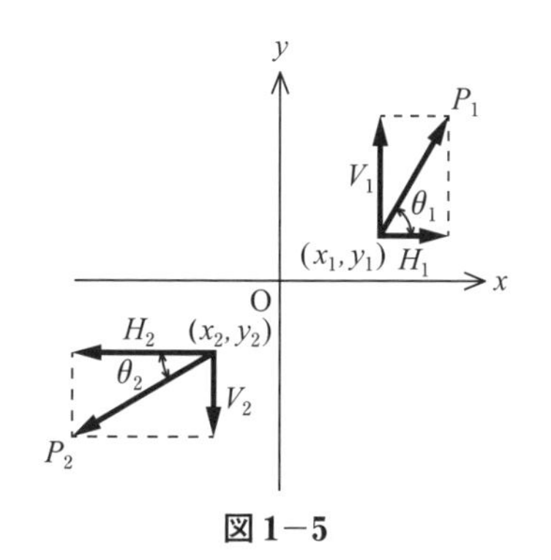

図1−5

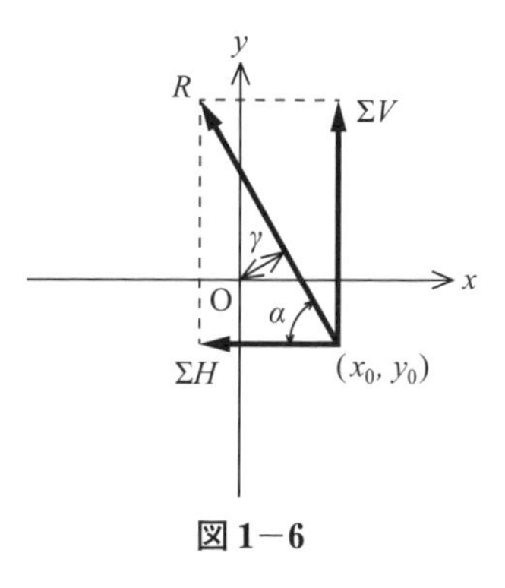

図1−6

1）水平方向および鉛直方向の分力と方向別の力の総和（ΣH，ΣV）を求める（前項と同じ）．

右向きを正として図1−5に示す力 P_1，P_2 の x 方向の分力を総和する．

$H_1 = P_1\cos\theta_1$，　$H_2 = -P_2\cos\theta_2$，

$\Sigma H = P_1\cos\theta_1 + (-P_2\cos\theta_2)$

$\Sigma H = H_1 + H_2$

上向きを正として図1−5に示す力 P_1，P_2 の y 方向の分力を総和する．

$V_1 = P_1\sin\theta_1$，　$V_2 = -P_2\sin\theta_2$，

$\Sigma V = V_1 + V_2$

$\Sigma V = P_1\sin\theta_1 + (-P_2\sin\theta_2)$

2）力の合力 R の計算

$R = \sqrt{(\Sigma H)^2 + (\Sigma V)^2}$

3）合力 R が x 軸となす角

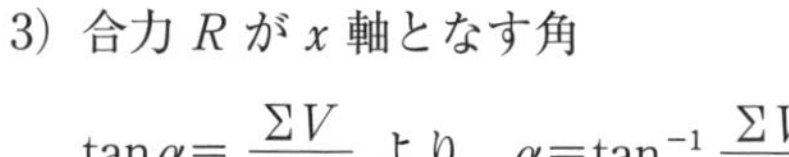

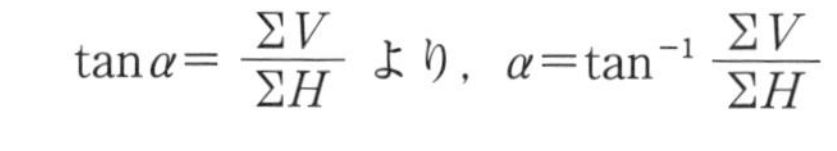

$\tan\alpha = \dfrac{\Sigma V}{\Sigma H}$ より，$\alpha = \tan^{-1}\dfrac{\Sigma V}{\Sigma H}$

4）つぎに，合力 R の作用点の位置を求める．

バリニオンの定理（合力 R×力の作用線までの垂直距離＝個々の力×垂直距離の和）より算出できる．

$(\Sigma V)\cdot x_0 = V_1\cdot x_1 + V_2\cdot x_2 = \Sigma(V\cdot x)$

$(\Sigma H)\cdot y_0 = H_1\cdot y_1 + H_2\cdot y_2 = \Sigma(H\cdot y)$

$$x_0=\frac{\Sigma(V\cdot x)}{\Sigma V}=\frac{\text{鉛直力が原点 O に与えるモーメントの総和}}{\text{鉛直力の総和}}$$

$$y_0=\frac{\Sigma(H\cdot y)}{\Sigma H}=\frac{\text{水平力が原点 O に与えるモーメントの総和}}{\text{水平力の総和}}$$

・点 O から作用線までの垂直距離 γ

$$\Sigma M_0=\Sigma(V\cdot x)+\Sigma(H\cdot y)=R\cdot\gamma \longrightarrow \gamma=\frac{\Sigma M_0}{R}$$

3　力のモーメント

図 1−7 の点 O まわりのモーメントを求める．

まず，P_3 を水平および鉛直方向に分力する．

$$H_3=P_3\cos\theta$$

$$V_3=P_3\sin\theta$$

時計まわりを正，反時計まわりを負として，力のモーメントを計算する．力 V_3 による点 O まわりの力のモーメントは反時計まわりであるので負となる．したがって点 O まわりの計算は次式のように計算できる．

$$\Sigma M_0=P_1\cdot y_1+P_2\cdot x_2+H_3\cdot y_3-V_3\cdot x_3$$

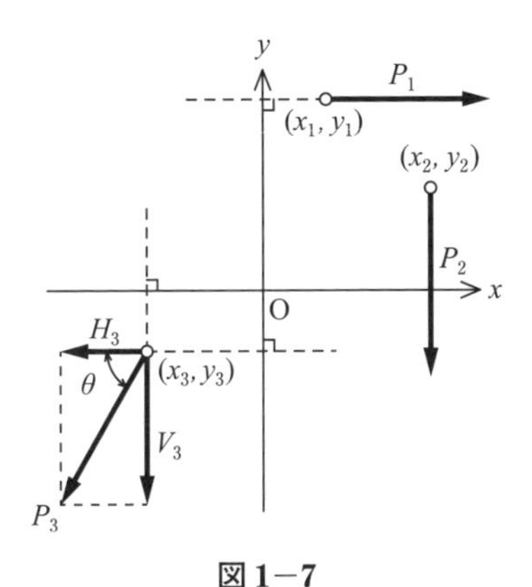

図 1−7

基本問題

基本問題1

図1−8に示す点Oに $P_1=100$ kN，$P_2=100$ kN の2つの力が作用している合力の大きさ R と，合力 R の作用線と x 軸となす角 α を求めなさい．

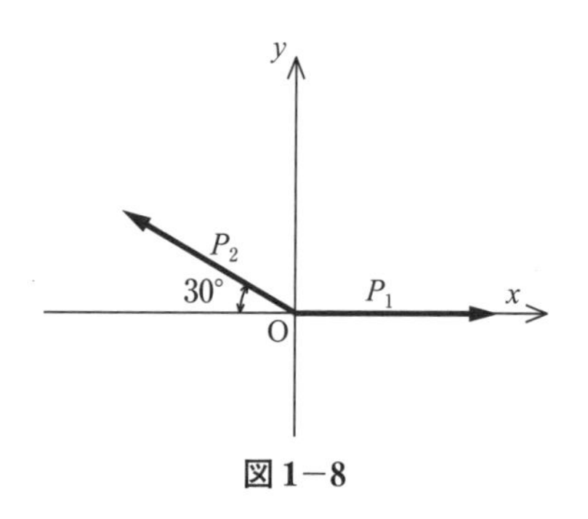

図1−8

解き方

右向きを正として，図1−9に示す力 P_1 と P_2 の x 方向の分力を総和する．

$H_1=P_1$，$H_2=-P_2\cos 30°$

$\Sigma H=H_1+H_2$

$$\Sigma H=P_1-P_2\cos 30° \qquad (1-1)$$

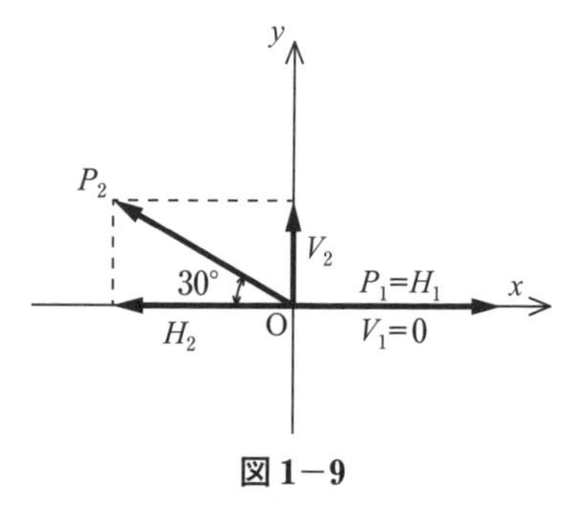

図1−9

上向きを正として，図1−9に示す力 P_1 と P_2 の y 方向の分力を総和する．

$V_1=0$，$V_2=P_2\sin 30°$

$\Sigma V=V_1+V_2$

$$\Sigma V=P_2\sin 30° \qquad (1-2)$$

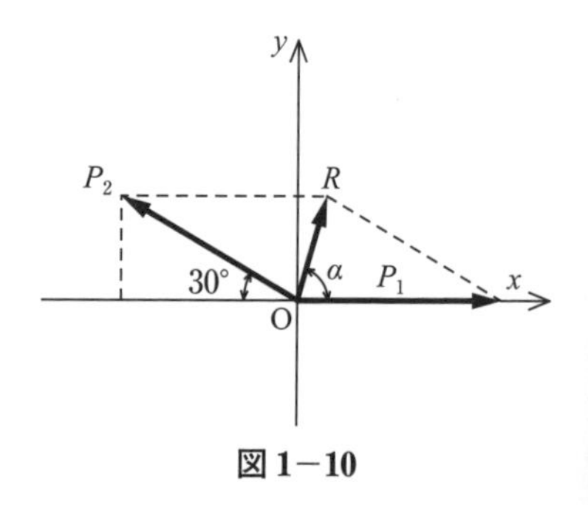

図1−10

式(1−1)より，$\Sigma H=100-50\sqrt{3}$ kN

式(1−2)より，$\Sigma V=50$ kN

合力　$R=\sqrt{(\Sigma H)^2+(\Sigma V)^2}$

$=\sqrt{(100-50\sqrt{3})^2+(50)^2}=51.8$ kN

$$\alpha = \tan^{-1}\frac{\Sigma V}{\Sigma H} = \tan^{-1}\frac{50}{(100-50\sqrt{3})} = 75°$$

基本問題 2

図 1−11 に示すように，$P_1 = 10$ kN, $P_2 = 30$ kN, $P_3 = 50$ kN が作用しているとき，点 O まわりのモーメントを求めなさい（時計まわりを正とする）.

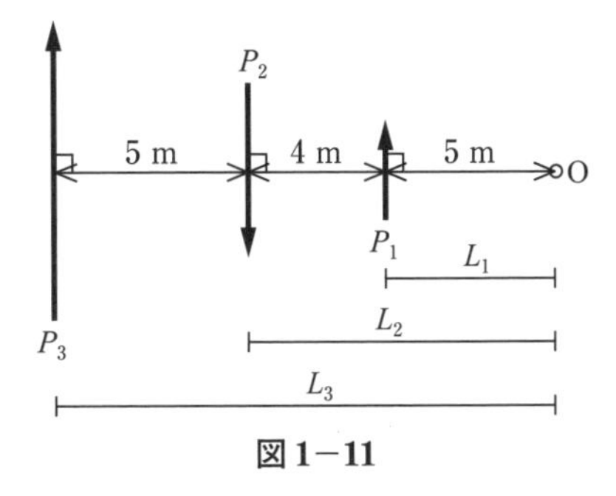

図 1−11

解き方

$$\Sigma M_0 = P_1 \cdot L_1 - P_2 \cdot L_2 + P_3 \cdot L_3$$

$$\Sigma M_0 = 10 \times 5 - 30 \times 9 + 50 \times 14 = 480 \text{ kN·m}$$

応用問題

応用問題1

図1−12に示す点Oに $P_1=100$ kN，$P_2=50$ kN，$P_3=50$ kNの3つの力が作用している．合力の大きさ R と，合力 R の作用線と x 軸となす角 α も求めなさい．

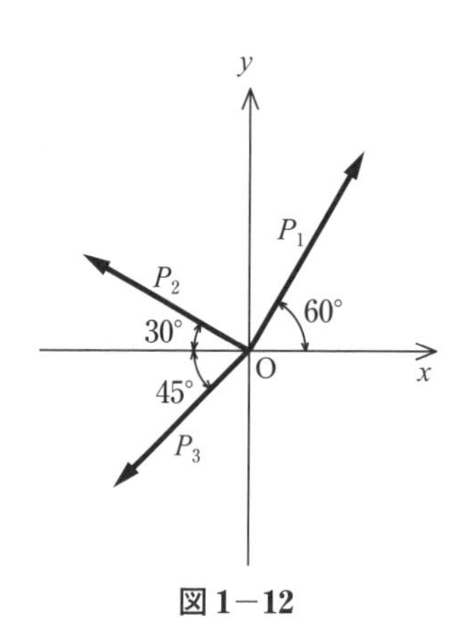

図1−12

解き方

右向きを正として図1−13に示す力 P_1，P_2，P_3 の x 方向の分力を総和する．

$H_1=P_1\cos 60°$，$H_2=-P_2\cos 30°$，

$H_3=-P_3\cos 45°$

$\Sigma H=H_1+H_2+H_3$

$\Sigma H=50-25\sqrt{3}-25\sqrt{2}=-28.7$ kN

上向きを正として図1−13に示す力 P_1，P_2，P_3 の y 方向の分力を総和する．

図1−13

$V_1=P_1\sin 60°$，$V_2=P_2\sin 30°$，$V_3=-P_3\sin 45°$

$\Sigma V=V_1+V_2+V_3$

$\Sigma V = 50\sqrt{3} + 25 - 25\sqrt{2} = 76.2$ kN

合力の大きさ

$R = \sqrt{(\Sigma H)^2 + (\Sigma V)^2}$

$= \sqrt{(-28.7)^2 + (76.2)^2} = 81.4$ kN

$\alpha = \tan^{-1}\dfrac{\Sigma V}{\Sigma H} = \tan^{-1}\dfrac{76.2}{-28.7}$

$= 110.6°$

※図 1−14 に示す α' のように角度をとると，

$\alpha' = \tan^{-1}\dfrac{\Sigma V}{\Sigma H} = \tan^{-1}\dfrac{76.2}{28.7}$

$= 69.4°$

と求めることができる．

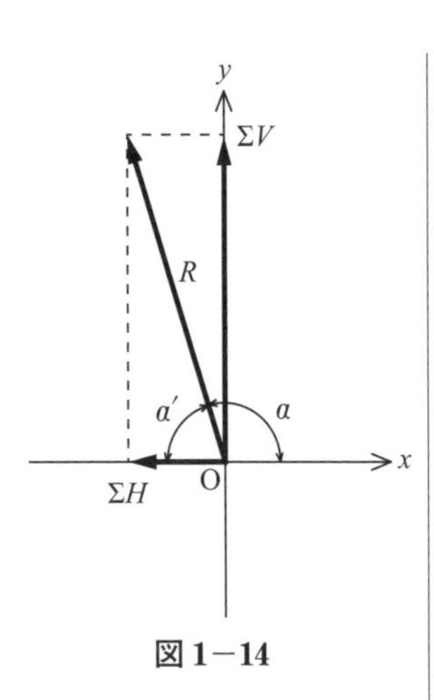

図 1−14

応用問題 2

図 1−15 に示すように $P_1 = 10$ kN，$P_2 = 20$ kN，$P_3 = 10$ kN の力が作用している．点 O まわりおよび点 C まわりの力のモーメント M_O，M_C を求めなさい．

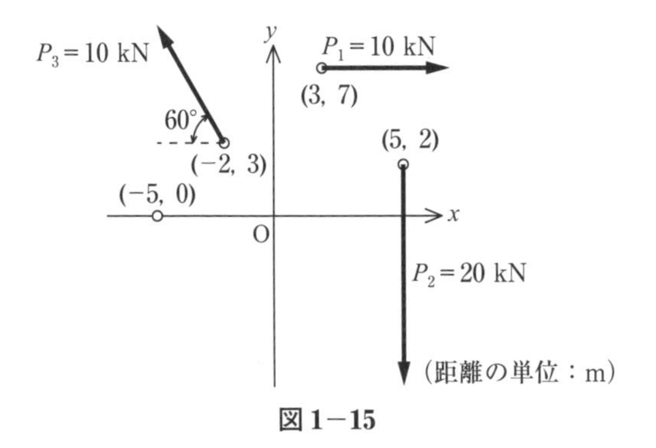

図 1−15

解き方

$H_3 = P_3\cos 60°$, $V_3 = P_3\sin 60°$

時計まわりを正として，点 O まわりの力のモーメントを計算する．

$$M_O = P_1 \times 7 + P_2 \times 5 + V_3 \times 2 - H_3 \times 3$$
$$= 10 \times 7 + 20 \times 5 + 10 \times \frac{\sqrt{3}}{2} \times 2 - 10 \times \frac{1}{2} \times 3$$
$$= 172.3 \text{ kN·m}$$

時計まわりを正として，点Cまわりの力のモーメントを計算する．

$$M_C = P_1 \times 7 + P_2 \times \{5 - (-5)\} - V_3$$
$$\times \{-2 - (-5)\} - H_3 \,(= P_3 \cos 60°) \times 3$$
$$= 229.0 \text{ kN·m}$$

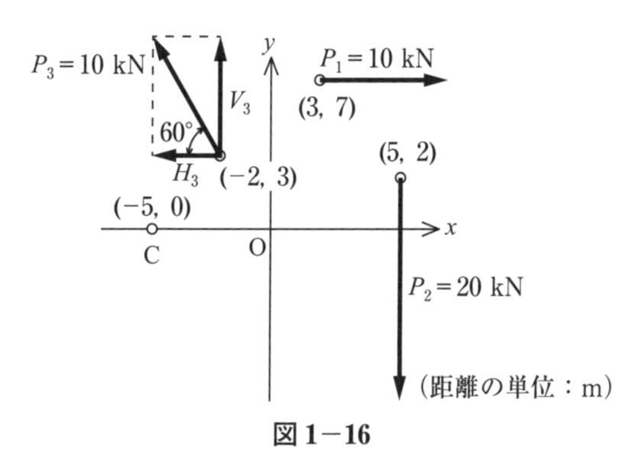

図1−16

発 展 問 題

発展問題 1

以下の図に関して問題に答えなさい.

(1) 図 1−17 (a) に示す各力の合力の大きさ R と, 合力 R の作用線と x 軸とのなす角 α を求めなさい.

(2) 図 1−17 (b) に示す各力の合力の大きさ R と, 合力 R の作用線と x 軸のなす角 α および力の作用点を求めなさい.

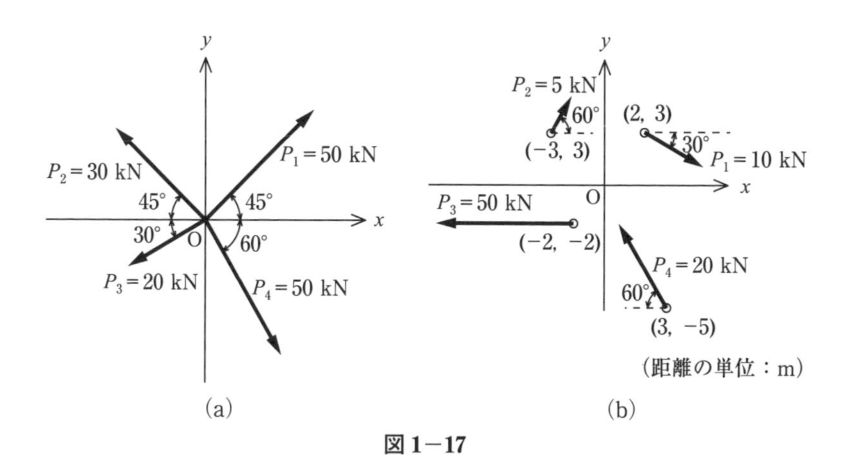

図 1−17

第2章　力のつり合い

力がつり合っている状態では，以下の力のつり合い条件式が成り立ちます．

$\Sigma H=0$　（水平方向の力の総和が 0）

$\Sigma V=0$　（鉛直方向の力の総和が 0）

$\Sigma M=0$　（力のモーメントの総和が 0）

本章では，上記の力のつり合い条件式を用いて，力のつり合いを学習します．

●基本的な考え方

1　力が1点に作用する場合

図2−1に示すように，点Oにいくつかの力が1点に作用し，静止している場合は，各力の作用線と点Oからの垂直距離が0なので，点Oまわりの力のモーメントのつり合い（$\Sigma M=0$）は考えなくてよい．水平方向（ΣH）および鉛直方向（ΣV）に，それぞれ分力して力のつり合い式を立てる．

$$R=\sqrt{(\Sigma H)^2+(\Sigma V)^2}=0$$

$$\tan\alpha=\frac{\Sigma V}{\Sigma H}$$

$$\alpha=\tan^{-1}\frac{\Sigma V}{\Sigma H}$$

図2−1

図2−2に示すように，x軸となす角αの合力R_1を求め，R_2を逆方向に作用させる．すなわち$R_1-R_2=0$が成り立つとき，力のつり合い状態にある．

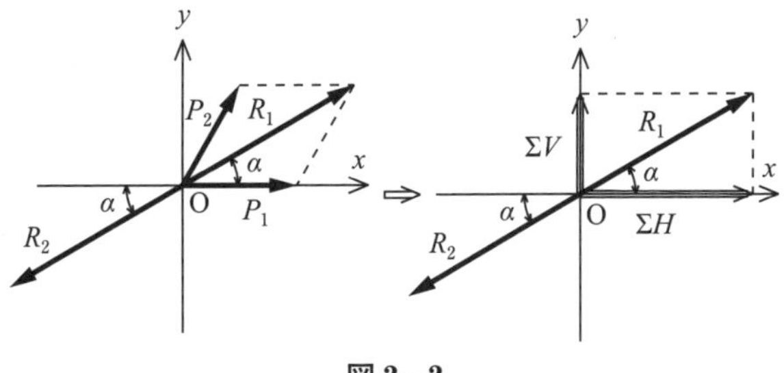

図2−2

2　力が1点に作用しない場合

図2−3に示すような物体に，いくつかの力が作用している場合は，1つずつの力によって物体を回転させる作用が生じる．これを力のモーメントという．この場合は水平方向（ΣH）と鉛直方向（ΣV）に加えて，任意の点に対して力のモーメント（ΣM）のつり合いも0でなければならない．

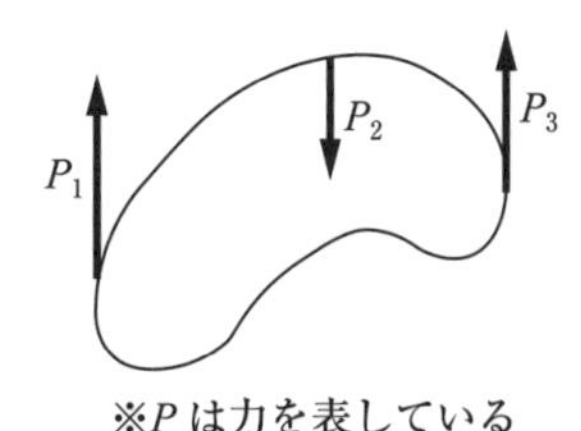

※Pは力を表している

図2−3

$\Sigma H=0$　　（水平方向の力の総和が 0）

$\Sigma V=0$　　（鉛直方向の力の総和が 0）

$\Sigma M=0$　　（力のモーメントの総和が 0）

これらの 3 つの式を「力のつり合い式」という.

基 本 問 題

基本問題 1

図 2−4 に示すように点 O に 3 つの力が作用している．3 つの力がつり合うとき，力 P_3 を求めなさい．また，力 P_3 の作用線と x 軸となす角 α も求めなさい．

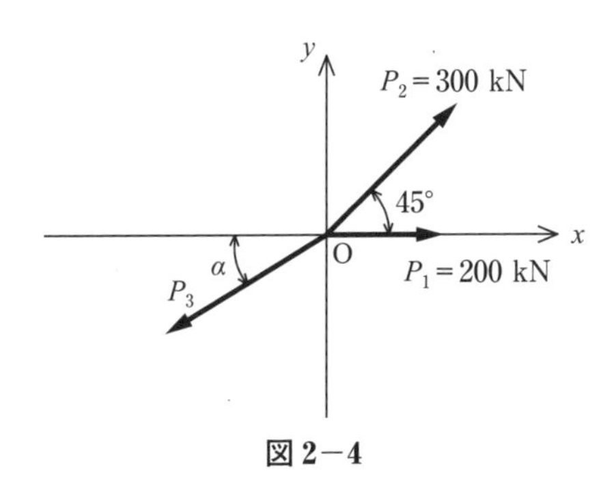

図 2−4

解き方

$\Sigma H = 0$　右向きを正として x 方向の力のつり合い式を立てる．

$$P_1 + P_2 \cos 45° - P_3 \cos\alpha = 0$$

$$P_3 \cos\alpha = P_1 + P_2 \cos 45° = 412.1 \text{ kN}$$

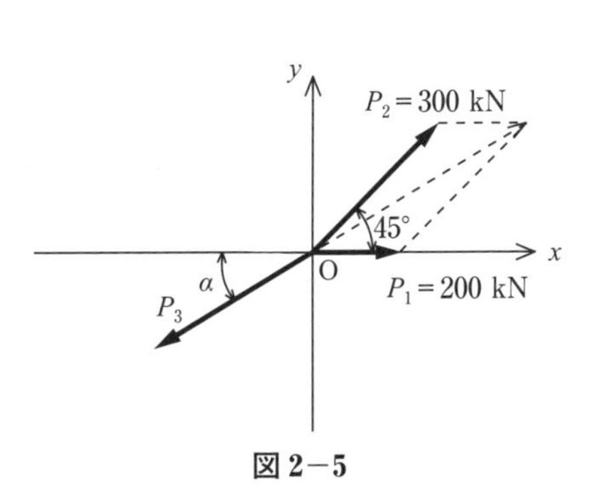

図 2−5

$\Sigma V = 0$　上向きを正として y 方向の力のつり合い式を立てる．

$$P_2 \sin 45° - P_3 \sin\alpha = 0$$

$$P_3 \sin\alpha = P_2 \sin 45° = 212.1 \text{ kN}$$

$$P_3 = \sqrt{(P_3\cos\alpha)^2 + (P_3\sin\alpha)^2} = \sqrt{(412.1)^2 + (212.1)^2} = 463.5 \text{ kN}$$

$$\tan\alpha = \frac{P_3 \sin\alpha}{P_3 \cos\alpha} = \frac{212.1}{412.1} = 0.515$$

$$\alpha = 27.25°$$

別解

P_1 と P_2 の合力を計算し，その合力 R と同じ大きさで向きを反対にすれば力 P_3 が得られる．

ΣH　右向きを正として x 方向の力のつり合い式を立てる．

$$\Sigma H = P_1 + P_2 \cos 45° \qquad (2-1)$$

ΣV　上向きを正として y 方向の力のつり合い式を立てる．

$$\Sigma V = P_2 \sin 45° \qquad (2-2)$$

式 (2−1) より，$\Sigma H = 200 + 150\sqrt{2} = 412.1$ kN

式 (2−2) より，$\Sigma V = 150\sqrt{2} = 212.1$ kN

$$R = \sqrt{(\Sigma H)^2 + (\Sigma V)^2} = \sqrt{(412.1)^2 + (212.1)^2} = 463.5 \text{ kN}$$

（つり合うためには，図 2−6 に示すように P_1 および P_2 の合力 R と反対方向に P_3 が作用しなければならない）

$$\tan\alpha = \frac{\Sigma V}{\Sigma H} = \frac{212.1}{412.1} = 0.515$$

$$\alpha = 27.25°$$

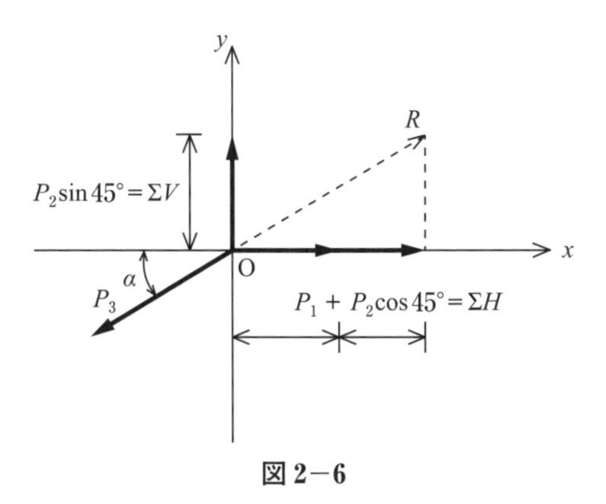

図 2−6

基本問題2

図2−7(a), (b)に示すある棒に$P_1=10$ kNが作用し，静止している．このときの点A，点Bにそれぞれどれくらいの力を作用させればつり合うかを求めなさい．

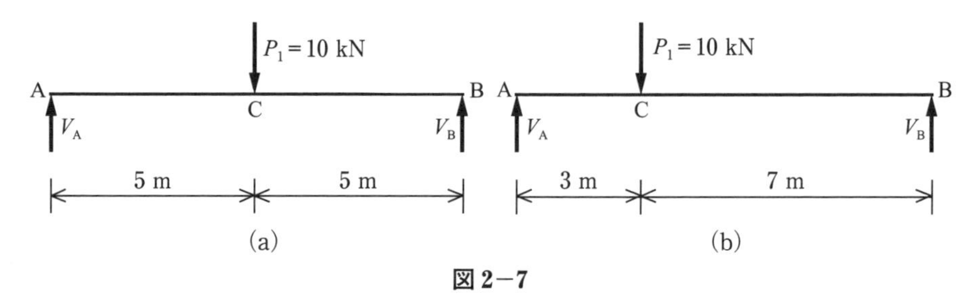

図2−7

解き方

(a)

$\Sigma V=0$　上向きを正として鉛直方向の力のつり合い式を立てる．

$$V_A+V_B-10=0 \qquad (2-3)$$

$\Sigma M_{(A)}=0$　時計まわりを正として点Aまわりのモーメントのつり合い式を立てる．

$$10\times5-10V_B=0 \qquad (2-4)$$

式(2−4)より，$V_B=5$ kNとなる．

式(2−3)へV_Bを代入すると，

$V_A=5$ kNとなる．

(b)

$\Sigma V=0$　上向きを正として鉛直方向の力のつり合い式を立てる．

$$V_A+V_B-10=0 \qquad (2-5)$$

$\Sigma M_{(A)}=0$　時計まわりを正として点Aまわりのモーメントのつり合い式を立てる．

$$10\times3-10V_B=0 \qquad (2-6)$$

式(2−6)より，$V_B=3$ kNとなる．

式(2−5)へV_Bを代入すると，

$V_A=7$ kNとなる．

基本問題3

図2−8に示すある棒に$P_1=10$ kNと$P_2=20$ kNとが作用し，静止している．そのときのV_A，V_Bを求めなさい．

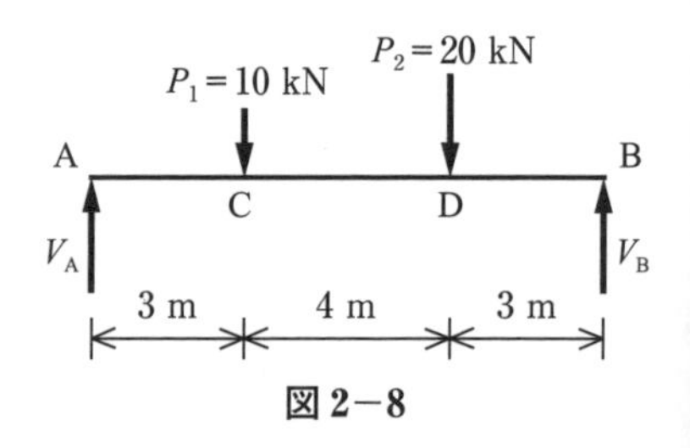

図2−8

解き方

$\Sigma V=0$　上向きを正として鉛直方向の力のつり合い式を立てる．

$$V_A+V_B-10-20=0 \qquad (2-7)$$

$\Sigma M_{(A)}=0$　時計まわりを正として点 A まわりのモーメントのつり合い式を立てる.

$$10\times3+20\times7-10V_B=0 \qquad (2-8)$$

式 (2−8) より, $V_B=17$ kN となる.

式 (2−7) へ V_B を代入すると, $V_A=13$ kN となる.

応用問題

応用問題1

図 2−9 に示す力 P_1, P_2 と力 $P=200$ kNとがつり合っているときの力 P_1, P_2 を求めなさい.

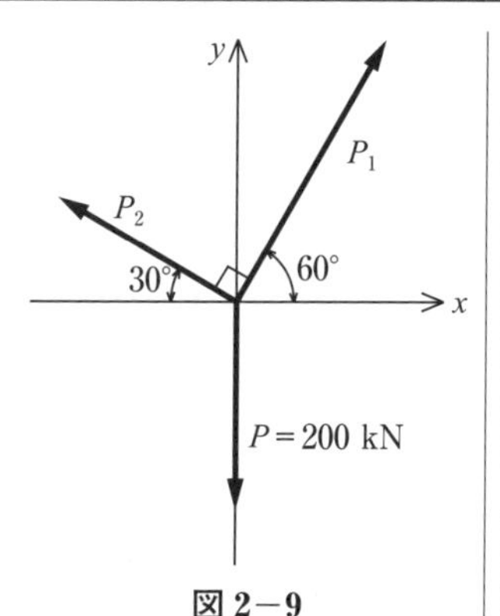

図 2−9

解き方

$\Sigma H=0$　右向きを正として x 方向の力のつり合い式を立てる.

$$\Sigma H = P_1\cos 60° - P_2\cos 30° = 0 \quad (2-9)$$

$\Sigma V=0$　上向きを正として y 方向の力のつり合い式を立てる.

$$\Sigma V = P_1\sin 60° + P_2\sin 30° - 200 = 0 \quad (2-10)$$

式 (2−9) より, $P_1\cdot\dfrac{1}{2} - P_2\cdot\dfrac{\sqrt{3}}{2} = 0$

$$P_1 = P_2\cdot\sqrt{3} \quad (2-11)$$

式 (2−10) より, $P_1\cdot\dfrac{\sqrt{3}}{2} + P_2\cdot\dfrac{1}{2} = 200 \quad (2-12)$

式 (2−11) を式 (2−12) へ代入すると,

$$P_2\cdot\sqrt{3}\cdot\frac{\sqrt{3}}{2} + P_2\cdot\frac{1}{2} = 200$$

$$P_2\cdot\frac{3}{2} + P_2\cdot\frac{1}{2} = 200$$

$$2P_2 = 200$$

$$P_2 = 100 \text{ kN}$$

式 (2−11) へ P_2 を代入すると,

$P_1 = 100\sqrt{3}$　答え 173.2 kN

ここに注意!

★力の作用する方向の考え方は, 前項の「基本的な考え方」に示したようにとりましょう. 自分で符号を仮定するのもよいです.

ここに注意!

たとえば, 力が作用している方向がすべて下向きの場合, 下方向を＋としてつり合い式を作ることもできます.

応用問題 2

図 2−10 に示す棒に力 P_1 が作用しつり合っているとき，H_A，V_A，V_B を求めなさい．

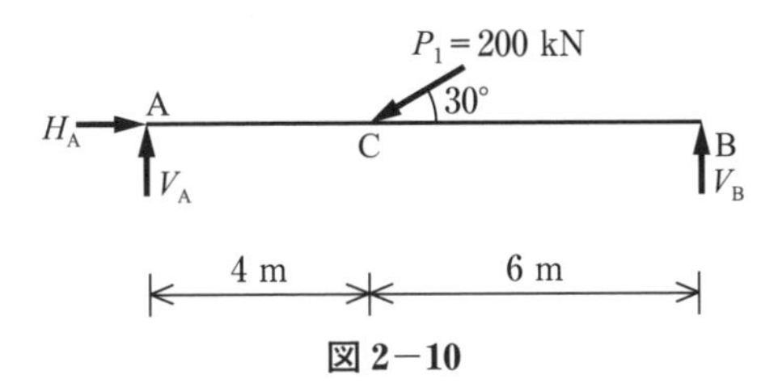

図 2−10

解き方

$\Sigma H=0$　右向きを正として水平方向の力のつり合い式を立てる．

$H_A - P_1 \cos 30° = 0$

$H_A - 200 \cos 30° = 0$　　　(2−13)

$\Sigma V=0$　上向きを正として鉛直方向の力のつり合い式を立てる．

$V_A + V_B - P_1 \sin 30° = 0$

$V_A + V_B - 200 \sin 30° = 0$　　　(2−14)

$\Sigma M_{(A)}=0$　時計まわりを正として点 A まわりのモーメントのつり合い式を立てる．

$P_1 \sin 30° \cdot 4 - 10 V_B = 0$

$200 \sin 30° \cdot 4 - 10 V_B = 0$　　　(2−15)

式 (2−13) より，$H_A = 173.2$ kN となる．

式 (2−15) より，$V_B = 40$ kN となる．

式 (2−14) へ V_B を代入すると，$V_A = 60$ kN となる．

応用問題3

図2−11に示す棒に作用している力 P_1, V_B が既知でつり合っているとき，P_2, V_A を求めなさい．

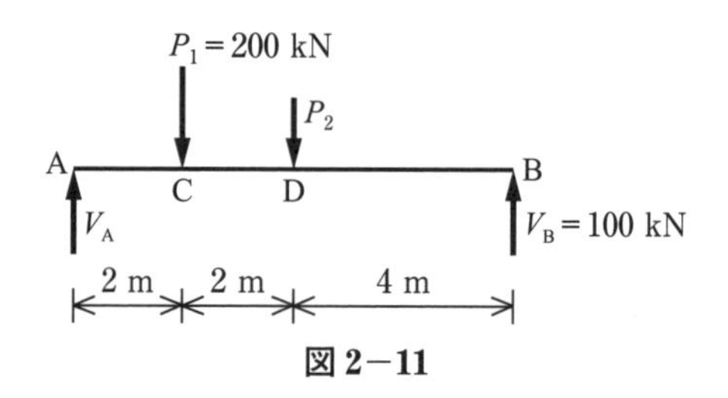

図2−11

解き方

$\Sigma V=0$　上向きを正として鉛直方向のつり合い式を立てる．

$$V_A+V_B-P_1-P_2=0$$

$$V_A+100-200-P_2=0$$

$$V_A-P_2=100 \qquad (2-16)$$

$\Sigma M_{(A)}=0$　時計まわりを正として点Aまわりのモーメントのつり合い式を立てる．

$$P_1 \cdot 2+P_2 \cdot 4-8V_B=0$$

$$200\times 2+P_2 \cdot 4-8\times 100=0 \qquad (2-17)$$

式(2−17)より，$P_2=100$ kN となる．

式(2−16)へ P_2 を代入すると，$V_A=200$ kN となる．

発 展 問 題

発展問題 1

図 2−12 に示す棒に，力 P が作用しつり合っているとき，H_A，V_A，V_B を求めなさい.

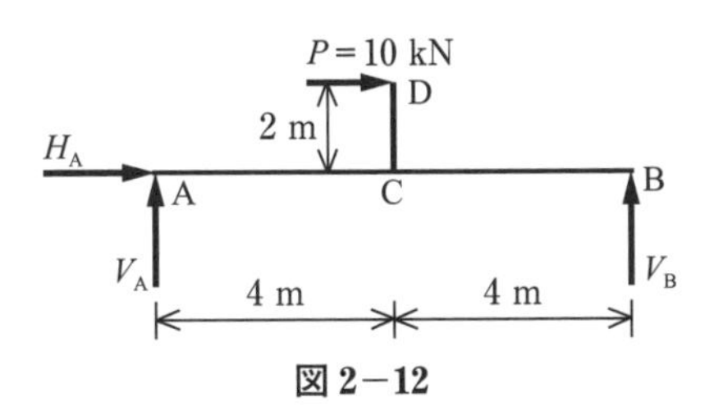

図 2−12

発展問題 2

図 2−13 に示す棒に力 P_1，P_2 が作用しつり合っているとき，H_A，V_A，V_B を求めなさい.

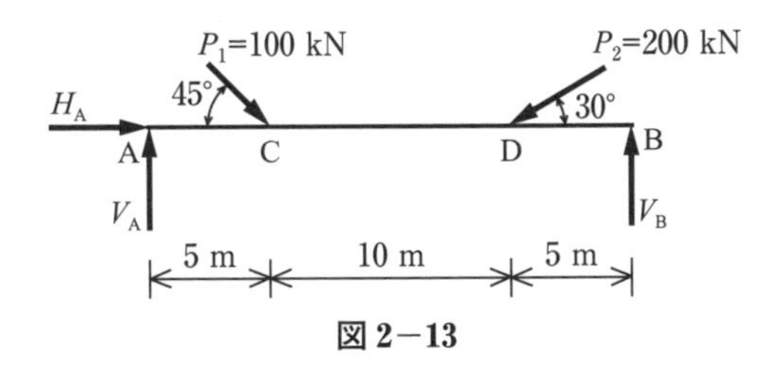

図 2−13

第3章　支点反力

構造物に力が作用すると支点から基礎・地盤などに力が伝わります．逆に構造物は地盤などから反作用として，支点を介して力を受けます．この支点を介して構造物が受ける力を支点反力といいます．支点には，固定支点，回転支点，移動支点の 3 種類があります．支点反力は，自由物体図を描いて，第 2 章で示した 3 つのつり合い式を用いて求めます．

第 4 章，第 5 章トラスの断面力を求めるとき，第 6 章，第 7 章で示すはりやラーメン構造の断面力を求めるときなど，前もって支点反力を求めることは必須です．本章では，荷重の定義，支点の種類や支点反力の求め方を理解しましょう．

●基本的な考え方

構造物に作用する力は支点から基礎・地盤などに伝わるが，逆に構造物は地盤などからそれらの反作用として，支点から力を受ける．この構造物に作用する力を支点反力という．荷重は，構造物に対して作用しているので，力の作用点は矢印の先端であるとする．支点の種類には，固定支点，回転支点，移動支点の3種類がある．

- 固定支点：回転，水平方向および鉛直方向のすべてを拘束
- 回転支点：回転だけを許し（表3−1に示すようにピン構造となっており，回転が自由)，水平方向および鉛直方向の移動だけを拘束
- 移動支点：回転および水平方向の移動を許し，鉛直方向の移動だけを拘束

表3−1　支点反力の図示と反力数

支点の種類	模式図	支点反力の略図	反力数
固定支点	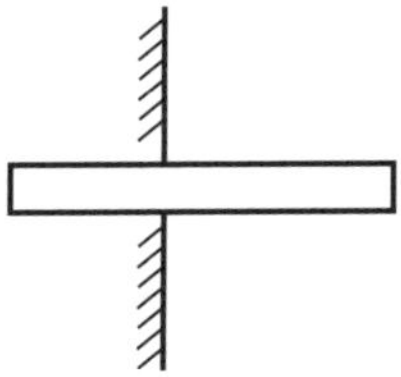	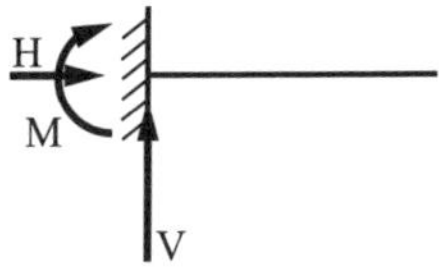 H M V	3
回転支点	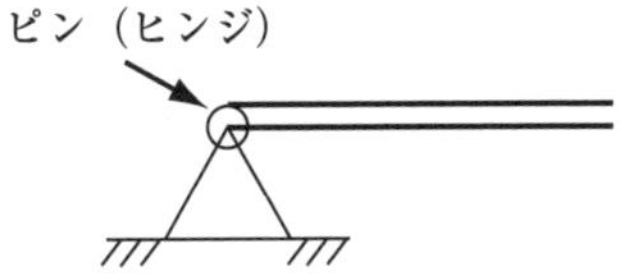 ピン（ヒンジ）	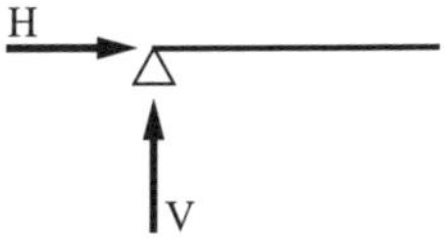 H V	2
移動支点	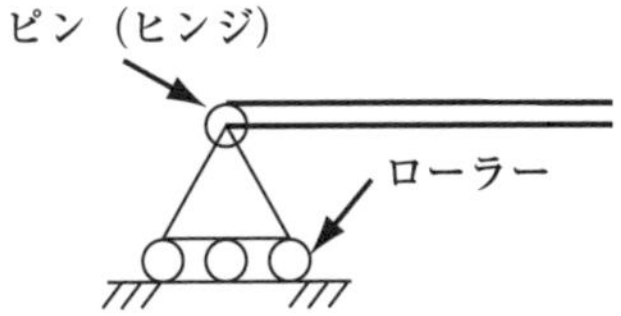 ピン（ヒンジ） ローラー	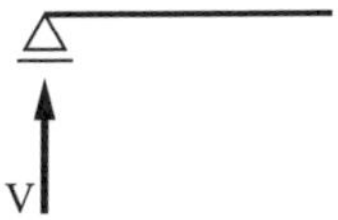 V	1

1　支点反力の計算手順

(1)　図 3−1 に，回転支点と移動支点とに支持された構造物を示す．構造物の支点を取り除き，その位置に支点反力の矢印を記入し，自由物体図を描く．なお，自由物体図（図 3−2）とは支点によって支えられていない自由物体とそれに作用する力をともに描いた図をいう．

(2)　水平方向（$\Sigma H=0$），鉛直方向（$\Sigma V=0$），任意の点に関するモーメント（$\Sigma M=0$）の 3 つのつり合い式を立てる．

(3)　上記の 3 つのつり合い式から支点反力を求める．

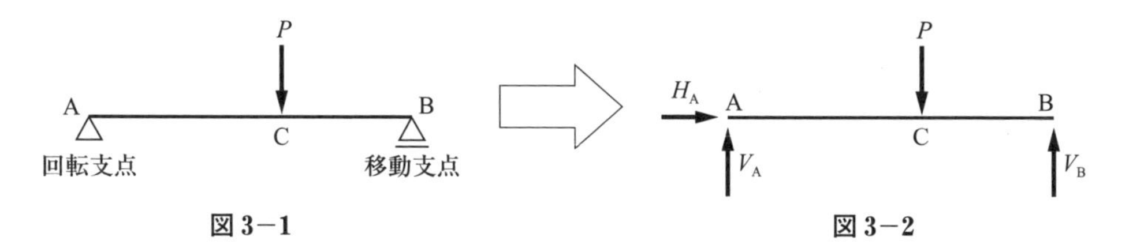

図 3−1　　図 3−2

2　荷重（作用する力）の種類

構造物に作用する力を荷重と呼ぶ．荷重には，構造物自身の重さ，車両や人などによる重さ，地震による慣性力，風が吹きつける力，雪の重さ，水圧・土圧などがある．

荷重（作用する力）にも種類があり，荷重は集中荷重，分布荷重（等分布荷重，三角形分布荷重），モーメント荷重などに分類される．

(1)　集中荷重

・1 点に集中して作用すると考えてよい力（例：車両の車輪からの荷重）を集中荷重（図 3−3）という．

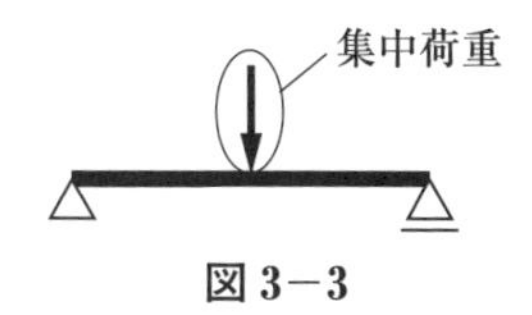

図 3−3

(2) 分布荷重

・ある範囲に分布して作用する荷重（例：構造物自身の自重や雪荷重など）を分布荷重（図 3−4）という．

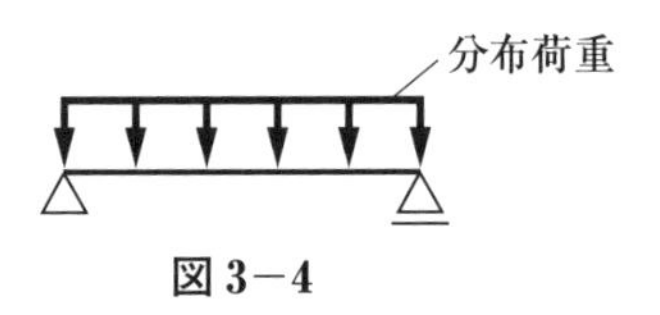

図 3−4

Point

・支点の種類によって反力の数や方向が異なるので，注意しよう．

・図 3−2 のような場合，作用点の位置は，矢印の先端と考えます．

・自由物体図を描き，水平方向および鉛直方向に作用している荷重の方向をチェックしよう．自由物体図とは，図 3−2 に示すように，はりと作用する力を描いた図のことをいいます．

例題 1　図 3−5 に示す単純ばり（1 つの回転支点と 1 つの移動支点で支えられたはり）の支点反力を求めなさい．

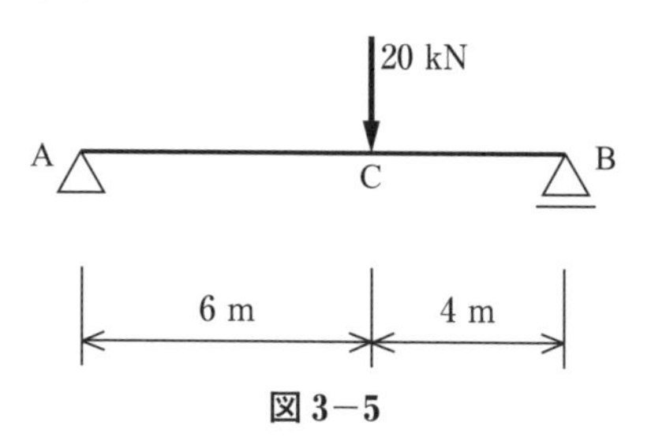

図 3−5

解き方

支点を取り除き，支点反力を記入し，図 3−6 のような自由物体図を描く．

$\Sigma H=0$　右向きを正として水平方向の力のつり合い式を立てる．

$H_A=0$

$\Sigma V=0$　上向きを正として鉛直方向の力のつり合い式を立てる．

$V_A+V_B-20=0$　　(3−1)

$\Sigma M_{(A)}=0$　時計まわりを正として点 A まわりのモーメントのつり合い式を立てる．

$20\times6-10V_B=0$　　(3−2)

式 (3−2) より，$V_B=12$ kN となる．

式 (3−1) へ V_B を代入すると，$V_A=8$ kN となる．

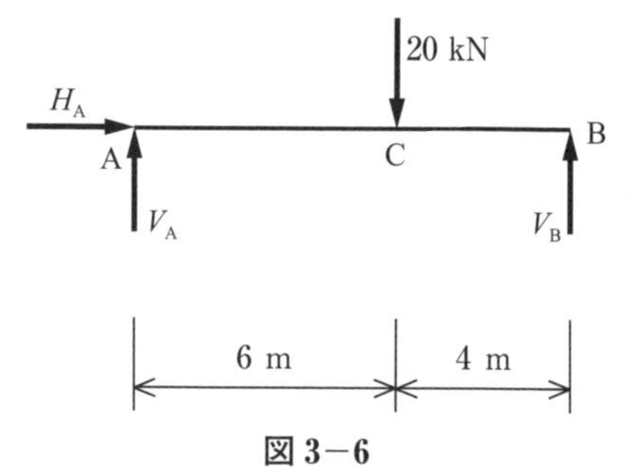

図 3−6

・重ね合わせの原理

重ね合わせの原理とは，図 3−7 に示すように，複数の荷重が構造物に作用する場合の支点反力，断面力やたわみと，1 つずつの荷重が作用する場合の支点反力，断面力やたわみを足し合わせたものとが等しくなることをいう．たとえば，支点反力について考えてみる．

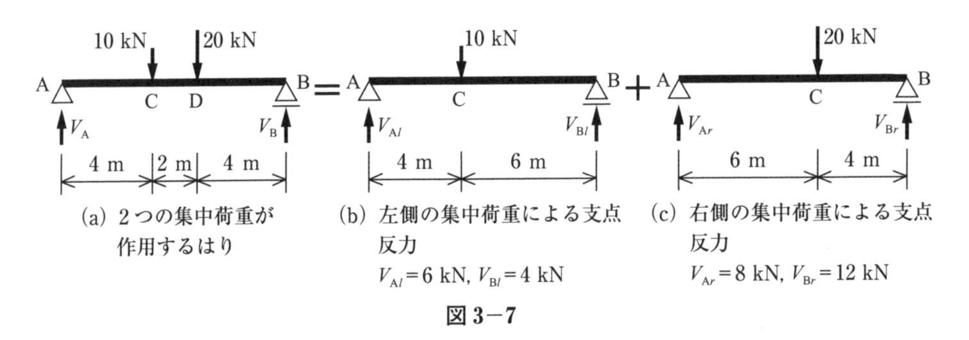

(a) 2 つの集中荷重が作用するはり

(b) 左側の集中荷重による支点反力
$V_{Al}=6$ kN, $V_{Bl}=4$ kN

(c) 右側の集中荷重による支点反力
$V_{Ar}=8$ kN, $V_{Br}=12$ kN

図 3−7

図 3−7 (a) の場合の支点反力の計算

$\Sigma V=0$　上向きを正として鉛直方向の力のつり合い式を立てる．

$$V_A+V_B-30=0 \tag{3-3}$$

$\Sigma M_{(A)}=0$　時計まわりを正として点 A まわりのモーメントのつり合い式を立てる．

$$10\times4+20\times6-10V_B=0 \tag{3-4}$$

式 (3−3)，式 (3−4) より，$V_B=16$ kN, $V_A=14$ kN となる．

よって，$V_A=V_{Ar}+V_{Al}, V_B=V_{Br}+V_{Bl}$ と確認できる．

Point

・重ね合わせの原理は，支点反力，断面力やたわみにも成立する原理なので，使えるようにしておこう．

基　本　問　題

基本問題 1

図 3−8 に示す単純ばりの支点反力を求めなさい．

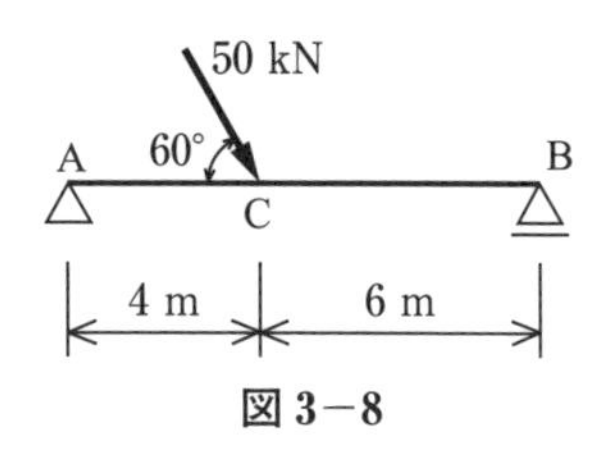

図 3−8

解き方

支点を取り除き，支点反力を記入し，図 3−9 に示すような自由物体図を描く．

図 3−9

$\Sigma H=0$　右向きを正として水平方向の力のつり合い式を立てる．

$$H_A+50\cos 60°=0 \qquad (3-5)$$

$\Sigma V=0$　上向きを正として鉛直方向の力のつり合い式を立てる．

$$V_A+V_B-50\sin 60°=0 \qquad (3-6)$$

$\Sigma M_{(A)}=0$　時計まわりを正として点 A まわりのモーメントのつり合い式を立てる．

$$50\sin 60°\times 4-10\,V_B=0 \qquad (3-7)$$

式 (3−5) より，$H_A=-25$ kN

式 (3−7) より，$V_B=17.3$ kN となる．

式 (3−6) へ V_B を代入すると，$V_A=26.0$ kN となる．

基本問題 2

図 3−10 に示す片持ちばり（1 端が固定支点，他端が自由端のはり）の支点反力を求めなさい．

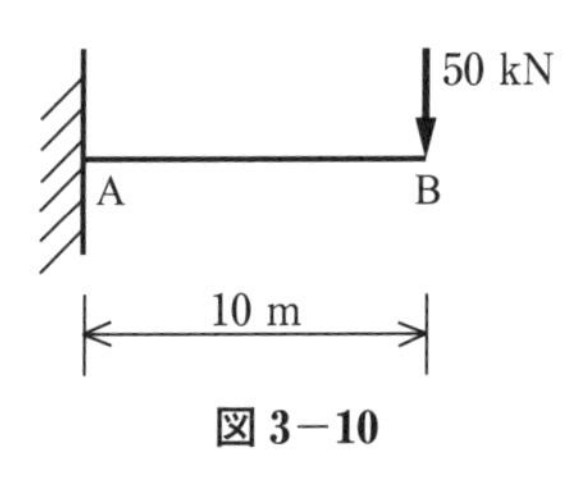

図 3−10

解き方

支点を取り除き，支点反力を記入し，図 3−11 に示すような自由物体図を描く．

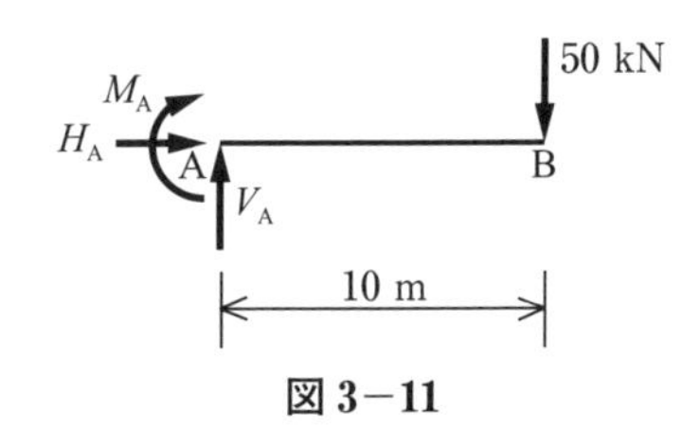

図 3−11

$\Sigma H=0$　右向きを正として水平方向の力のつり合い式を立てる．

$$H_A=0$$

$\Sigma V=0$　上向きを正として鉛直方向の力のつり合い式を立てる．

$$V_A-50=0 \qquad (3-8)$$

$\Sigma M_{(A)}=0$　時計まわりを正として点 A まわりのモーメントのつり合い式を立てる．

$$M_A+50\times 10=0 \qquad (3-9)$$

式 (3−8) より，$V_A=50$ kN となる．

式 (3−9) より，$M_A=-500$ kN·m となる．

応 用 問 題

応用問題 1

図 3−12 に示す単純ばりの支点反力を求めなさい.

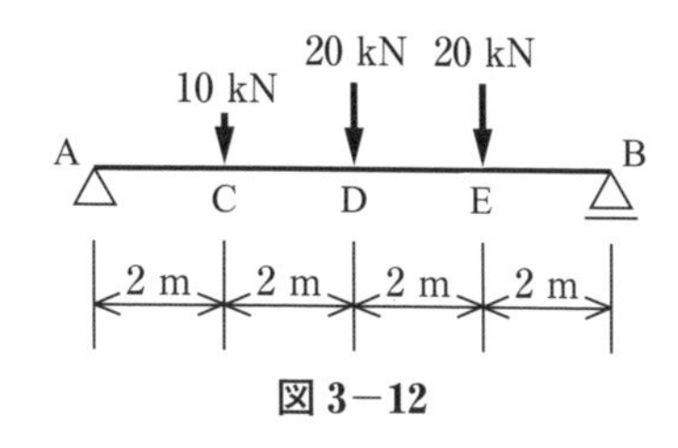

図 3−12

解き方

支点を取り除き，支点反力を記入し，図 3−13 に示すような自由物体図を描く.

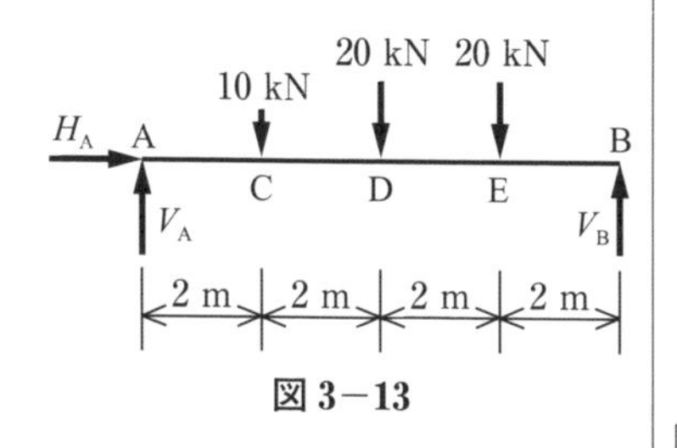

図 3−13

$\Sigma H=0$　右向きを正として水平方向の力のつり合い式を立てる.

$$H_A=0$$

$\Sigma V=0$　上向きを正として鉛直方向の力のつり合い式を立てる.

$$V_A+V_B-10-20-20=0 \qquad (3-10)$$

$\Sigma M_{(A)}=0$　時計まわりを正として点 A まわりのモーメントのつり合い式を立てる.

$$10\times2+20\times4+20\times6-8V_B=0 \qquad (3-11)$$

式 (3−11) より，$V_B=27.5$ kN となる.

式 (3−10) の V_B を代入すると，$V_A=22.5$ kN となる.

ここに注意！

モーメントのつり合い式では，モーメントの方向に気をつけて式を立てましょう.

ここに注意！

等分布荷重は，分布形状の面積（分布荷重×載荷長）に相当する集中荷重を図形の重心位置に作用させて，反力を求めましょう.

応用問題 2

図 3−14 に示す単純ばりの支点反力を求めなさい．

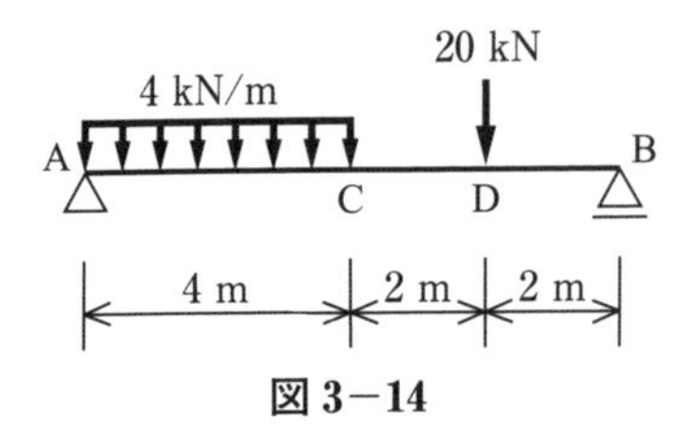

図 3−14

解き方

支点を取り除き，支点反力を記入し，図 3−15 に示すような自由物体図を描く．

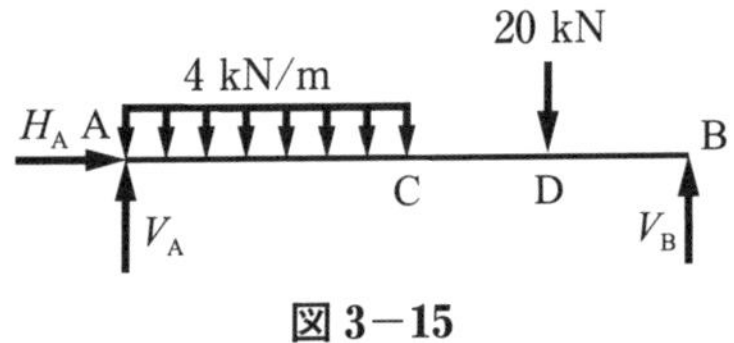

図 3−15

$\Sigma H=0$　右向きを正として水平方向の力のつり合い式を立てる．

$H_A=0$

$\Sigma V=0$　上向きを正として鉛直方向の力のつり合い式を立てる．

$$V_A+V_B-4\times4-20=0 \qquad (3-12)$$

$\Sigma M_{(A)}=0$　時計まわりを正として点 A まわりのモーメントのつり合い式を立てる．

分布荷重の場合，図 3−16 に示すように集中荷重に置き換えて載荷範囲の重心位置に作用させると，簡単に解くことができる．よって以下のように，等分布荷重 4 kN/m×載荷範囲 4 m＝16 kN を点 A から 2 m 離れたところに作用させて計算する．ただし，断面力を求める際は集中荷重に置き換えたままでは解けないので注意する．

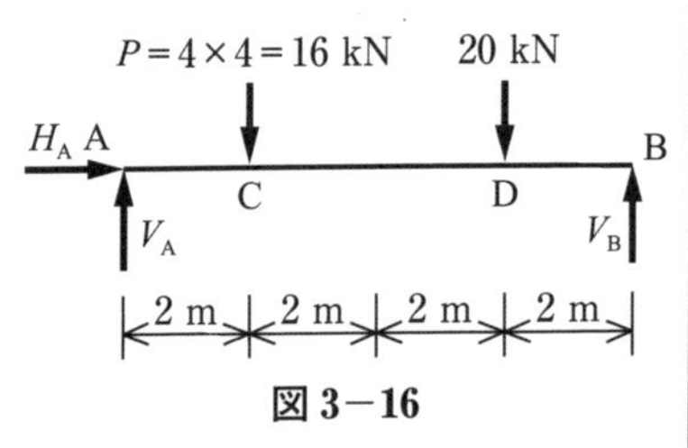

図 3−16

$$4\times4\times2+20\times6-8V_B=0 \qquad (3-13)$$

式 (3−13) より，$V_B=19$ kN となる．

式 (3−12) へ V_B を代入すると，$V_A=17$ kN となる．

応用問題 3

図 3−17 の片持ちばりの支点反力を求めなさい.

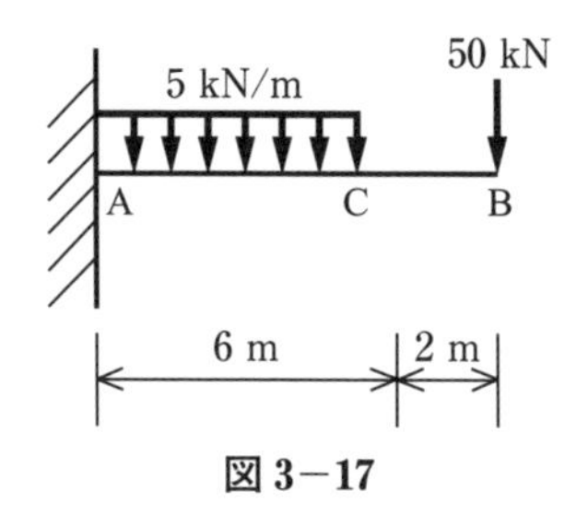

図 3−17

解き方

支点を取り除き，支点反力を記入し，図 3−18 に示すような自由物体図を描く.

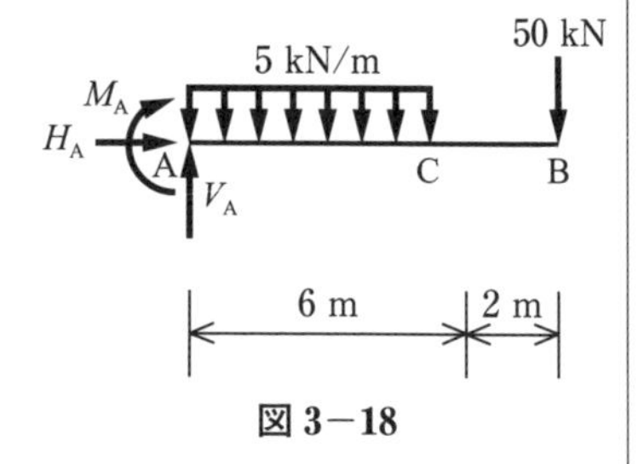

図 3−18

$\Sigma H=0$　右向きを正として水平方向の力のつり合い式を立てる.

$$H_A=0$$

$\Sigma V=0$　上向きを正として鉛直方向の力のつり合い式を立てる.

$$V_A-5\times6-50=0 \qquad (3-14)$$

$\Sigma M_{(A)}=0$　時計まわりを正として点 A まわりのモーメントのつり合い式を立てる.

前問で記述したように，分布荷重を集中荷重に置き換えて載荷範囲の重心位置に作用させて解く（図 3−19）.

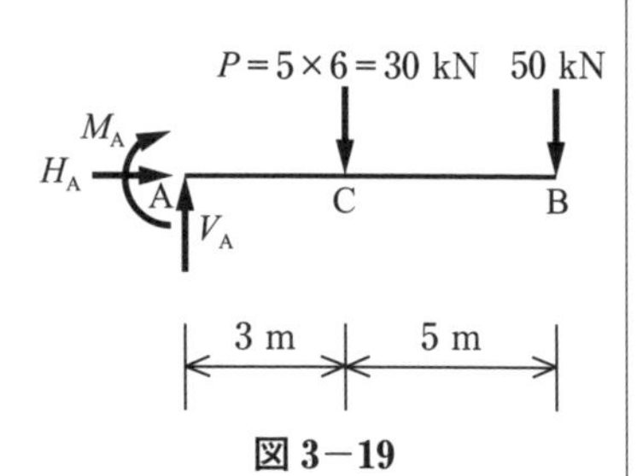

図 3−19

$$M_A+5\times6\times3+50\times8=0 \qquad (3-15)$$

式 (3−14) より，$V_A=80$ kN となる.

式 (3−15) より，$M_A=-490$ kN·m となる.

発 展 問 題

発展問題 1

図 3−20，図 3−21 に示す単純ばりの支点反力を求めなさい．

(1)

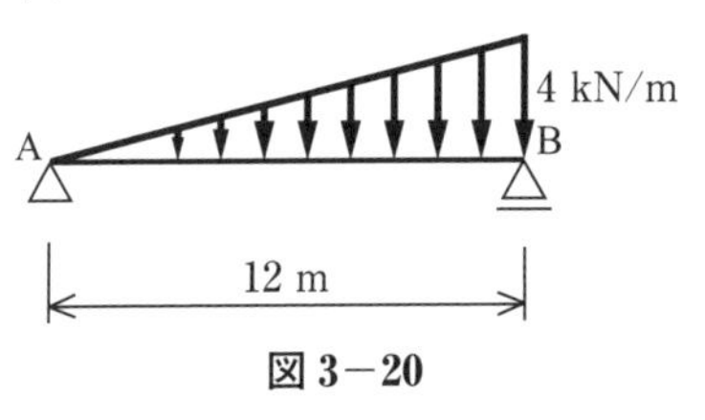

図 3−20

(2)

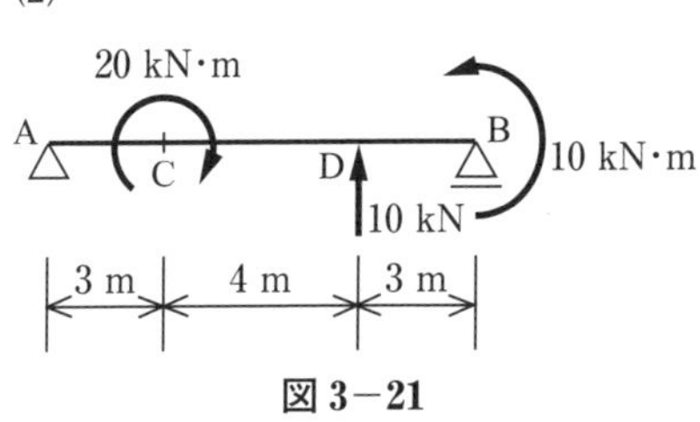

図 3−21

第4章　トラスの断面力（節点法）

棒部材を回転自由なピン（ヒンジ）を介して三角形状に組み合わせた骨組構造をトラス構造と呼びます．トラス構造を構成するトラス部材は，両端が回転自由な節点で結合されているため，部材には曲げる力（曲げモーメント）は作用せず，部材を伸縮させる力（断面力）のみが作用します．一方，トラス部材の両端の各接合部（節点または格点）には，各部材からの反作用として節点力（節点によっては荷重と支点反力も作用する）が作用し，これらがつり合いを保ちます．

したがって，それぞれの節点での力のつり合いを考えることで，全ての部材の断面力と支点反力を求めることができます．このように，節点での力のつり合い式から部材の断面力を求める方法を節点法と呼びます．

●基本的な考え方

一般的に，骨組構造物はいくつかの部材が節点（格点）で結合されて成り立っている．節点（格点）には，回転を拘束する剛節点と，回転を許容するピン（ヒンジ）があり，図4−1に示すように，部材をピンで結合して組み合わせた骨組構造をトラス構造と呼ぶ．

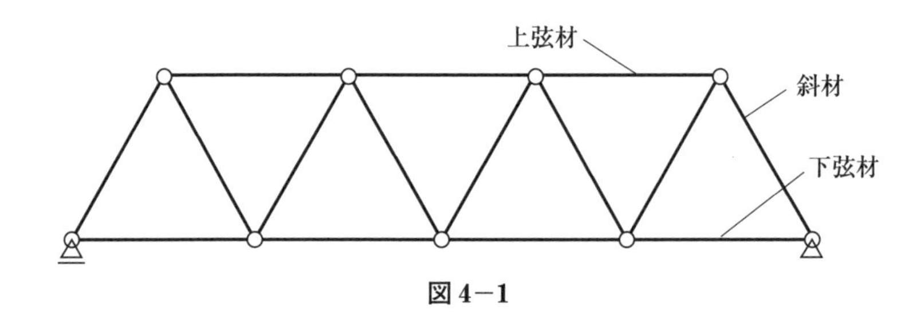

図4−1

トラス構造は，部材がピンで結合されるため，部材には曲げモーメントが作用せず，断面力のみが作用する．トラスの断面力は，節点における力のつり合い式から求めることができる．構造力学では一般に，引張力を正，圧縮力を負の力とし，つり合い式を立てる．

例えば，図4−2に示すように，節点 i で自由物体図を考えると，作用と反作用の関係から節点 i には各部材の断面力 N_1〜N_4 と大きさが同じで作用方向が逆の力がはたらくことになる．そこで，節点 i において水平方向と鉛直方向のそれぞれについてつり合い条件を考えると，次の2つの式が得られる．

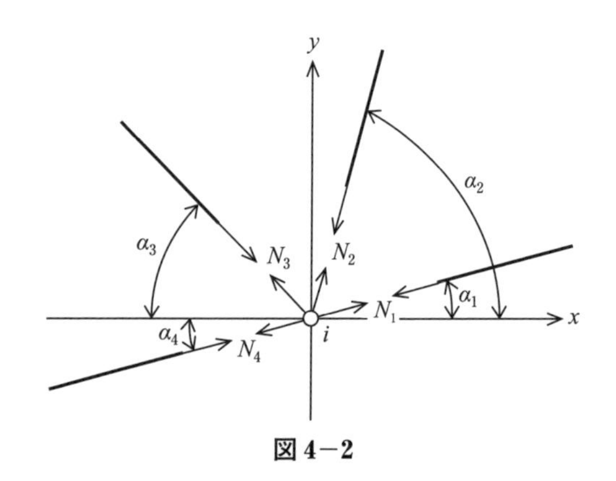

図4−2

水平方向のつり合い $\Sigma H=0$ より

$$N_1\cos\alpha_1+N_2\cos\alpha_2-N_3\cos\alpha_3-N_4\cos\alpha_4=0$$

鉛直方向のつり合い $\Sigma V=0$ より

$$N_1\sin\alpha_1+N_2\sin\alpha_2+N_3\sin\alpha_3-N_4\sin\alpha_4=0$$

全ての節点に対して，このような水平方向と鉛直方向のつり合い式が得られれば，それらの連立 1 次方程式を解くことで全てのトラス部材の断面力を求めることができる．このように，各節点における力のつり合いから全ての断面力を求める方法を節点法という．節点がたくさんあり，どの節点から考え始めたらよいか迷う場合は，未知数が 2 つ，つまり部材が 2 本だけ接続している節点から解き始めるとよい．

基本問題

基本問題 1

図 4−3 に示すようなトラスが節点 C で水平力 $P=10$ kN を受ける場合，部材 AB，BC，AC の断面力をそれぞれ求めなさい．

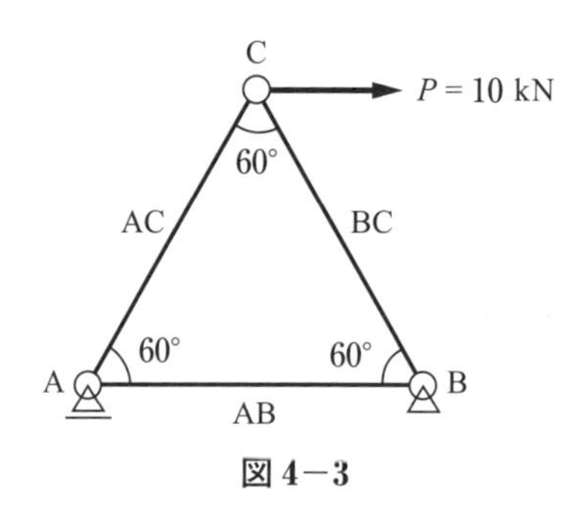

図 4−3

解き方

①節点 C の力のつり合い

図 4−3a に示すように，節点 C に結合された部材 AC, BC を切断し，自由物体図を考える．このとき，部材 AC, BC に引張力が生じる方向に節点力が作用するものと考える．

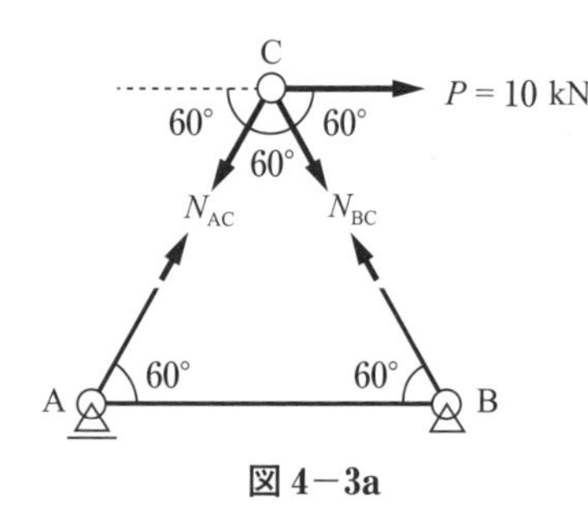

図 4−3a

図 4−3b に示すように部材 AB，BC にはたらく力を分解し，水平方向の力のつり合い（右向きを正とする）を考えると，$\Sigma H=0$ より

$$P+N_{BC}\cos 60°-N_{AC}\cos 60°=0$$

$$\therefore N_{AC}-N_{BC}=\frac{P}{\cos 60°}=20 \text{ kN}$$

鉛直方向の力のつり合い（上向きを正とする）を考えると，$\Sigma V=0$ より

$$-N_{AC}\sin 60°-N_{BC}\sin 60°=0$$

$$\therefore N_{BC}=-N_{AC}$$

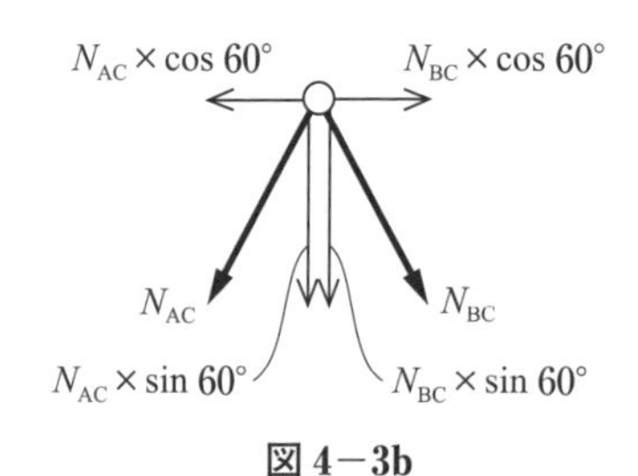

図 4−3b

以上より，

$N_{AC}=10$ kN

$N_{BC}=-10$ kN

②節点 A の力のつり合い

節点 C と同様に，節点 A における水平方向の力のつり合い（右向きを正とする）を考えると，$\Sigma H=0$ より

$$N_{AC}\cos 60°+N_{AB}=0$$

$$\therefore N_{AB}=-\frac{1}{2}N_{AC}=-5 \text{ kN}$$

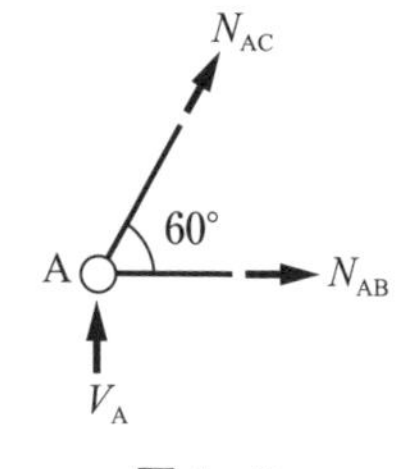

図 4−3c

以上より，各部材の断面力は次のとおり求められた．

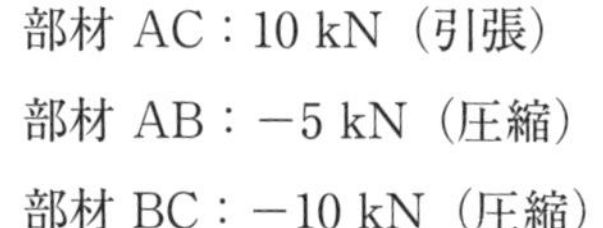

部材 AC：10 kN（引張）

部材 AB：−5 kN（圧縮）

部材 BC：−10 kN（圧縮）

Point

・つり合い式を立てるときは，未知数の少ない節点から着目していこう．

・つり合い式を立てるときに力の向きと符号を間違えないようにしよう．

・つり合いを考えるときに支点反力を忘れないようにしよう．

・斜め方向の力は水平方向と鉛直方向の分力にわけて考えよう．

基本問題 2

図 4−4 に示すトラスの各部材の断面力をそれぞれ求めなさい．

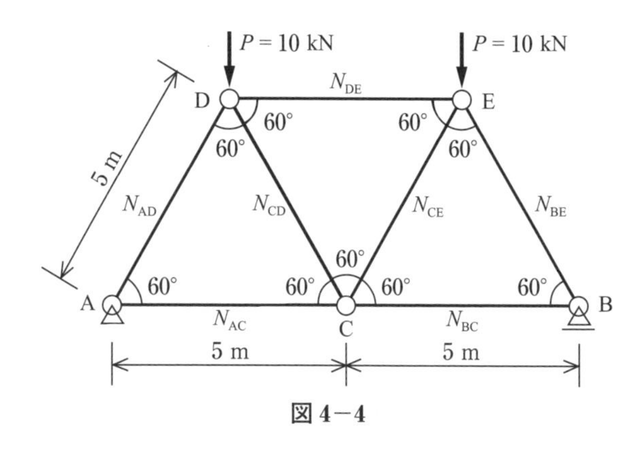

図 4−4

解き方

①支点反力の計算

水平方向，鉛直方向，力のモーメントのつり合いより，支点反力は次のように求められる．

$V_A = 10$ kN，$V_B = 10$ kN，$H_A = 0$ kN

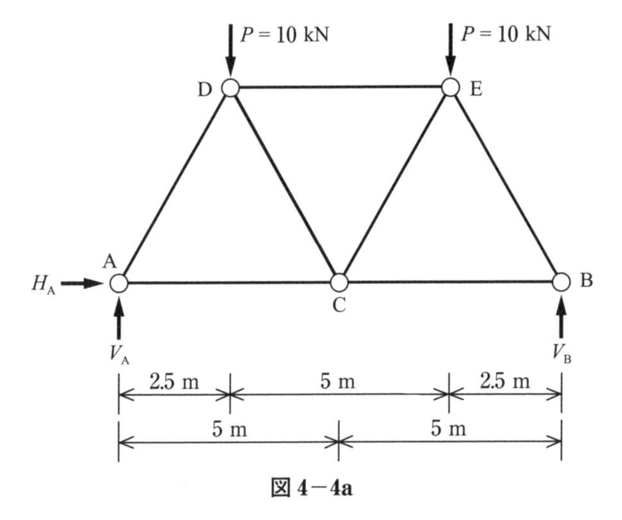

図 4－4a

②節点力の計算

図 4－4b に示すように，各部材を切断した自由物体図を描き，各節点の力のつり合いを考える．

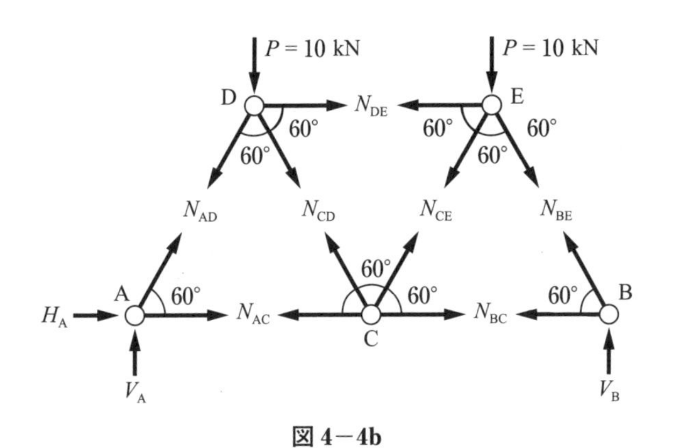

図 4－4b

a）節点 A の力のつり合い

鉛直方向の力のつり合い $\Sigma V = 0$ より

$$N_{AD} \sin 60° + V_A = 0$$

$$N_{AD} = \frac{-V_A}{\sin 60°} = -\frac{20\sqrt{3}}{3} \text{ kN}$$

水平方向の力のつり合い $\Sigma H = 0$ より

$$H_A + N_{AC} + N_{AD} \cos 60° = 0$$

$$N_{AC} = -\frac{N_{AD}}{2} = \frac{10\sqrt{3}}{3} \text{ kN}$$

b）節点 B の力のつり合い

鉛直方向の力のつり合い $\Sigma V = 0$ より

$N_{BE}\sin 60° + V_B = 0$

$$N_{BE} = \frac{-V_B}{\sin 60°} = -\frac{20\sqrt{3}}{3}\ \text{kN}$$

水平方向の力のつり合い $\Sigma H = 0$ より

$-N_{BC} - N_{BE}\cos 60° = 0$

$$N_{BC} = -\frac{N_{BE}}{2} = \frac{10\sqrt{3}}{3}\ \text{kN}$$

c）節点 D の力のつり合い

鉛直方向の力のつり合い $\Sigma V = 0$ より

$-P - N_{AD}\sin 60° - N_{CD}\sin 60° = 0$

$$N_{CD} = \frac{-P}{\sin 60°} - N_{AD} = -\frac{20\sqrt{3}}{3} + \frac{20\sqrt{3}}{3} = 0\ \text{kN}$$

水平方向の力のつり合い $\Sigma H = 0$ より

$N_{DE} + N_{CD}\cos 60° - N_{AD}\cos 60° = 0$

$$N_{DE} = N_{AD}\cos 60° = -\frac{10\sqrt{3}}{3}\ \text{kN}$$

d）節点 E の力のつり合い

鉛直方向の力のつり合い $\Sigma V = 0$ より

$-P - N_{BE}\sin 60° - N_{CE}\sin 60° = 0$

$$N_{CE} = \frac{-P}{\sin 60°} - N_{BE} = -\frac{20\sqrt{3}}{3} + \frac{20\sqrt{3}}{3} = 0\ \text{kN}$$

以上より，断面力は以下のように求まった．

$N_{AC} = 5.77$ kN，$N_{BC} = 5.77$ kN，$N_{AD} = -11.55$ kN，$N_{CD} = 0$ kN，$N_{CE} = 0$ kN，

$N_{BE} = -11.55$ kN，$N_{DE} = -5.77$ kN

トラスの形状と，荷重条件が左右対称であれば断面力も対称になる．

基本問題 3

図 4−5 に示すトラスの各部材の断面力をそれぞれ求めなさい．

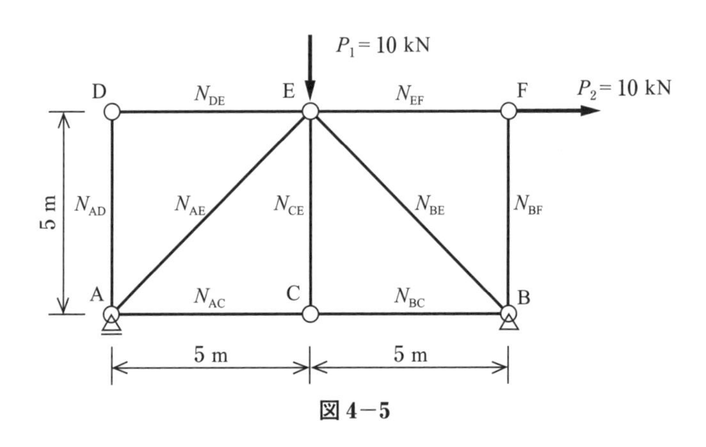

図 4−5

解き方

①支点反力の計算

支点反力は次のように求められる．

$V_A = 0$ kN，$V_B = 10$ kN，

$H_B = -10$ kN

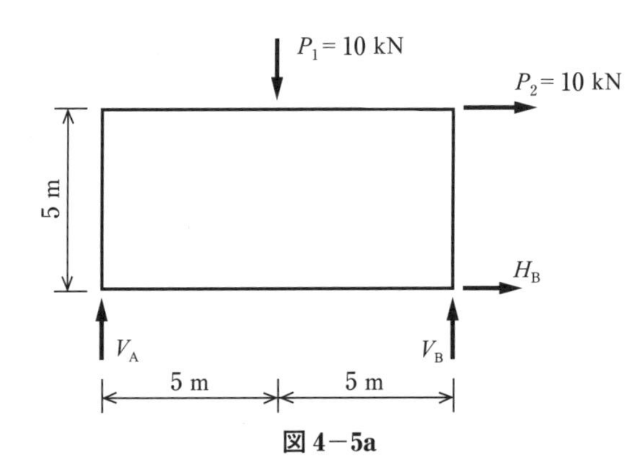

図 4−5a

Point

支点反力を求めるときは，断面力を考える必要がないので，図 4−5a には不要な部材を描いていない．

②節点力の計算

図 4−5b に示すように，各部材を切断した自由物体図を描き，各節点の力のつり合いを考える．

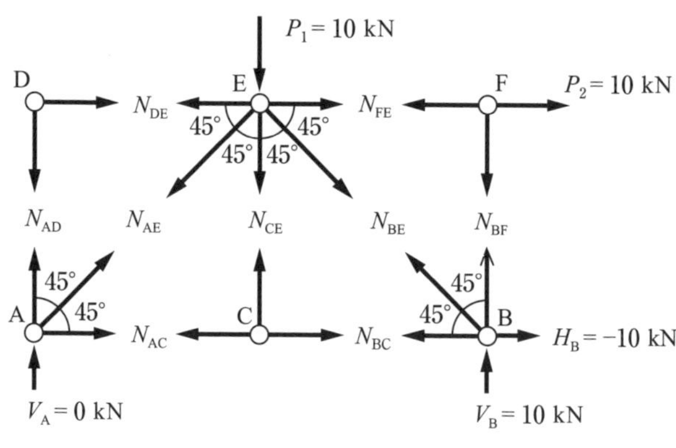

図 4−5b

a）節点 D の力のつり合い

水平方向の力のつり合い $\Sigma H=0$ より

$N_{DE}=0$ kN

鉛直方向の力のつり合い $\Sigma V=0$ より

$N_{AD}=0$ kN

b）節点 A の力のつり合い

鉛直方向の力のつり合い $\Sigma V=0$ より

$V_A+N_{AD}+N_{AE}\sin 45°=0 \qquad \therefore N_{AE}=0$ kN

水平方向の力のつり合い $\Sigma H=0$ より

$N_{AC}+N_{AE}\cos 45°=0 \qquad \therefore N_{AC}=0$ kN

c）節点 C の力のつり合い

水平方向の力のつり合い $\Sigma H=0$ より

$-N_{AC}+N_{BC}=0 \qquad \therefore N_{BC}=N_{AC}=0$ kN

鉛直方向の力のつり合い $\Sigma V=0$ より

$N_{CE}=0$ kN

d）節点 F の力のつり合い

水平方向の力のつり合い $\Sigma H=0$ より

$-N_{EF}+P_2=0 \qquad \therefore N_{EF}=P_2=10$ kN

鉛直方向の力のつり合い $\Sigma V=0$ より

$N_{BF}=0$ kN

e）節点 B の力のつり合い

水平方向の力のつり合い $\Sigma H=0$ より

$$-N_{BC}+H_{B}-N_{BE}\cos 45°=0$$

$$N_{BE}\cos 45°=-N_{BC}+H_{B}=-10$$

$$\therefore N_{BE}=-10\sqrt{2}\ \text{kN}$$

以上より，断面力は以下のように求まった.

$N_{AC}=0$ kN，$N_{AD}=0$ kN，$N_{AE}=0$ kN，$N_{BC}=0$ kN，$N_{BE}=-14.14$ kN，

$N_{BF}=0$ kN，$N_{CE}=0$ kN，$N_{DE}=0$ kN，$N_{EF}=10$ kN

Point

・各節点において水平方向の力のつり合いと鉛直方向の力のつり合いの 2 つのつり合い式が得られるので，未知の作用力が 2 つだけの節点があれば，そこから力のつり合いを考えていこう.

・はじめに支点反力を求めなくても解くことが可能なこともあります. 上記のように，まずは未知の力が 2 つだけの節点を探そう.

応 用 問 題

応用問題 1

図 4−6 に示すトラスの各部材の断面力を求めなさい.

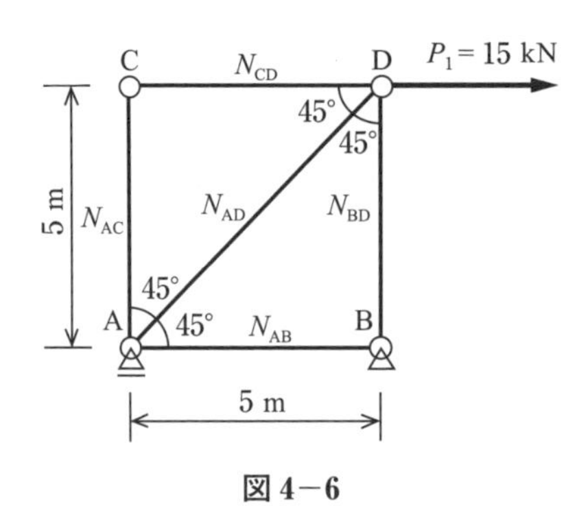

図 4−6

解き方

節点 C における鉛直方向の力のつり合い $\Sigma V = 0$ より

$N_{AC} = 0$ kN

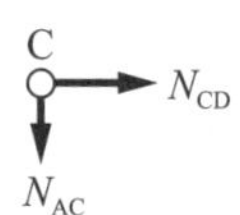

図 4−6a

節点 C における水平方向の力のつり合い $\Sigma H = 0$ より

$N_{CD} = 0$ kN

節点 D における水平方向の力のつり合い $\Sigma H = 0$ より

$-N_{CD} + P_1 - N_{AD} \cos 45° = 0$

$N_{AD} = \dfrac{P_1}{\cos 45°} = 15\sqrt{2}$ kN

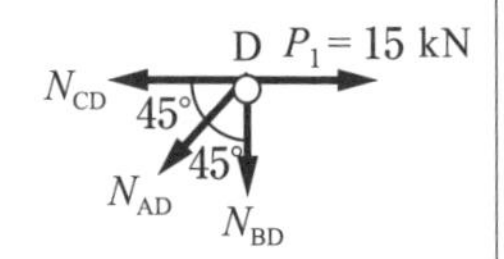

図 4−6b

節点 D における鉛直方向の力のつり合い $\Sigma V = 0$ より

$-N_{AD} \sin 45° - N_{BD} = 0$

$N_{BD} = -15$ kN

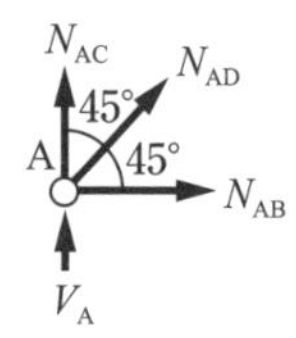

図 4−6c

節点 A における水平方向の力のつり合

い $\Sigma H=0$ より

$N_{AB}+N_{AD}\cos 45°=0$

$N_{AB}=-15\ \mathrm{kN}$

以上より，断面力は以下のように求まった．

$N_{AB}=-15\ \mathrm{kN}$，$N_{BD}=-15\ \mathrm{kN}$，$N_{AC}=0\ \mathrm{kN}$，$N_{CD}=0\ \mathrm{kN}$，

$N_{AD}=21.2\ \mathrm{kN}$

応用問題 2

図 4−7 に示すトラスの各部材の断面力を求めなさい．

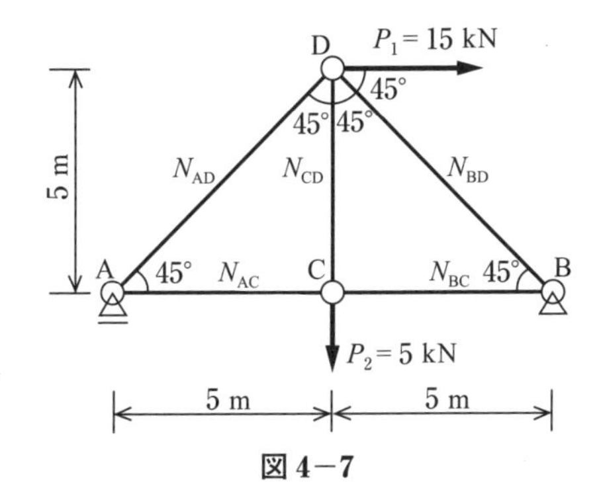

図 4−7

解き方

①支点反力の計算

支点反力は，$V_A=-5\ \mathrm{kN}$，$V_B=10\ \mathrm{kN}$，$H_B=-15\ \mathrm{kN}$ である．

②節点力の計算

次に，図 4−7a より節点 A における鉛直方向の力のつり合い $\Sigma V=0$ より

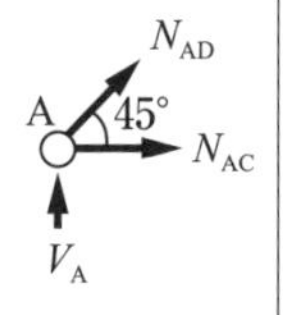

図 4−7a

$V_A+N_{AD}\sin 45°=0$

$N_{AD}=\dfrac{-V_A}{\sin 45°}=5\sqrt{2}\ \mathrm{kN}$

節点 A における水平方向の力のつり合い $\Sigma H=0$ より

$N_{AC}+N_{AD}\cos 45°=0$

$N_{AC}=-5\ \mathrm{kN}$

節点 C における鉛直方向の力のつり合い

$\Sigma V=0$ より

$N_{CD}-P_2=0$

$N_{CD}=P_2=5$ kN

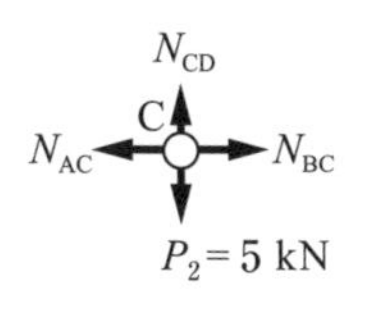

図 4−7b

節点 C における水平方向の力のつり合い

$\Sigma H=0$ より

$-N_{AC}+N_{BC}=0$

$N_{BC}=N_{AC}=-5$ kN

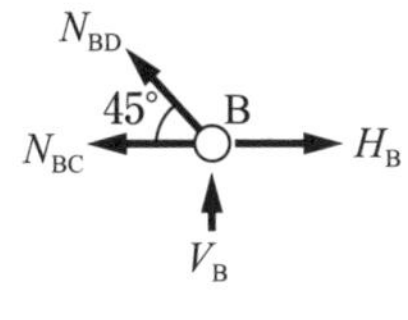

図 4−7c

節点 B における鉛直方向の力のつり合い

$\Sigma V=0$ より

$N_{BD}\sin 45°+V_B=0$

$N_{BD}=\dfrac{-V_B}{\sin 45°}=-10\sqrt{2}$ kN

以上より，断面力は以下のように求まった．

$N_{AC}=-5.0$ kN，$N_{AD}=7.1$ kN，$N_{BC}=-5.0$ kN，

$N_{BD}=-14.1$ kN，$N_{CD}=5.0$ kN

発 展 問 題

発展問題 1

図 4−8 に示すトラスの各部材の断面力を求めなさい．

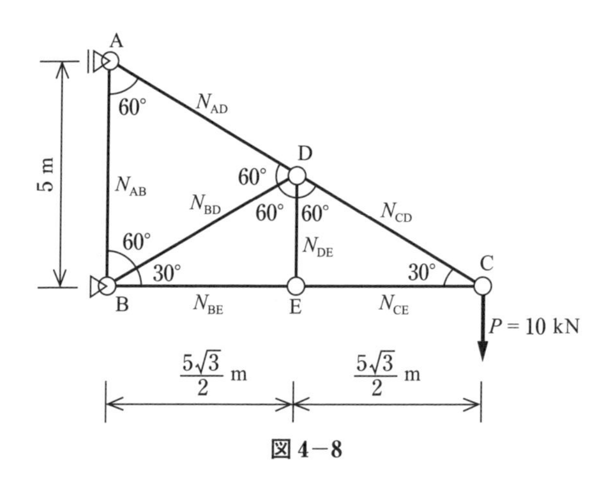

図 4−8

発展問題 2

図 4−9 に示すトラスの各部材の断面力を求めなさい．ただし，部材の長さは全て 5 m とする．

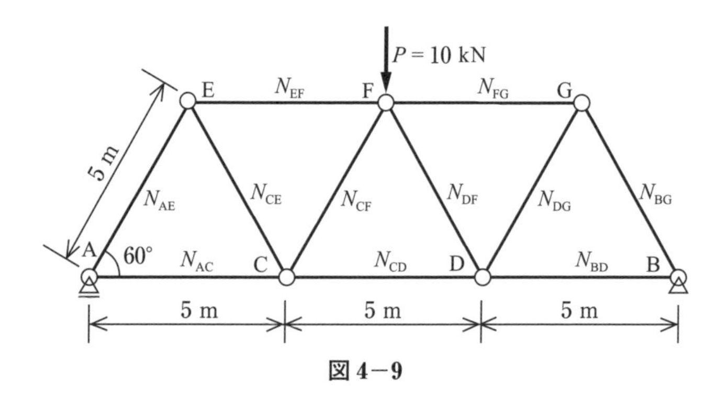

図 4−9

第5章　トラスの断面力（断面法）

第4章の節点法では，トラス部材の結合点である各節点で力のつり合いを考え，つり合い式を順次解いていくことでトラス部材の断面力を求めました．そのため，節点法では，もし途中の節点で計算間違いをした場合，以後の計算結果も間違えてしまう可能性があり，部材数が多い場合などでは特に注意が必要です．また，ある特定の部材の断面力のみを求めたい場合などには，多くのつり合い式を順次解いていく節点法よりも，簡単に解くことができる方法があります．

本章では，節点でのつり合いではなく，部材を切断した自由物体図上で，水平力，鉛直力，および力のモーメントのつり合いを考えて部材の断面力を直接的に求める断面法について学習します．

●基本的な考え方

第 4 章の節点法では，トラス部材と節点とを切り離して考え，それぞれの節点での水平方向および鉛直方向の力のつり合い式から部材の断面力を順次求めた．1 つの節点で得られるつり合い式は水平方向および鉛直方向の 2 つのみであるため，3 つ以上の部材が結合された節点では，その節点におけるつり合い式のみでは全ての部材の断面力を直接求めることができず，他の節点でのつり合い式から求めた断面力を用いてさらにつり合い式を立て，連立方程式を解く必要があった．そのため，ある特定の断面力のみを求めたい場合や，部材の多いトラス（すなわち節点の多いトラス）の断面力を求めたい場合には，多くのつり合い式を立てる必要のある節点法は必ずしも適切な方法ではない．このような場合には，断面力を求めたい部材を切断して自由物体図を考え，これに対してつり合い式を適用することで部材の断面力を求める断面法が便利である．

第 3 章で学習したように，力のつり合い条件には，水平方向の力，鉛直方向の力，および力のモーメントの 3 つのつり合い条件があるので，切断面上の断面力が 3 つ以内であれば，断面力は直接的に求めることができる．例えば，図 5−1 に示すトラス部材の断面力 N_{GH}，N_{DG}，N_{CD} を断面法で求めてみる．

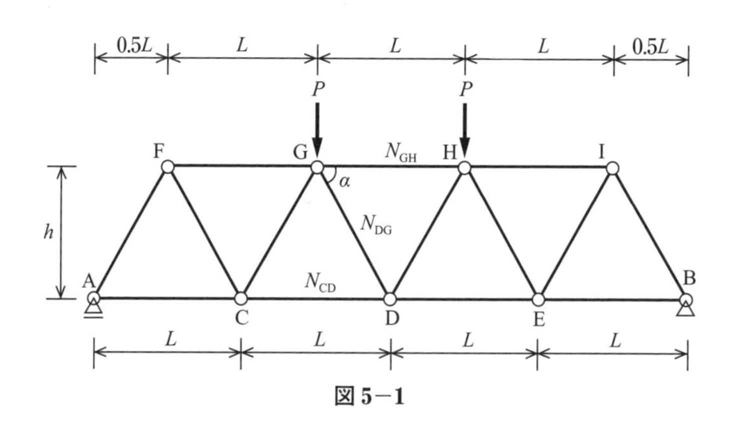

図 5−1

はじめに支点反力 V_A，V_B，H_B を求めておく．

次に，図 5−2 に示す波線 t-t のように，断面力を求めたい部材を含む断面でトラスを切断し，図 5−3 のような自由物体図を考える．

波線 t-t よりも左側の自由物体図において，水平方向の力，鉛直方向の力，および節点 G での力のモーメントのつり合い式は，それぞれ以下のようになる．

$\Sigma H = N_{GH} + N_{CD} + N_{DG}\cos\alpha = 0$

$\Sigma V = V_A - P - N_{DG}\sin\alpha = 0$

$\Sigma M_{(G)} = V_A \times 1.5L - N_{CD} \times h = 0$

なお，必ずしも水平方向，鉛直方向，力のモーメントの 3 種類を 1 つずつ計算する必要はない．例えば，

$$\begin{cases} \Sigma M_{(G)} = V_A \times 1.5L - N_{CD} \times h = 0 \\ \Sigma M_{(D)} = V_A \times 2L + N_{GH} \times h - P \times 0.5L = 0 \\ \Sigma V = V_A - P - N_{DG}\sin\alpha = 0 \end{cases}$$

という力のモーメントのつり合い式 2 つと鉛直方向のつり合い式 1 つの合計 3 つでも解くことができる．

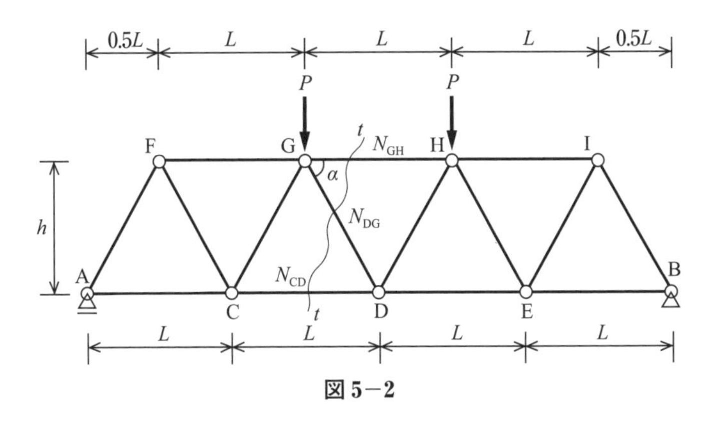

図 5−2

ここで，支点反力 V_A は既知（$V_A = P$）であり，未知数は求めようとしている部材の断面力 N_{GH}，N_{DG}，N_{CD} の 3 つのみであるため，以上の 3 つのつり合い式を解くことで断面力を求めることができる．

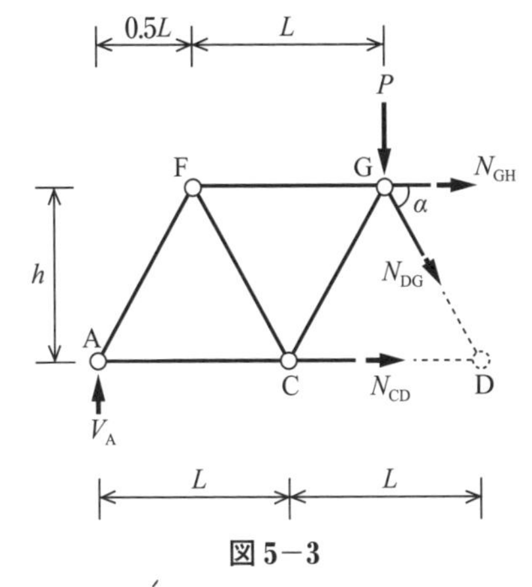

図 5−3

基 本 問 題

基本問題 1

図 5−4 に示すトラスの部材の断面力 N_{FG}，N_{CF}，および N_{BC} を断面法により求めなさい．

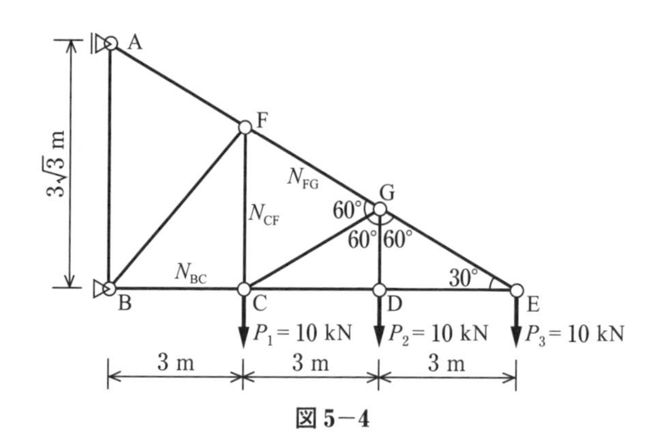

図 5−4

解き方

まず，図 5−4 に示すトラスを図 5−5 に示す断面 t-t で切断し，図 5−6 に示すような自由物体図を考える．

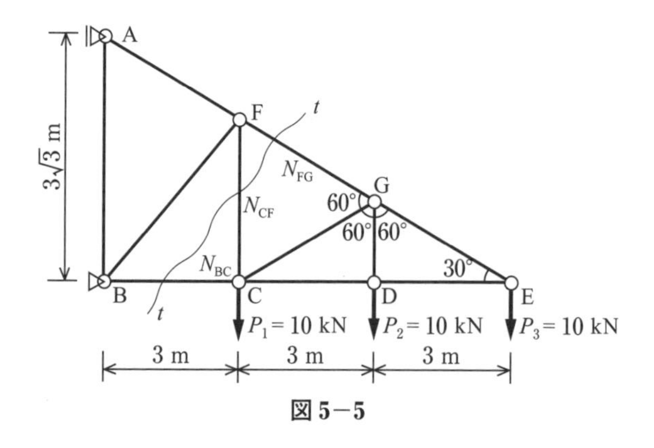

図 5−5

図 5−6 の右側の自由物体図に対して，水平方向の力，鉛直方向の力，および節点 C まわりの力のモーメントのつり合い式は次のようになる．

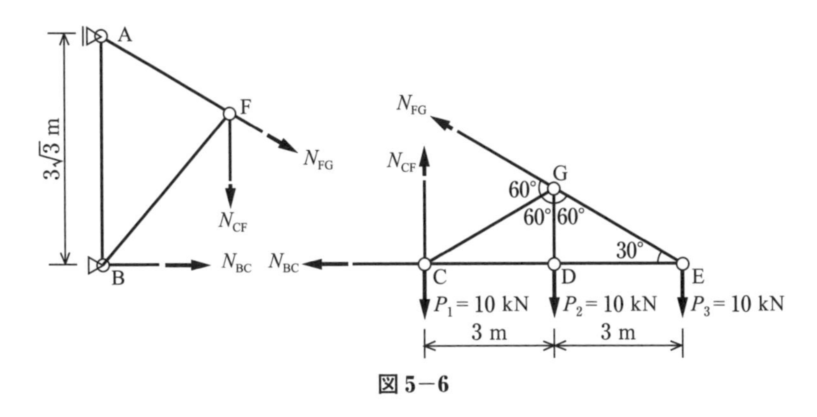

図 5−6

$\Sigma H = -N_{FG}\cos 30° - N_{BC} = 0$

$\Sigma V = N_{CF} + N_{FG}\sin 30° - (P_1 + P_2 + P_3) = 0$

$\Sigma M_C = P_3 \times 6 + P_2 \times 3 - N_{FG} \times (6 \times \sin 30°) = 0$

これらの式より，$N_{FG} = 30$ kN，$N_{CF} = 15$ kN，$N_{BC} = -15\sqrt{3} = -26.0$ kN と求まる．

別解

上記では，水平方向の力，鉛直方向の力，および力のモーメントの 3 つのつり合い式から 3 つの断面力を求めるが，力のモーメントのつり合い条件のみからでも，同様の解を得ることができる．

上述の ΣM_C と同様に断面力 N_{CF} を求めたい場合は，断面力 N_{FG} と N_{BC} の作用線が交わる節点 E まわりの力のモーメントのつり合いを考え，次式から解が得られる．

$\Sigma M_E = N_{CF} \times 6 - P_1 \times 6 - P_2 \times 3 = 0$

断面力 N_{BC} を求めたい場合は，断面力 N_{FG} と N_{CF} の作用線が交わる節点 F まわりの力のモーメントのつり合いを考える．すなわち図 5−6a のように節点 F には，

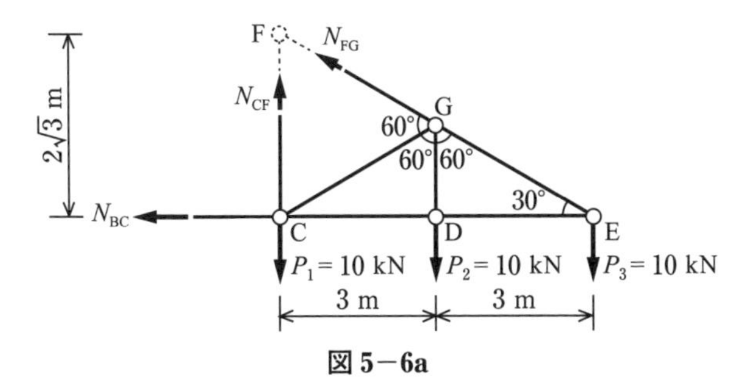

図 5−6a

断面力 N_{BC} と節点 E および節点 D の作用力 P_3, P_2 による力のモーメントが作用するので，これらのつり合いを考えると次式から解が得られる．

$$\Sigma M_F = P_3 \times 6 + P_2 \times 3 + N_{BC} \times 2\sqrt{3} = 0$$

Point

- つり合い式は，水平方向，鉛直方向，および力のモーメントの 3 つなので，未知の断面力の数が 3 つ以内になるように断面を切断するときは，部材を 3 本以上切断しないように注意しよう．
- 外力と未知の断面力の数が少ない方の自由物体図でつり合い式を立て，なるべく計算が容易になるようにしよう．
- 2 つの断面力の作用線の交点に節点があれば，その節点での力のモーメントのつり合いを考えよう．
- 力のモーメントのつり合い式を立てるときは，着目している節点と断面力の作用線との距離を間違えないように注意しよう．

基本問題 2

図 5−7 に示すトラスの部材の断面力 N_{AE} を断面法により求めなさい．

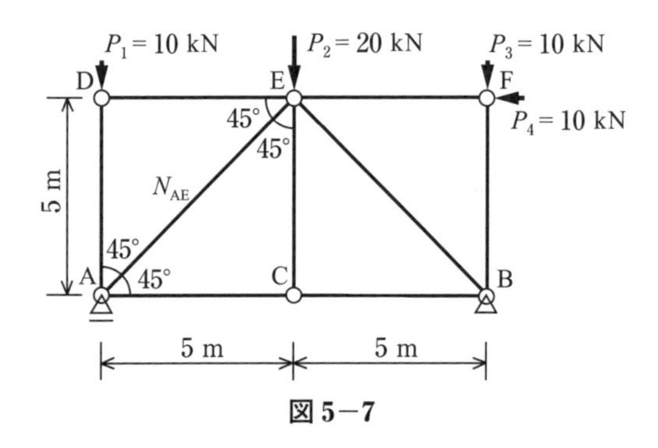

図 5−7

解き方

まず，図 5−8 を参考に，支点反力を求めると，$V_A=25$ kN，$V_B=15$ kN，$H_B=10$ kN が得られる．

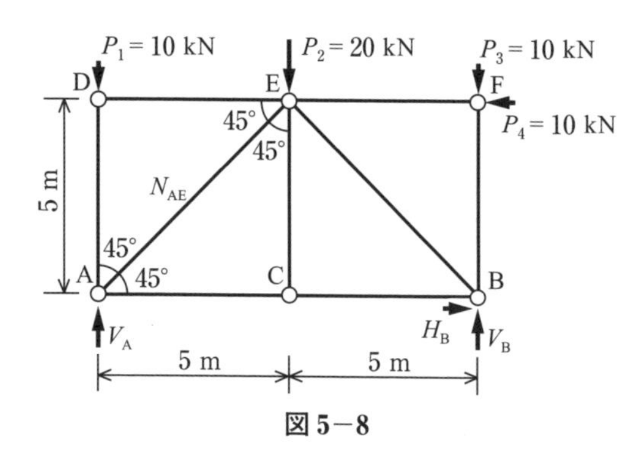

図 5−8

次に，断面力 N_{AE} を求めるために，図 5−9 に示すように断面 t_1-t_1 で切断して自由物体図を考える．

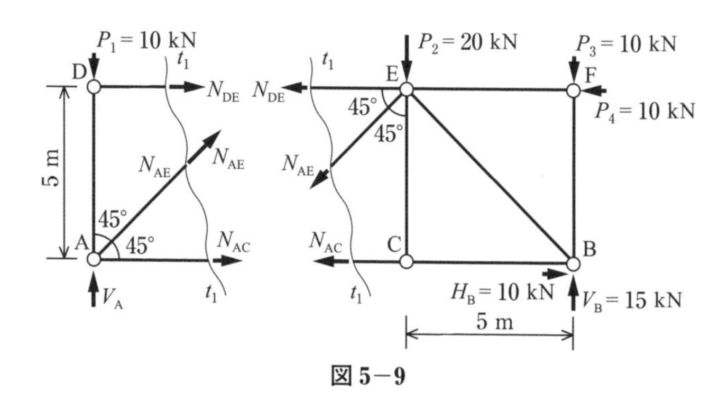

図 5−9

図 5−9 の左側の自由物体図において鉛直方向の力のつり合い式を立てると，

$\Sigma V=V_A-P_1+N_{AE}\sin 45°=0$

したがって，$N_{AE}=-15\sqrt{2}=-21.21$ kN

応　用　問　題

応用問題 1

図 5−10 に示すような第 4 章発展問題 2 と同様のトラスについて，断面力 N_{EF}，N_{CF}，および N_{CD} を断面法を用いて求めなさい．

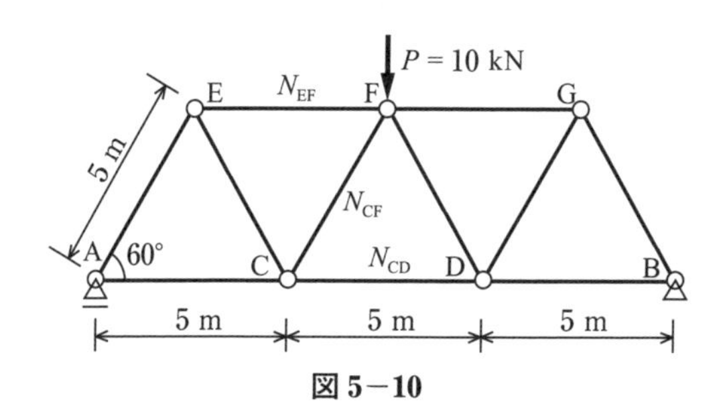

図 5−10

解き方

支点反力は $V_A=5$ kN，$V_B=5$ kN，$H_B=0$ kN である．

部材 EF，CF，CD を切断し，節点 C まわりの力のモーメントのつり合いを考えると

$\Sigma M_C=V_A\times5+N_{EF}\times5\times\sin60°=0$

したがって，$N_{EF}=-\dfrac{10}{3}\sqrt{3}$ kN

同様の自由物体図で鉛直方向の力のつり合い式を立てると，

$\Sigma V=V_A+N_{CF}\times\sin60°=0$

したがって，$N_{CF}=-\dfrac{10}{3}\sqrt{3}$ kN

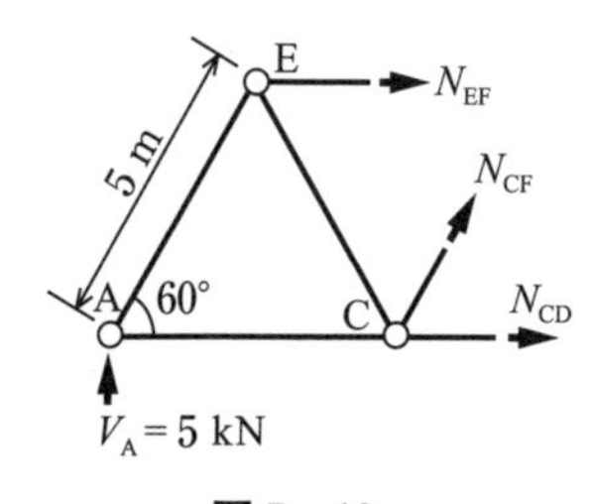

図 5−10a

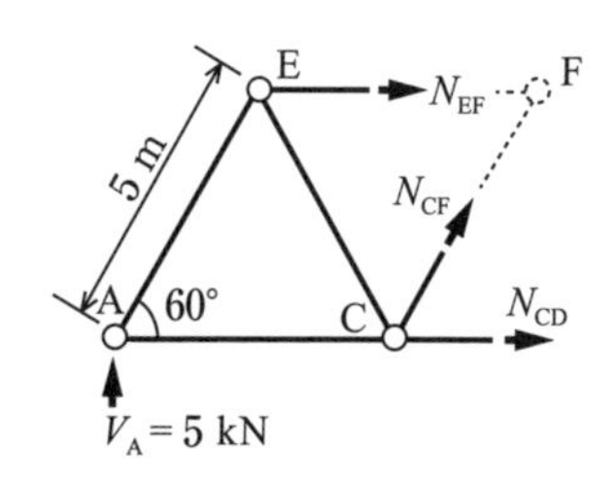

図 5−10b

節点 F まわりの力のモーメントのつり合いを考えると，

$\Sigma M_F = V_A \times 7.5 - N_{CD} \times 5 \times \sin 60° = 0$

したがって，$N_{CD} = 5\sqrt{3}$ kN

以上より，断面力は以下のように求まった．

$N_{EF} = -5.77$ kN，$N_{CF} = -5.77$ kN，$N_{CD} = 8.66$ kN

発展問題

発展問題 1

図 5−11 に示すトラスの各部材の断面力 N_{IJ}，N_{DJ} および N_{DE} を求めなさい．

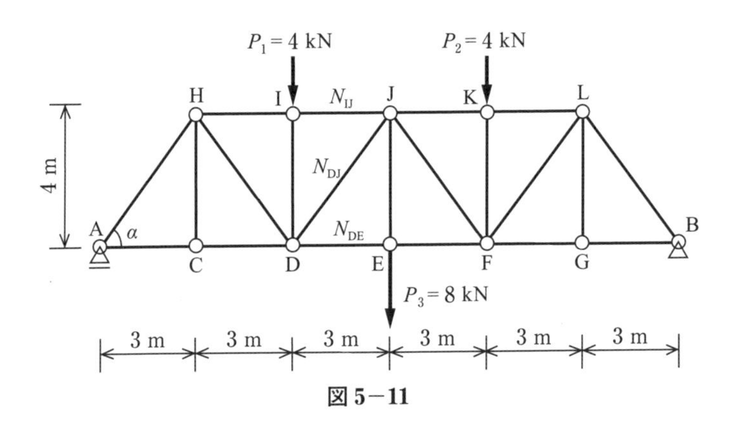

図 5−11

発展問題 2

図 5−12 に示すトラスの各部材の断面力 N_{FG}，N_{DF} および N_{CD} を求めなさい．

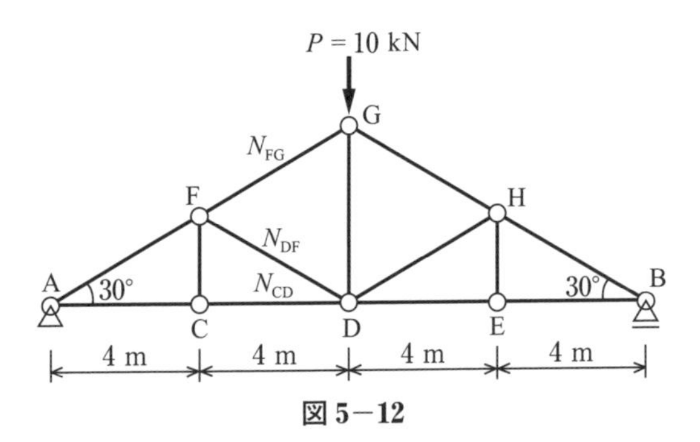

図 5−12

第6章　はりの断面力（1）

構造物に荷重が作用したとき，その構造物の断面には，軸力，せん断力，および曲げモーメントと呼ばれる断面力が発生します．本章では，静定ばりに外力が作用したときに，ある位置で発生する断面力を求めることや静定ばりに発生する断面力の分布を求めることを学習目標とします．

●基本的な考え方

本章では，軸力，せん断力，および曲げモーメントの 3 つの断面力を考える．軸力とは，図 6−1(a) に示すように，はりのある断面に，垂直方向に作用する力のことである．また，せん断力とは，図 6−1(b) に示すように断面に沿って作用する力のことである．さらに，曲げモーメントとは，図 6−1(c) に示すようにある断面を曲げようとする方向に発生する力のモーメントのことである．これらの断面力をはりの任意の点で求める方法（断面力図を求める方法）は以下のような手順で行う．

①力のつり合いおよび力のモーメントのつり合いにより支点反力を求める．このとき，力やモーメントの向きは第 1 章，第 2 章と同様の考えで，右向きを正，上向きを正，時計回りを正とする．

②任意の位置 x で，はりを切断し，自由物体図を描き，この自由物体図での力および力のモーメントのつり合いにより，位置 x での軸力，せん断力および曲げモーメントを求める．ここでも，軸力 N，せん断力 Q，曲げモーメント M の向きは図 6−1(d) のようにする．

③②の結果をもとに，ある位置での軸力および曲げモーメントを算出し，軸力図，せん断力図および曲げモーメント図を作図する．

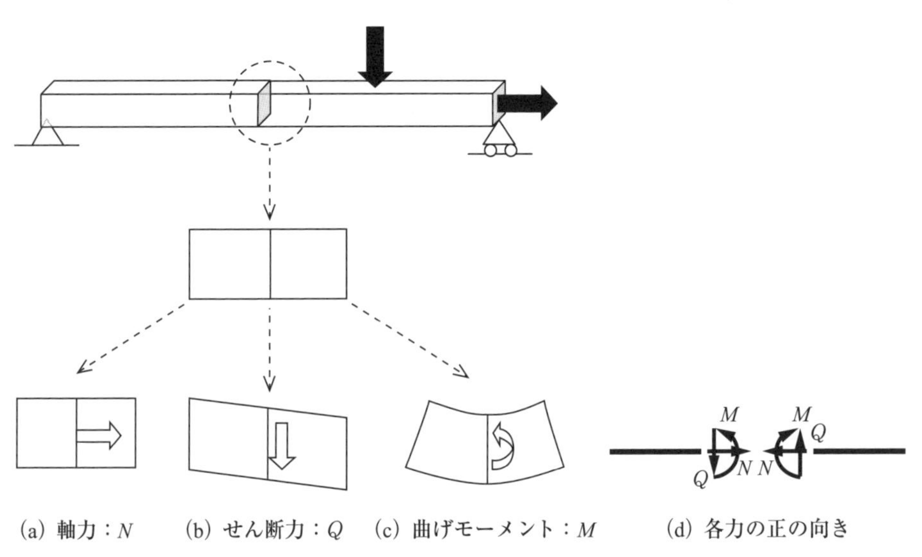

図 6−1　断面力の考え方

基 本 問 題

基本問題 1

図 6−2 に示すように，単純ばりの点 C に集中荷重 $P=10$ kN が作用している．このとき，点 D におけるせん断力および曲げモーメントを求めなさい．

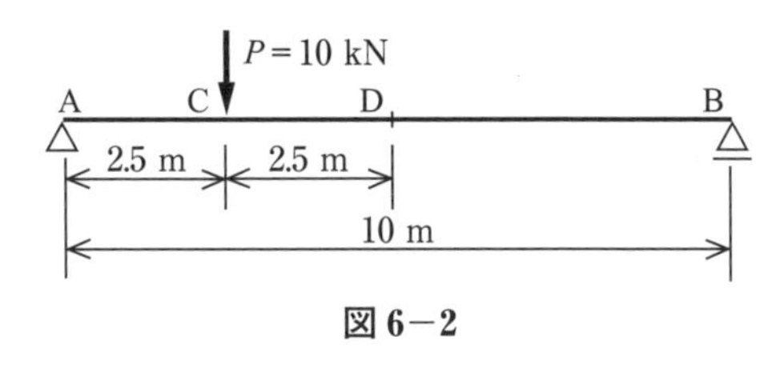

図 6−2

解き方

支点 A の水平反力を H_A，支点 A，B の鉛直反力を V_A，V_B とすると，力のつり合いおよび支点 A まわりの力のモーメントのつり合いより，

$H_A=0$

$V_A+V_B-10=0$

$10\times2.5-V_B\cdot10=0$

したがって，$V_A=7.5$ kN，$V_B=2.5$ kN

次に，図 6−3 から，点 D におけるせん断力を Q_D と曲げモーメントを M_D とすると，鉛直方向の力のつり合いより，

$-10+V_A-Q_D=0 \qquad \therefore Q_D=-10+7.5=-2.5$ kN

図 6−3

点 D まわりの力のモーメントのつり合いより，

$5\cdot V_A-10\times2.5-M_D=0 \qquad \therefore M_D=5\times7.5-10\times2.5=12.5$ kN·m

Point

力のつり合いや力のモーメントのつり合いを考えるとき，＋−の符号には気を付けよう．

また，断面力図を求めるとき，はりの任意の位置で切断し，自由物体図を描きますが，その切断位置での断面力の方向は，図 6−1(d) に示すように，はりの切断位置に対して右側，左側どちら側で定義するかによって変わってきますので，注意しよう．

基本問題 2

図 6−4 に示すように，点 A で固定された片持ちばりの点 B に斜め 45° 方向に傾いた集中荷重 $P=20$ kN が作用している．このとき，点 C における軸力，せん断力および曲げモーメントを求めなさい．

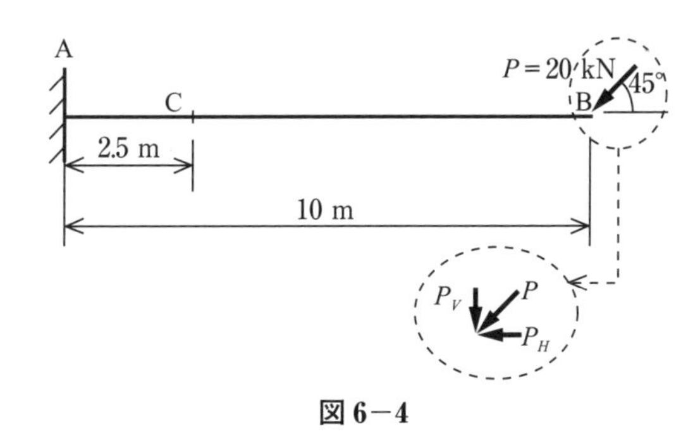

図 6−4

解き方

荷重 P を鉛直方向荷重 P_V と水平方向荷重 P_H に分解すると

$$P_V=-P\sin 45°=-20\times\frac{\sqrt{2}}{2}=-10\sqrt{2}\ \text{kN}$$

$$P_H=-P\cos 45°=-20\times\frac{\sqrt{2}}{2}=-10\sqrt{2}\ \text{kN}$$

支点 A の水平反力，鉛直反力，モーメント反力を H_A，V_A，M_A とすると水平方向の力のつり合いより，

$H_A-10\sqrt{2}=0\qquad\therefore H_A=10\sqrt{2}$ kN

鉛直方向の力のつり合いより，

$V_A-10\sqrt{2}=0\qquad\therefore V_A=10\sqrt{2}$ kN

点 A まわりの力のモーメントのつり合いより，

$M_A+10\sqrt{2}\times 10=0\qquad\therefore M_A=-100\sqrt{2}$ kN·m

次に，図 6−5 から，点 C における軸力，せん断力および曲げモーメントを N_C，Q_C および M_C とすると，力のつり合いおよび点 C まわりの力のモーメントのつり合いより，

$N_C+H_A=0$

$-Q_C+V_A=0$

$M_A+V_A\cdot 2.5-M_C=0$

したがって，$N_C=-10\sqrt{2}\fallingdotseq -14.1$ kN，

$Q_C=10\sqrt{2}\fallingdotseq 14.1$ kN，$M_C=-75\sqrt{2}\fallingdotseq 106.1$ kN·m

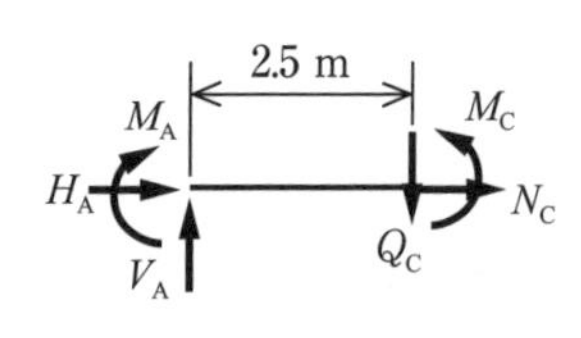

図 6−5

基本問題 3

基本問題 2 の片持ちばりの軸力，せん断力および曲げモーメントの断面力図を描きなさい．

解き方

基本問題 2 より支点反力は，$H_A=10\sqrt{2}$ kN，$V_A=10\sqrt{2}$ kN，$M_A=-100\sqrt{2}$ kN·m である．

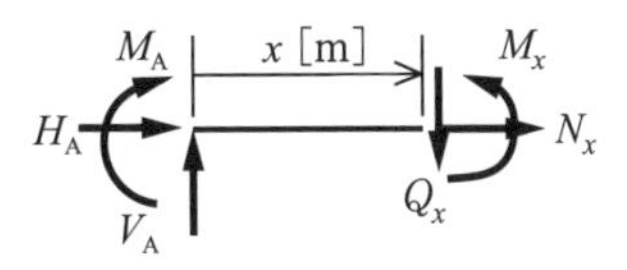

図 6−6　自由物体図

支点 A より，任意の位置 x [m]$(0\leqq x\leqq 10)$ ではりを切断し，自由物体図を描き，その位置での断面力，せん断力および曲げモーメントを N_x，Q_x および M_x とする．

自由物体図の力のつり合いおよび力のモーメントのつり合いより，

$H_A+N_x=0$　　$\therefore N_x=-10\sqrt{2}\fallingdotseq-14.1$ kN

$V_A-Q_x=0$　　$\therefore Q_x=10\sqrt{2}\fallingdotseq 14.1$ kN

$M_A+V_A\cdot x-M_x=0$　　$\therefore M_x=-100\sqrt{2}+10\sqrt{2}x\fallingdotseq-141.4+14.1x$ [kN]

以下に，軸力図，せん断力図および曲げモーメント図を示す（下側が正）．

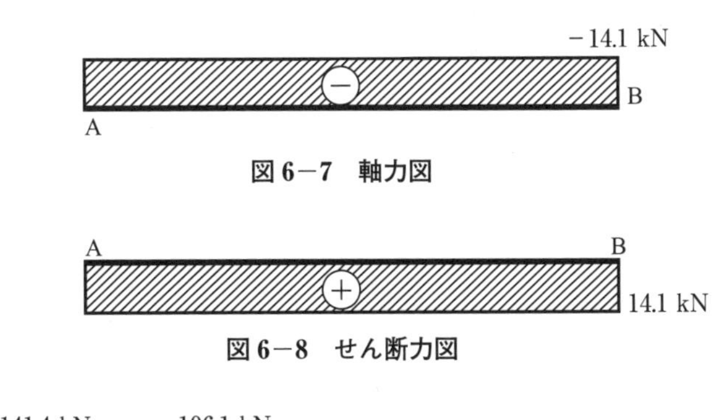

図 6−7　軸力図

図 6−8　せん断力図

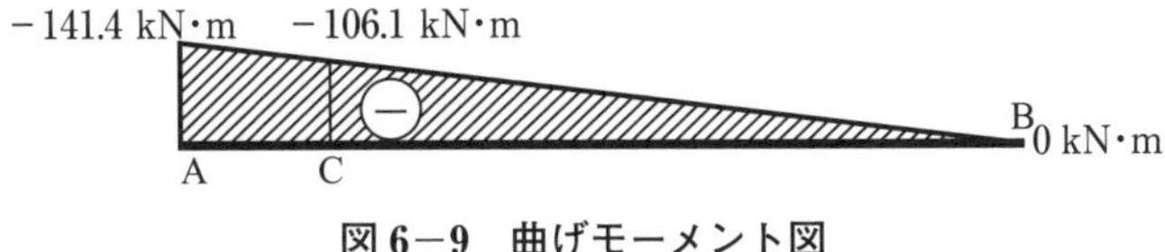

図 6−9　曲げモーメント図

応用問題

応用問題 1

図 6−10 に示すように，単純ばりの点 C と点 D に集中荷重 $P_1=10$ kN，および斜め 45° に傾いた集中荷重 $P_2=20$ kN が作用している．このときの軸力，せん断力および曲げモーメントの断面力図を描きなさい．

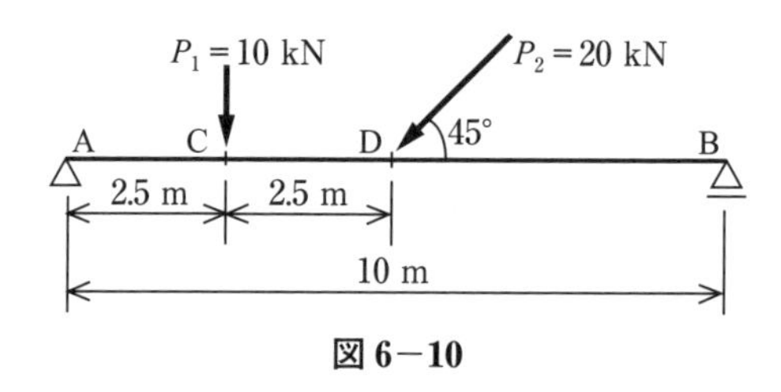

図 6−10

解き方

支点 A の水平反力を H_A，支点 A および B の鉛直反力を V_A，V_B とすると，力および点 A まわりの力のモーメントのつり合いより，

$$H_A-P_2\cos 45°=0 \qquad \therefore H_A=10\sqrt{2}\ \text{kN}$$

$$V_A+V_B-P_1-P_2\sin 45°=0$$

$$P_1\cdot 2.5+P_2\sin 45°\cdot 5.0-V_B\cdot 10=0$$

したがって，$V_A=7.5+5\sqrt{2}$ kN，$V_B=2.5+5\sqrt{2}$ kN

区間 AC における任意の位置 x_1 [m]$(0\leqq x_1<2.5)$ ではりを切断したときの自由物体図から力および力のモーメントのつり合いより，

$$H_A+N_{x_1}=0$$

$$\therefore N_{x_1}=-10\sqrt{2}\fallingdotseq -14.1\ \text{kN}$$

$$V_A-Q_{x_1}=0$$

$$\therefore Q_{x_1}=7.5+5\sqrt{2}\fallingdotseq 14.6\ \text{kN}$$

$$V_A\cdot x_1-M_{x_1}=0$$

$$\therefore M_{x_1}=(7.5+5\sqrt{2})\,x_1\fallingdotseq 14.6x_1\ [\text{kN}\cdot\text{m}]$$

図 6−11

次に区間 CD における任意の位置 x_2 [m]$(2.5 \leqq x_2 < 5)$ ではりを切断したときの自由物体図から力および力のモーメントのつり合いより，

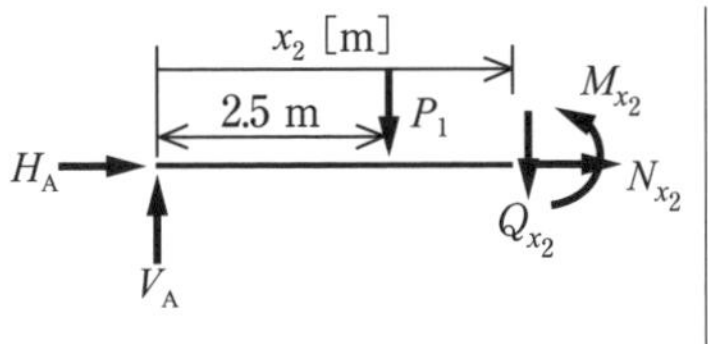

図 6－12

> **ここに注意！**
> 集中荷重の直下では切断できないので，集中荷重の左側と右側の区間で切断します.

$$H_A + N_{x_2} = 0 \qquad \therefore N_{x_2} = -10\sqrt{2} \fallingdotseq -14.1 \text{ kN}$$

$$V_A - P_1 - Q_{x_2} = 0 \qquad \therefore Q_{x_2} = (-2.5 + 5\sqrt{2}) \fallingdotseq 4.57 \text{ kN}$$

$$V_A \cdot x_2 - P_1(x_2 - 2.5) - M_{x_2} = 0$$

$$\therefore M_{x_2} = (7.5 + 5\sqrt{2})\, x_2 - 10x_2 + 25$$

$$= \{(-2.5 + 5\sqrt{2})\, x_2 + 25\} \fallingdotseq 4.57x_2 + 25 \text{ kN}\cdot\text{m}$$

最後に区間 BD における任意の位置 x_3 [m]$(0 \leqq x_3 < 5)$ ではりを切断したときの自由物体図から力および力のモーメントのつり合いより，

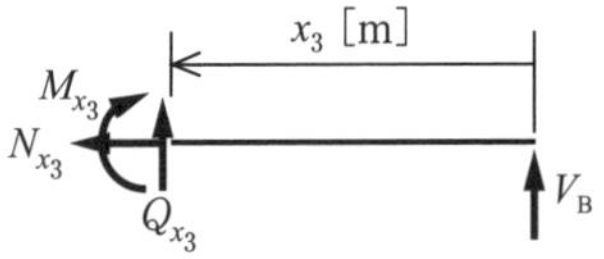

$$N_{x_3} = 0 \text{ kN}$$

$$V_B + Q_{x_3} = 0$$

$$\therefore Q_{x_3} = -(2.5 + 5\sqrt{2}) \fallingdotseq -9.57 \text{ kN}$$

$$M_{x_3} - V_B \cdot x_3 = 0$$

$$\therefore M_{x_3} = (2.5 + 5\sqrt{2})x_3 \fallingdotseq -9.57x_3 \text{ [kN}\cdot\text{m]}$$

図 6－13

> **ここに注意！**
> 点 A 側から求めることもできますが，より計算が簡単な点 B 側から求めます.

以下に，軸力図，せん断力図，および曲げモーメント図を示す.

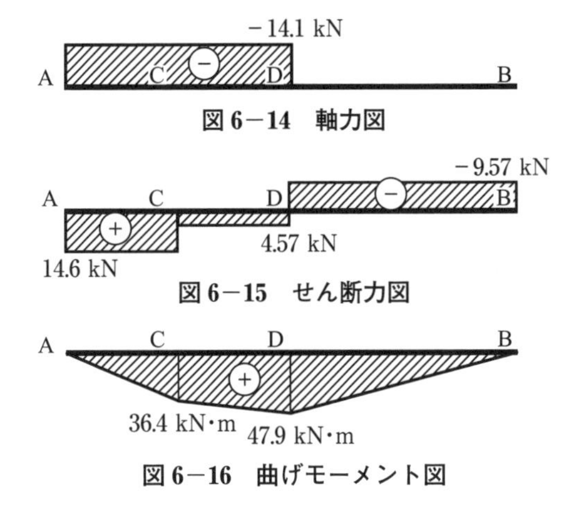

図 6－14　軸力図

図 6－15　せん断力図

図 6－16　曲げモーメント図

Point

重ね合わせの原理は，はりの断面力を求める際にも適用することができます．応用問題1では2つの荷重が作用していましたが，以下のように2つのはりに分けると問題をより単純に考えることができます．

下図には曲げモーメント図の例を示していますが，荷重 P_1 と P_2 がそれぞれ個別に単純ばりに作用しているときの曲げモーメント図を描くことができれば，それらの図を重ね合わせると，応用問題1と同じ曲げモーメント図が得られることがわかります．

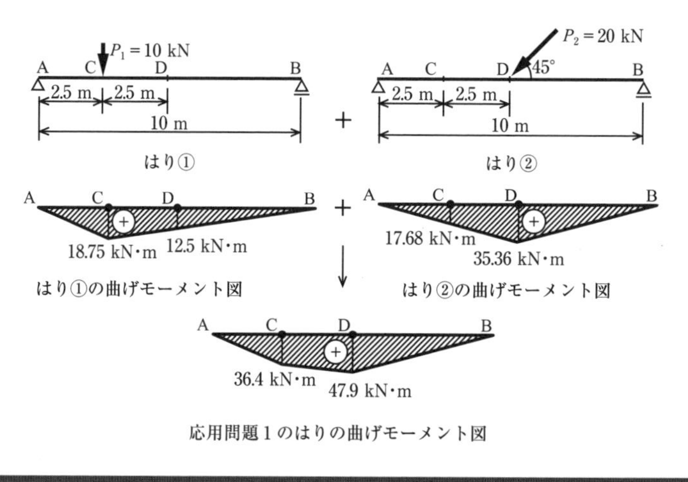

応用問題1のはりの曲げモーメント図

応用問題2

図6−17に示すように，片持ちばりに等分布荷重 $q=2$ kN/m が

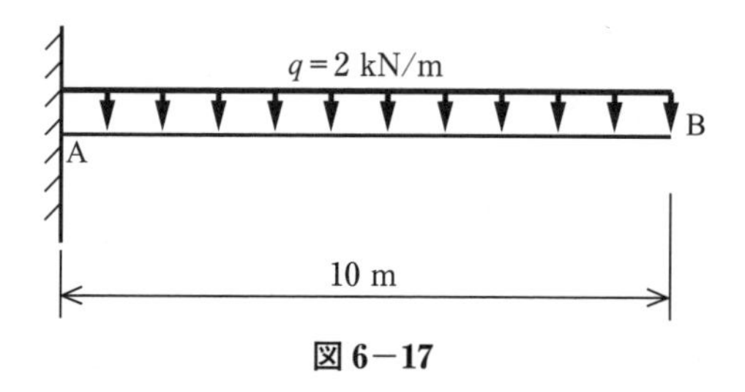

図6−17

作用している．このとき，せん断力および曲げモーメントの断面力図を描きなさい．

解き方

支点 A の水平反力，鉛直反力，モーメント反力を H_A，V_A，M_A とすると力のつり合い，点 A まわりの力のモーメントのつり合いより，

$H_A = 0$ kN

$V_A - q \cdot 10 = 0 \qquad \therefore V_A = 20$ kN

$M_A + q \cdot 10 \times 5 = 0 \qquad \therefore M_A = -100$ kN·m

ここに注意！

等分布荷重の場合は集中荷重に置き換えると，その作用点は分布荷重の重心点となります．

区間 AB の任意の位置 x [m]($0 \leqq x < 10$) ではりを切断したときの自由物体図から力および力のモーメントのつり合いより，

$H_A + N_x = 0 \qquad \therefore N_x = 0$ kN

$V_A - q \cdot x - Q_x = 0$

$\therefore Q_x = 20 - 2x$ [kN]

$M_A + V_A \cdot x - q \cdot x \cdot \dfrac{x}{2} - M_x = 0$

$\therefore M_x = -100 + 20x - x^2$ [kN·m]

図 6−18

以下に，せん断力図と曲げモーメント図を示す．

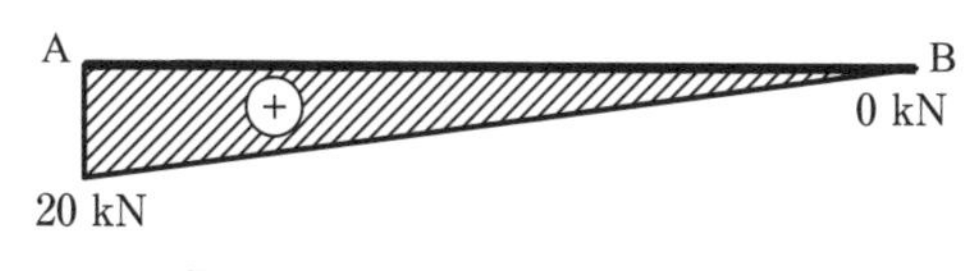

図 6−19　せん断力図

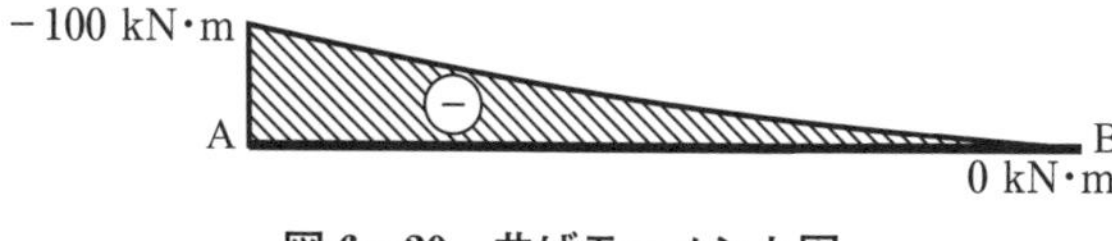

図 6−20　曲げモーメント図

応用問題 3

図6−21に示すように，単純ばりの点Cに集中荷重 $P=10$ kN および区間BDに等分布荷重 $q=2$ kN/m が作用している．このときのせん断力および曲げモーメントの断面力図を描きなさい．

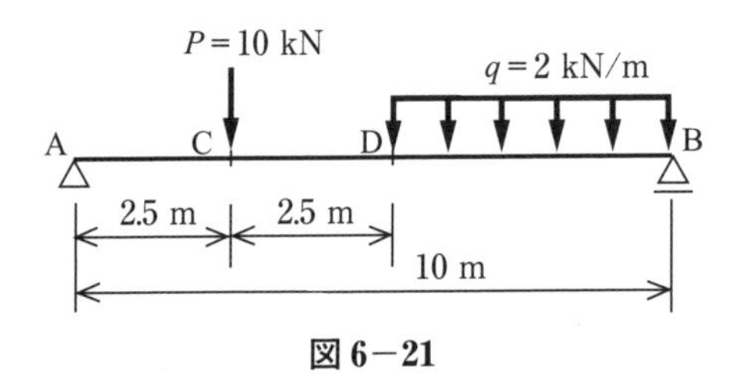

図6−21

解き方

支点A，Bの鉛直反力を V_A，V_B とすると，力および点Aまわりの力のモーメントのつり合いより，

$V_A+V_B-P-q\cdot 5=0$

$P\cdot 2.5+q\cdot 5\times 7.5-V_B\cdot 10=0$

したがって，$V_A=10$ kN，$V_B=10$ kN

区間ACにおける任意の位置 x_1 [m]$(0\leqq x_1<2.5)$ ではりを切断したときの自由物体図から力および力のモーメントのつり合いより，

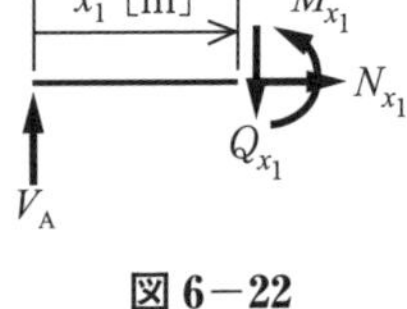

図6−22

$V_A-Q_{x_1}=0$　　$\therefore Q_{x_1}=10$ kN

$V_A\cdot x_1-M_{x_1}=0$　　$\therefore M_{x_1}=10x_1$ [kN·m]

次に区間CDにおける任意の位置 x_2 [m]$(2.5\leqq x_2<5)$ ではりを切断したときの自由物体図から力および力のモーメントのつり合いより，

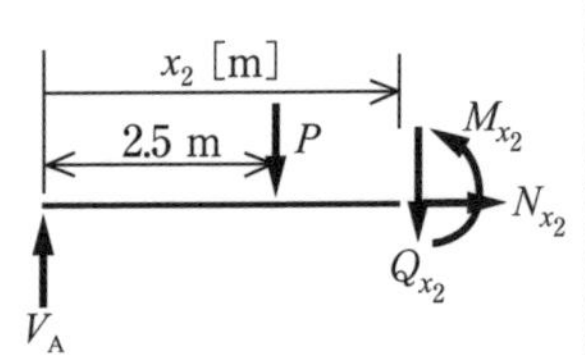

図6−23

$V_A-P-Q_{x_2}=0$　　$\therefore Q_{x_2}=0$ kN

$V_A\cdot x_2-P(x_2-2.5)-M_{x_2}=0$

$\therefore M_{x_2}=10x_2-10x_2+25=25$ kN·m

最後に区間 BD における任意の位置 x_3 [m]$(0 \leqq x_3 < 5)$ ではりを切断したときの自由物体図から力および力のモーメントのつり合いより，

$Q_{x_3}+V_B-q \cdot x_3=0$

$\therefore Q_{x_3}=-10+2x_3$ [kN]

図 6−24

$M_{x_3}-V_B \cdot x_3+q \cdot x_3 \cdot \dfrac{x_3}{2}=0 \qquad \therefore M_{x_3}=10x_3-x_3^2$ [kN·m]

以下に，せん断力図と曲げモーメント図を示す．

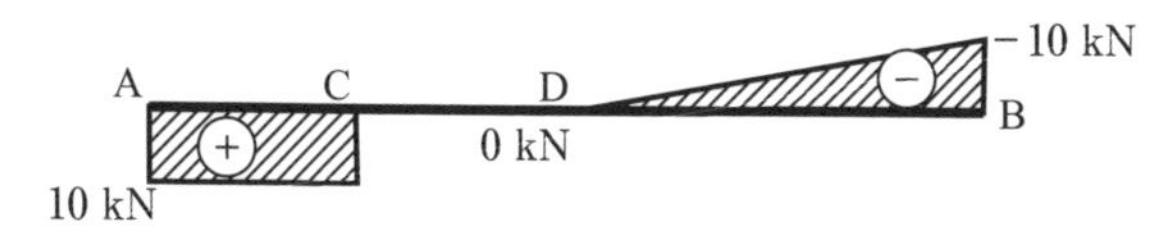

図 6−25　せん断力図

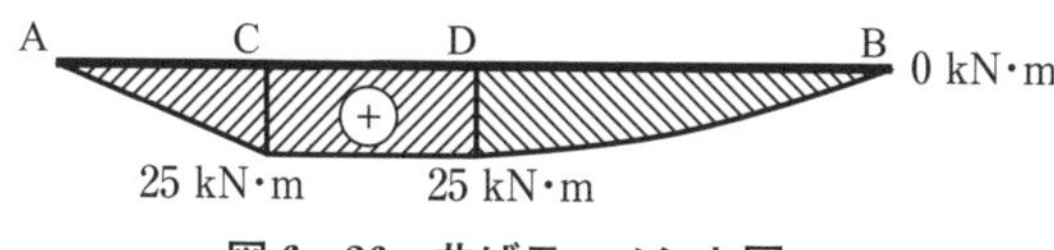

図 6−26　曲げモーメント図

応用問題 4

図 6−27 に示すように，片持ちばりの点 B に集中荷重 $P=10$ kN および区間 AC に等分布荷重 $q=2$ kN/m が作用している．このときのせん断力および曲げモーメントの断面力図を描きなさい．

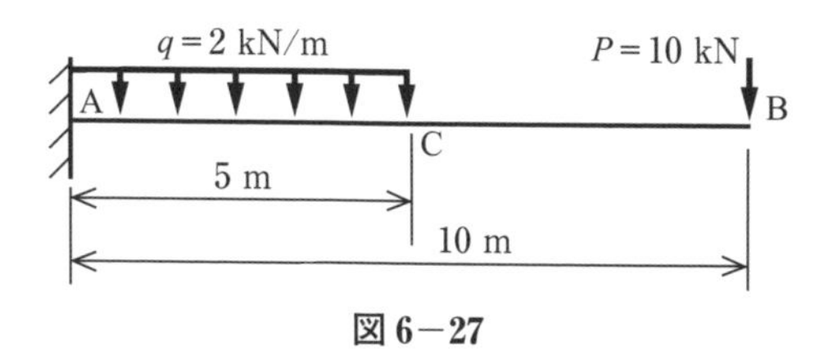

図 6−27

解き方

支点Aの水平反力，鉛直反力，モーメント反力を H_A，V_A，M_A とすると力および点Aまわりの力のモーメントのつり合いより，

$H_A=0$ kN

$V_A-q\cdot 5-10=0$　　$\therefore V_A=20$ kN

$M_A+q\cdot 5\times 2.5+10\times 10=0$　　$\therefore M_A=-125$ kN·m

区間ACにおける任意の位置 x_1 [m]（$0\leqq x_1<5$）ではりを切断したときの自由物体図から力および力のモーメントのつり合いより，

$V_A-q\cdot x_1-Q_{x_1}=0$

$\therefore Q_{x_1}=20-2x_1$ [kN]

$V_A\cdot x_1-q\cdot x_1\cdot\dfrac{x_1}{2}+M_A-M_{x_1}=0$

$\therefore M_{x_1}=-125+20x_1-x_1^2$ [kN·m]

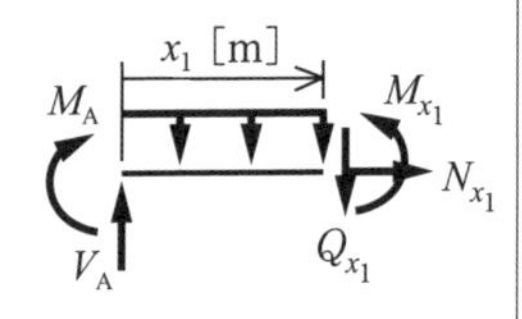

図6−28

次に区間BCにおける任意の位置 x_2 [m]（$0\leqq x_2<5$）ではりを切断したときの自由物体図から力および力のモーメントのつり合いより，

$Q_{x_2}-P=0$　　$\therefore Q_{x_2}=10$ kN

$M_{x_2}+P\cdot x_2=0$

$\therefore M_{x_2}=-10x_2$ [kN·m]

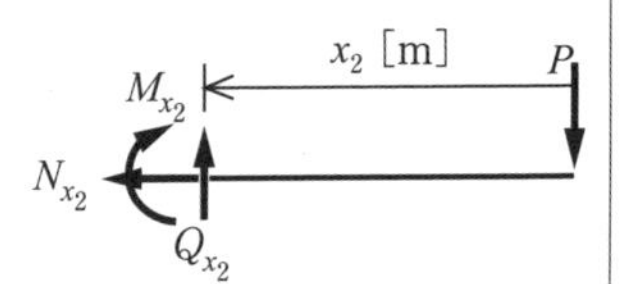

図6−29

以下に，せん断力図と曲げモーメント図を示す．

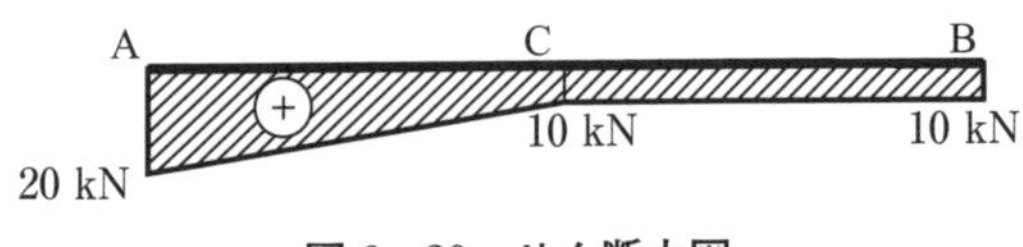

図6−30　せん断力図

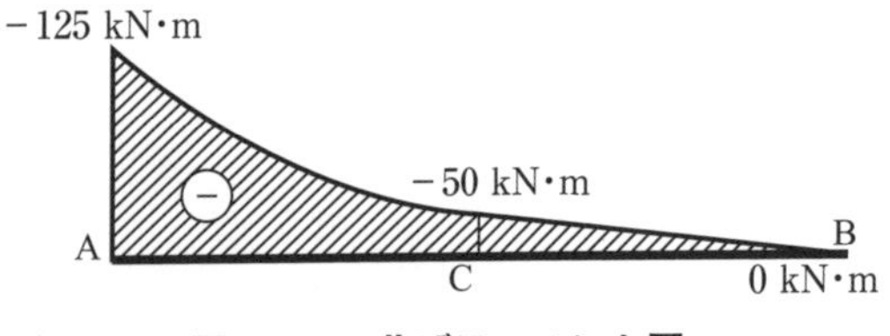

図6−31　曲げモーメント図

発 展 問 題

発展問題 1

図 6−32 に示すように，単純ばりの区間 AB に三角形分布荷重が作用している．このときのせん断力および曲げモーメントの断面力図を描きなさい．

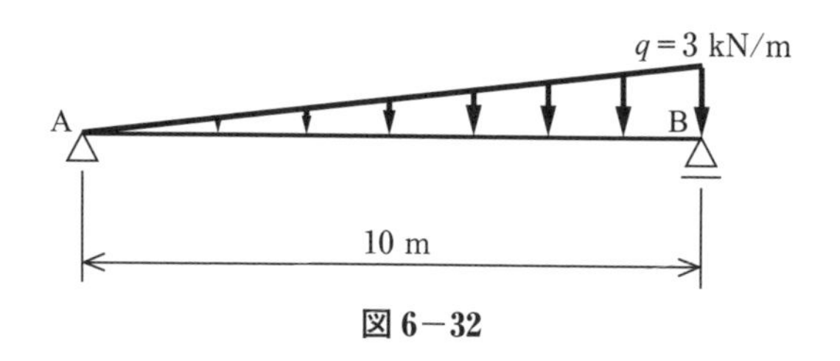

図 6−32

発展問題 2

図 6−33 に示すように，単純ばりの点 C に集中荷重 $P=10$ kN および点 D に集中モーメント $M_1=5$ kN·m，点 B に集中モーメント $M_2=10$ kN·m が作用している．このときのせん断力および曲げモーメントの断面力図を描きなさい．

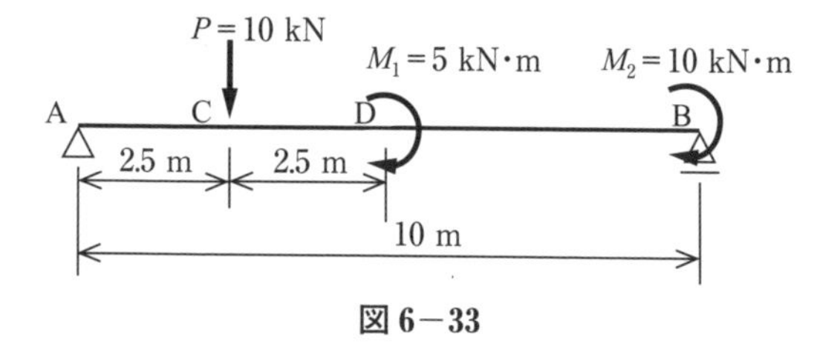

図 6−33

発展問題 3

図6−34に示すように，片持ちばりの点Bに集中モーメント $M=5$ kN·m および区間ACに等分布荷重 $q=2$ kN/m が作用している．このときのせん断力および曲げモーメントの断面力図を描きなさい．

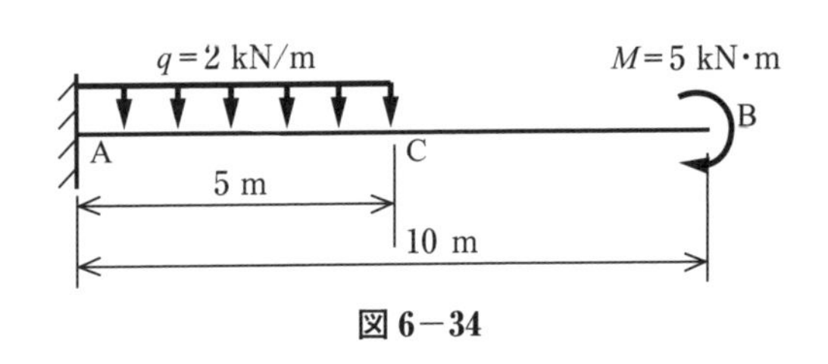

図6−34

発展問題 4

図6−35に示すように，折ればりに等分布荷重 $q=2$ kN/m が作用している．このときの軸力，せん断力および曲げモーメントの断面力図を描きなさい．

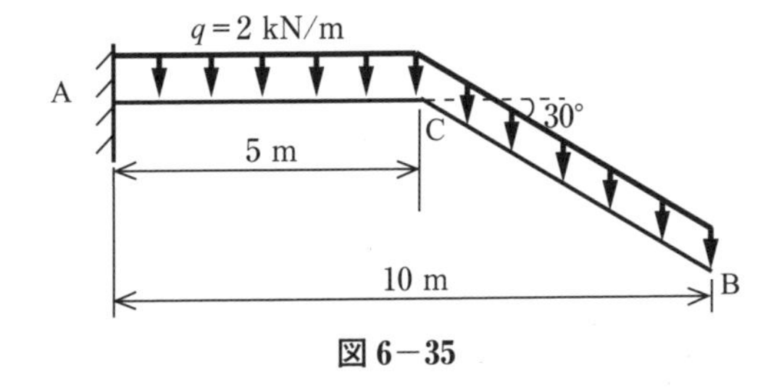

図6−35

第7章　はりの断面力（2）

第6章では単純ばりと片持ちばりの断面力を中心に学習しました．第7章ではより複雑な張り出しばり，ゲルバーばり，およびラーメン構造の断面力および断面力図を求めます．

なお，ゲルバーばりやラーメン構造に関しては，支点反力を求めるところから学習していきます．

●基本的な考え方

張り出しばりとは，図 7−1 に示すように，単純ばりの支点の外側に，さらにはりが張り出された構造をいう．このような張り出し部に荷重が作用しても，静定構造であるため第 6 章と同じ方法で解くことができる．

次に，ゲルバーばりとは，図 7−2 に示すように中間支点が存在するはりのある位置にヒンジ構造を設けることで静定構造としたはりのことをいう．図 7−2 に示すように，このような形式のはりに外力が作用した場合，ヒンジに力が作用する．ただし，ヒンジではモーメントがゼロとなる．そこでこのヒンジで 2 つの構造に分け，ヒンジの反力を考える，もしくはヒンジ部でモーメントがゼロということを考えることで，求めることができる．支点反力が求まれば第 6 章と同様の方法で断面力を求めることができる．

最後に，ラーメン構造とは，図 7−3 に示すように，はり部材と柱部材が一体化した構造である．断面力は第 6 章と同様の方法で求めることができる．

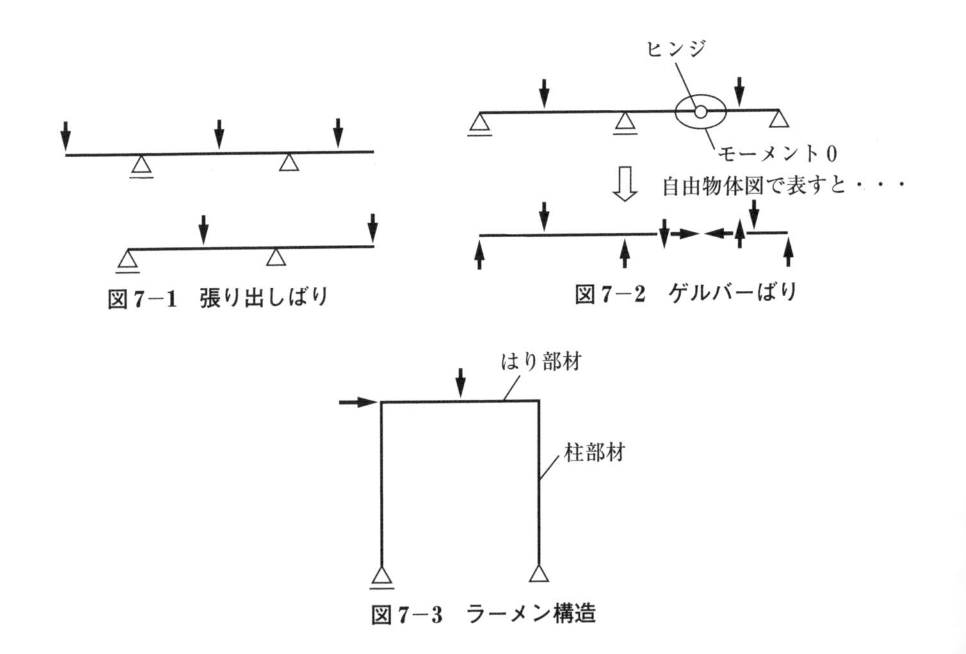

図 7−1　張り出しばり

図 7−2　ゲルバーばり

図 7−3　ラーメン構造

基　本　問　題

基本問題 1

図 7−4 に示すように，点 E がヒンジとなっているゲルバーばりの点 D，F に集中荷重 P が作用している．点 A，B，C の支点反力を求めなさい．

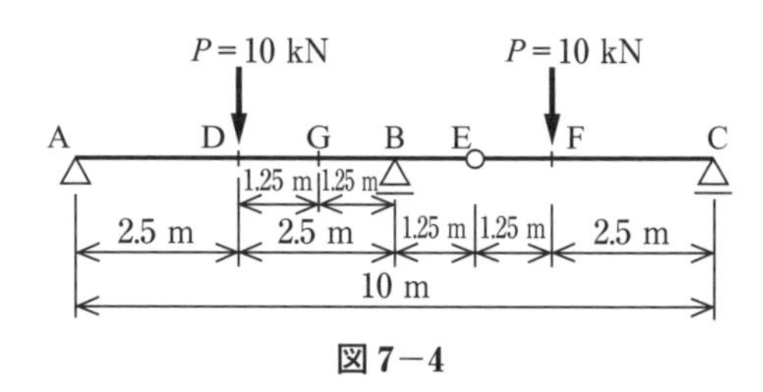

図 7−4

解き方

支点 A，B，C およびヒンジ（点 E）での反力を V_A，V_B，V_C，V_E とすると，図 7−5 の鉛直方向の力のつり合いより，

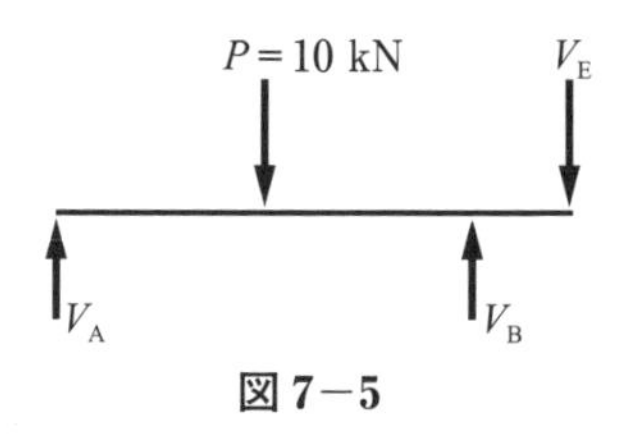

図 7−5

$V_A + V_B - V_E - P = 0$

点 A まわりの力のモーメントのつり合いより，

$P \cdot 2.5 - V_B \cdot 5 + V_E \cdot 6.25 = 0$

図 7−6 の鉛直方向の力のつり合いより，

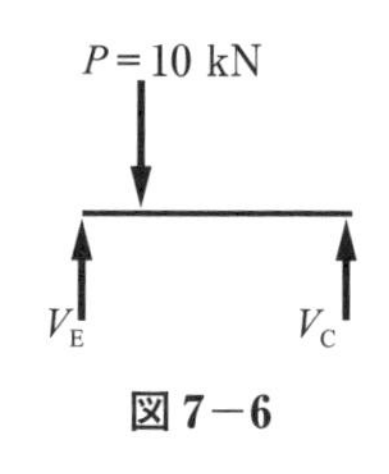

図 7−6

$V_C + V_E - P = 0$

点 C まわりの力のモーメントのつり合いより，

$-2.5 \cdot P + V_E \cdot 3.75 = 0 \qquad \therefore V_E = 6.67\ \text{kN}$

よって，$V_A = 3.33\ \text{kN}$，$V_B = 13.33\ \text{kN}$，$V_C = 3.33\ \text{kN}$

なお点 B や点 C がローラー支点のため，水平反力がゼロとなり，水平方向の力はすべてゼロとなることから，ここでは省略する．

Point

図 7−5 と図 7−6 の V_E は逆向きに作用させましょう．

別解

はり全体の鉛直反力のつり合いと点 A まわりの力のモーメントのつり合いより，

$V_A + V_B - P - P + V_C = 0$　　　(7−1)

$P \cdot 2.5 - V_B \cdot 5 + 10 \cdot 7.5 - V_C \cdot 10 = 0$　　　(7−2)

また，ヒンジ（点 E）ではモーメントがゼロになることより，点 E から右側だけで考えると，

$-V_C \cdot 3.75 + 10 \times 1.25 = 0$　　(7−3)

式 (7−1)，(7−2)，(7−3) より

$V_A = 3.33$ kN，$V_B = 13.33$ kN，$V_C = 3.33$ kN

基本問題 2

基本問題 1 のゲルバーばりの点 G におけるせん断力および曲げモーメントを求めなさい．

解き方

はりを点 G で切断したときの自由物体図から点 G におけるせん断力と曲げモーメントを Q_G および M_G とすると，鉛直方向の力のつり合いより，

$V_A - P - Q_G = 0$

点 G まわりの力のモーメントのつり合いより，

$-M_G + V_A \cdot 3.75 - 10 \times 1.25 = 0$

したがって，$Q_G = -6.67$ kN，$M_G = 0$ kN·m

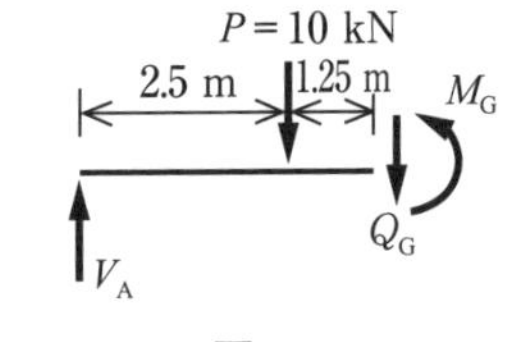

図 7−7

基本問題 3

図 7−8 に示すように，ラーメン構造の点 C，E に集中荷重 P_1，P_2 が作用している．このとき点 A，B の支点反力を求めなさい．

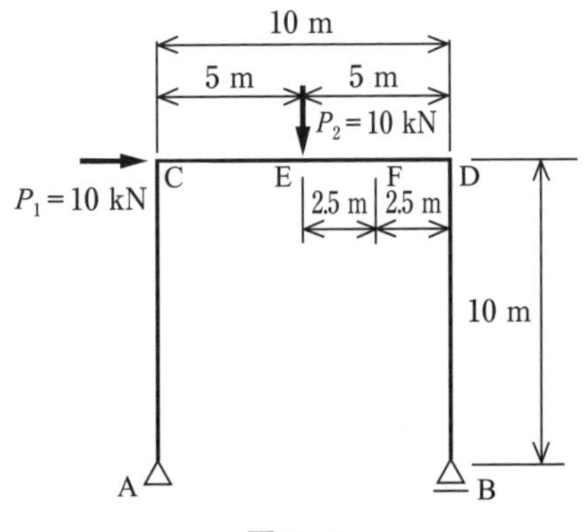

図 7−8

解き方

支点 A，B の水平反力および鉛直反力を H_A，V_A，V_B とすると，水平方向の力のつり合いより，

$H_A+P_1=0$　　$\therefore H_A=-10$ kN

鉛直方向の力のつり合いより，

$V_A+V_B-10=0$

点 A まわりの力のモーメントのつり合いより，

$P_1\cdot 10+P_2\cdot 5-V_B\cdot 10=0$

したがって，$V_A=-5$ kN，$V_B=15$ kN

基本問題 4

基本問題 3 のラーメン構造の点 F における軸力，せん断力および曲げモーメントを求めなさい．

解き方

ラーメン構造を点 F で切断したときの自由物体図から点 F における軸力，せん断力および曲げモーメントを N_F，Q_F および M_F とすると，水平方向の力のつり合いより，

$N_F+H_A+P_1=0$

$\therefore N_F=-H_A-P_1=10-10=0$

鉛直方向の力のつり合いより，

$V_A-P_2-Q_F=0$

$\therefore Q_F=V_A-P_2=-5-10$

点 F まわりの力のモーメントのつり合いより，

$-M_F-H_A\cdot 10+V_A\cdot 7.5-P_2\cdot 2.5=0$

$\therefore M_F=10\times 10-5\times 7.5-10\times 2.5$

したがって，$N_F=0$ kN，$Q_F=-15$ kN，$M_F=37.5$ kN·m

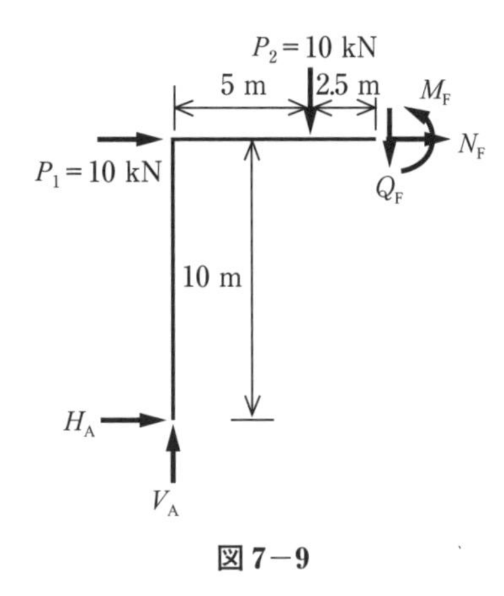

図 7−9

応用問題

応用問題1

図7−10に示すように，張り出しばりの点D，Cに集中荷重 P_1，P_2 が作用している．このとき，せん断力および曲げモーメントの断面力図を描きなさい．

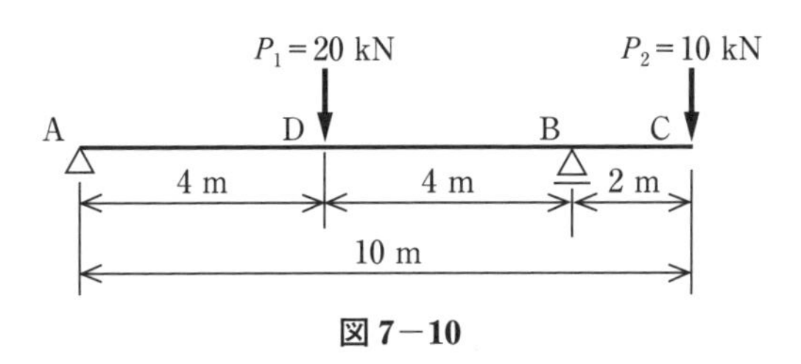

図7−10

解き方

支点A，Bの支点反力を V_A，V_B とする鉛直方向の力および点Aまわりの力のモーメントのつり合いより，

$V_A+V_B-P_1-P_2=0$

$P_1 \cdot 4-V_B \cdot 8+P_2 \cdot 10=0$

よって，$V_A=7.5$ kN，$V_B=22.5$ kN

区間ADにおける任意の位置 x_1 [m]($0 \leqq x_1<4$) ではりを切断したときの自由物体図から力および力のモーメントのつり合いより，

$V_A-Q_{x_1}=0 \qquad \therefore Q_{x_1}=7.5$ kN

$V_A \cdot x_1-M_{x_1}=0$

$\therefore M_{x_1}=7.5x_1$ [kN·m]

図7−11

次に区間BDにおける任意の位置 x_2 [m]($4 \leqq x_2<8$) ではりを切断したときの自由物体図から力および力のモーメントのつり合いより，

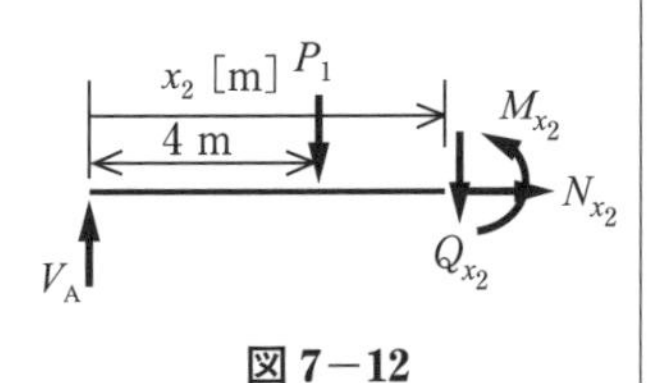

図7−12

$V_A-P_1-Q_{x_2}=0$

$\therefore Q_{x_2} = -12.5\ \text{kN}$

$V_A \cdot x_2 - P_1(x_2 - 4) - M_{x_2} = 0$

$M_{x_2} = -12.5x_2 + 80\ \text{kN·m}$

最後に区間 BC における任意の位置 x_3 [m]$(0 \leqq x_3 < 2)$ ではりを切断したときの自由物体図から力および力のモーメントのつり合いより，

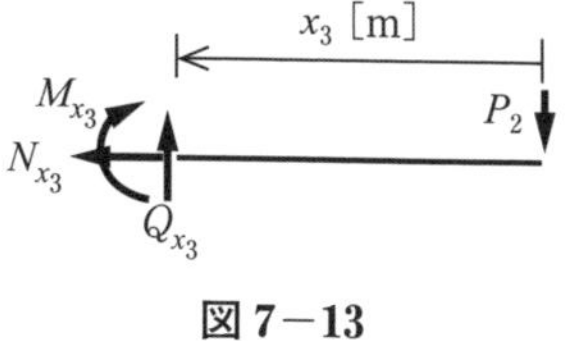

図 7−13

$Q_{x_3} - P_2 = 0 \qquad \therefore Q_{x_3} = 10\ \text{kN}$

$M_{x_3} + P_2 \cdot x_3 = 0$

$\therefore M_{x_3} = -10x_3\ [\text{kN·m}]$

以下に，せん断力図と曲げモーメント図を示す．

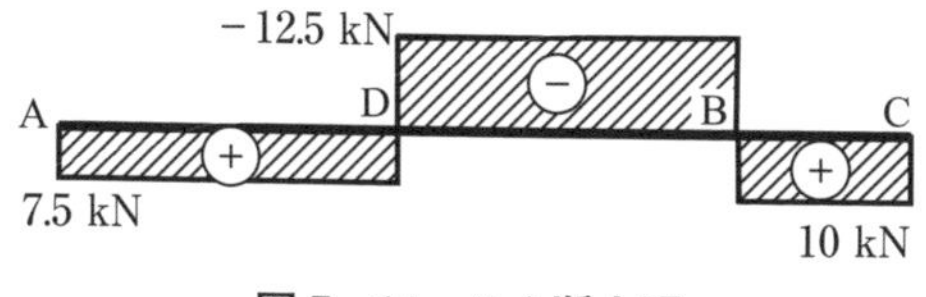

図 7−14　せん断力図

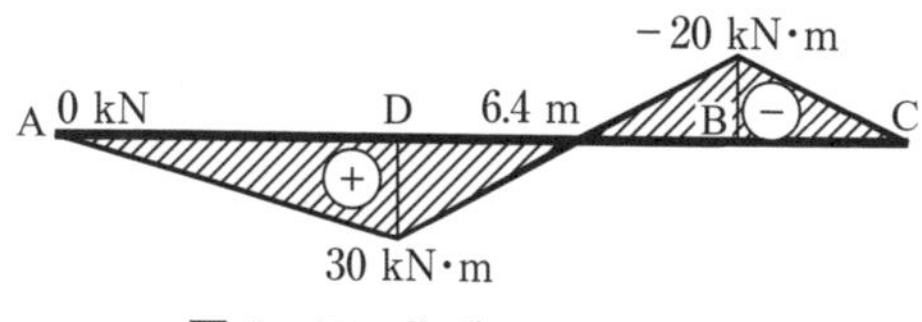

図 7−15　曲げモーメント図

応用問題 2

基本問題 1 のゲルバーばりのせん断力および曲げモーメントの断面力図を描きなさい．

解き方

区間 AD における任意の位置 x_1 [m]$(0 \leqq x_1 \leqq 2.5)$ ではりを切断したときの自由物体図から力および力

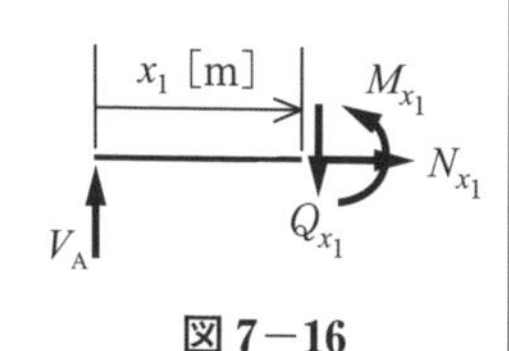

図 7−16

のモーメントのつり合いより，

$V_A - Q_{x_1} = 0 \qquad \therefore Q_{x_1} = 3.33\ \text{kN}$

$V_A \cdot x_1 - M_{x_1} = 0$

$\therefore M_{x_1} = 3.33x_1\ [\text{kN·m}]$

区間 BD における任意の位置 x_2 [m]($2.5 < x_2 \leqq 5$) ではりを切断したときの自由物体図から力および力のモーメントのつり合いより，

$V_A - P - Q_{x_2} = 0$

$\therefore Q_{x_2} = -6.67\ \text{kN}$

$V_A \cdot x_2 - P(x_2 - 2.5) - M_{x_2} = 0$

$\therefore M_{x_2} = -6.67x_2 + 25\ [\text{kN·m}]$

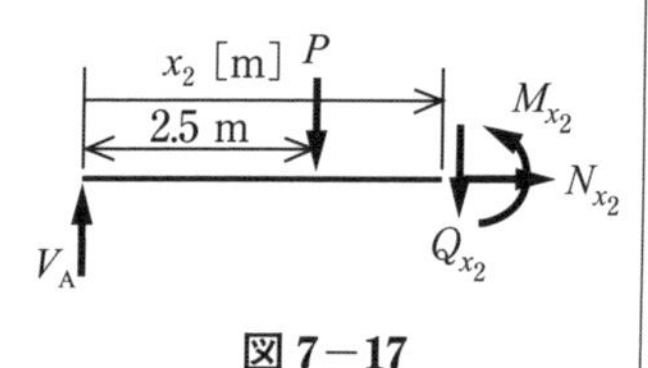

図 7−17

区間 BE における任意の位置 x_3 [m]($0 \leqq x_3 < 1.25$) ではりを切断したときの自由物体図から力および力のモーメントのつり合いより，

$Q_{x_3} - V_E = 0 \qquad \therefore Q_{x_3} = 6.67\ \text{kN}$

$M_{x_3} + V_E \cdot x_3 = 0$

$\therefore M_{x_3} = -6.67x_3\ [\text{kN·m}]$

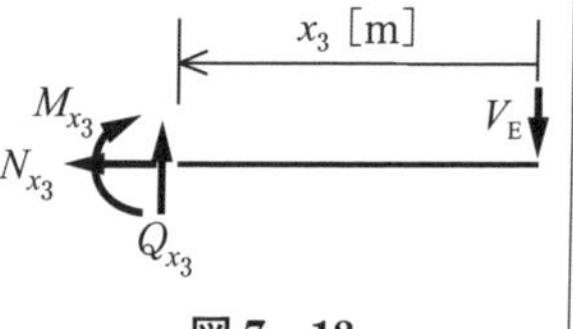

図 7−18

区間 CF における任意の位置 x_4 [m]($0 \leqq x_4 < 2.5$) ではりを切断したときの自由物体図から力および力のモーメントのつり合いより，

$Q_{x_4} + V_C = 0 \qquad \therefore Q_{x_4} = -3.33\ \text{kN}$

$M_{x_4} - V_C \cdot x_4 = 0$

$\therefore M_{x_4} = 3.33x_4\ [\text{kN·m}]$

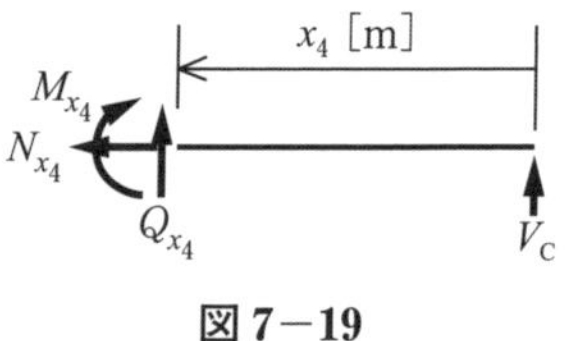

図 7−19

最後に区間 EF における任意の位置 x_5 [m]($0 \leqq x_5 < 1.25$) ではりを切断したときの自由物体図から力および力のモーメントのつり合いより，

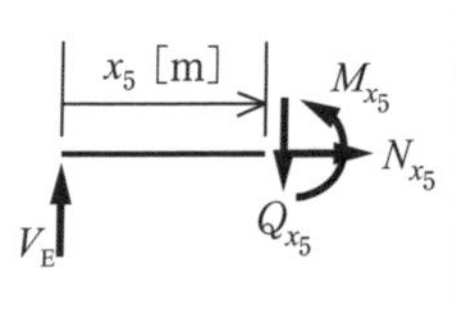

図 7−20

$V_E - Q_{x_5} = 0 \qquad \therefore Q_{x_5} = 6.67\ \text{kN}$

$V_E \cdot x_5 - M_{x_5} = 0 \qquad \therefore M_{x_5} = 6.67 x_5\ [\text{kN·m}]$

以下に，せん断力図と曲げモーメント図を示す．

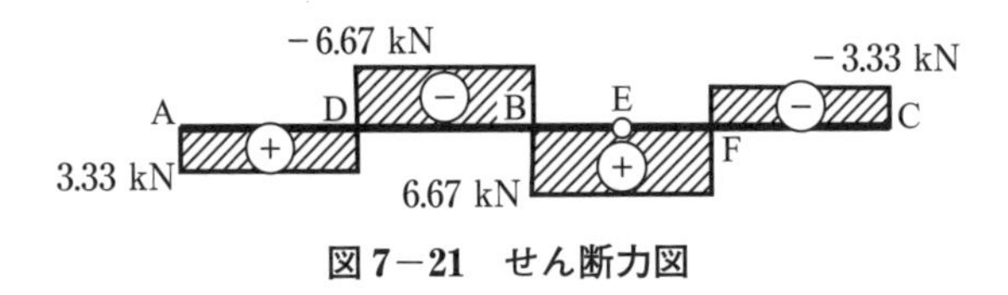

図 7−21　せん断力図

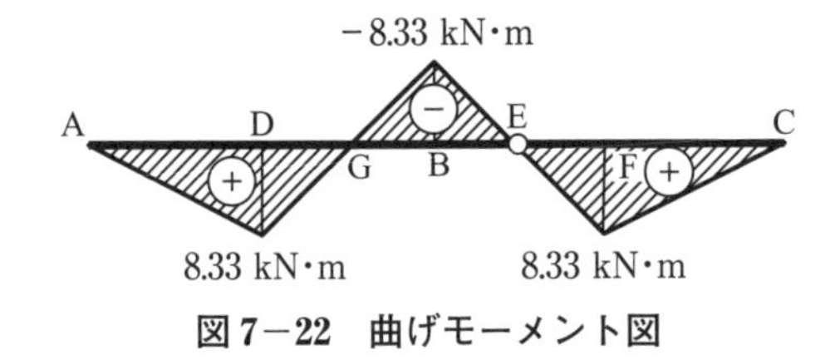

図 7−22　曲げモーメント図

応用問題 3

基本問題 3 のラーメン構造の軸力，せん断力および曲げモーメントの断面力図を描きなさい．

解き方

区間 AC における任意の位置 x_1 [m]($0 \leqq x_1 < 10$) ではりを切断したときの自由物体図から力および力のモーメントのつり合いより，

$V_A + N_{x_1} = 0 \qquad \therefore N_{x_1} = 5\ \text{kN}$

$H_A + Q_{x_1} = 0 \qquad \therefore Q_{x_1} = 10\ \text{kN}$

$H_A \cdot x_1 + M_{x_1} = 0 \qquad \therefore M_{x_1} = 10 x_1\ [\text{kN·m}]$

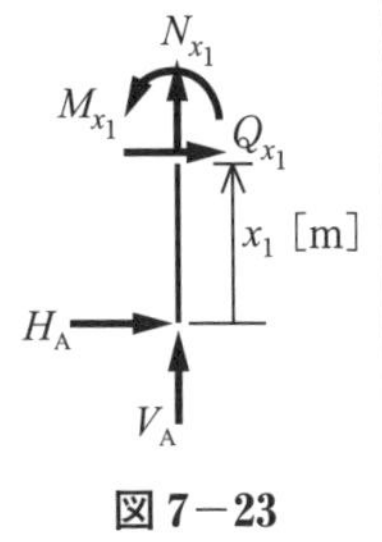

図 7−23

区間 CE における任意の位置 x_2 [m]($0 \leqq x_2 < 5$) ではりを切断したときの自由物体図から力および力のモーメントのつり合いより，

$H_A + P_1 + N_{x_2} = 0 \qquad \therefore N_{x_2} = 0\ \text{kN}$

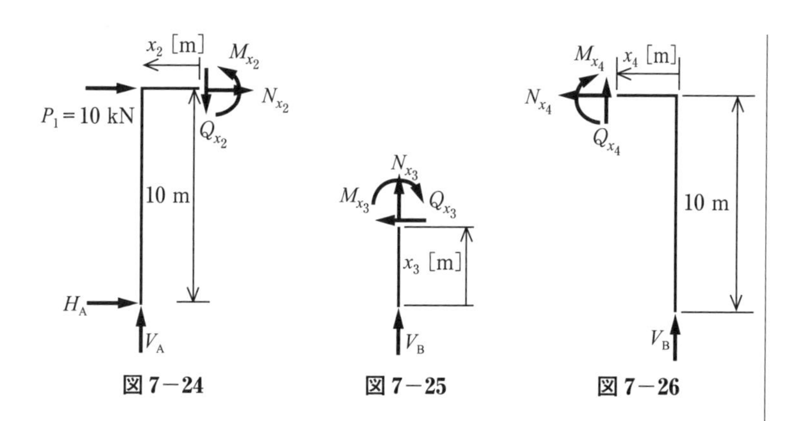

図 7−24　**図 7−25**　**図 7−26**

$V_A - Q_{x_2} = 0 \qquad \therefore Q_{x_2} = -5\ \mathrm{kN}$

$-H_A \cdot 10 + V_A \cdot x_2 - M_{x_2} = 0 \qquad \therefore M_{x_2} = 100 - 5x_2\ [\mathrm{kN \cdot m}]$

区間 BD における任意の位置 x_3 [m]($0 \leqq x_3 < 10$) ではりを切断したときの自由物体図から力および力のモーメントのつり合いより，

$N_{x_3} + V_B = 0 \qquad \therefore N_{x_3} = -15\ \mathrm{kN}$

$Q_{x_3} = 0\ \mathrm{kN}$

$M_{x_3} = 0\ \mathrm{kN \cdot m}$

区間 DE における任意の位置 x_4 [m]($0 \leqq x_4 < 5$) ではりを切断したときの自由物体図から力および力のモーメントのつり合いより，

$Q_{x_4} + V_B = 0 \qquad \therefore Q_{x_4} = -15\ \mathrm{kN}$

$M_{x_4} - V_B \cdot x_4 = 0 \qquad \therefore M_{x_4} = 15x_4\ [\mathrm{kN \cdot m}]$

以下に，軸力図，せん断力図と曲げモーメント図を示す．

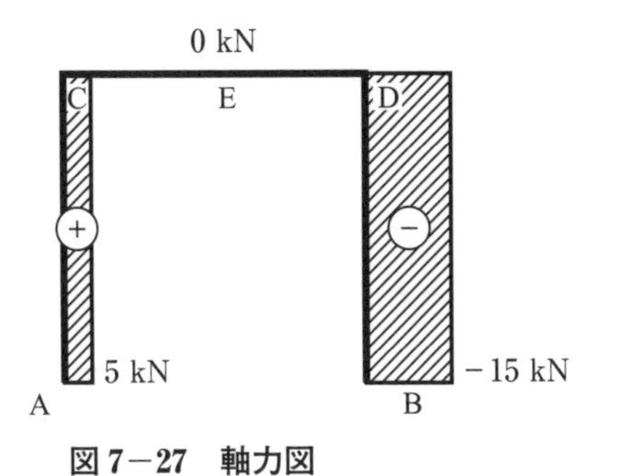

図 7−27　軸力図

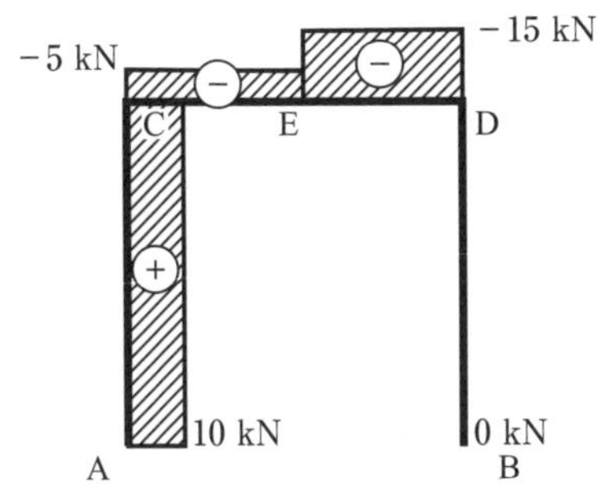

図 7−28　せん断力図

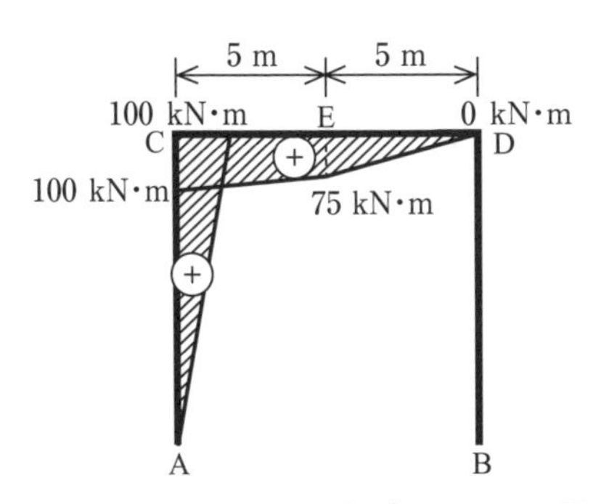

図 7−29　曲げモーメント図

ここに注意！

ラーメン構造の断面力図は内側を正，外側を負として描く．

Point

ラーメン構造の場合，柱部材とはり部材で右の図のような曲げモーメントの回転の向きになることを覚えておくと便利です．

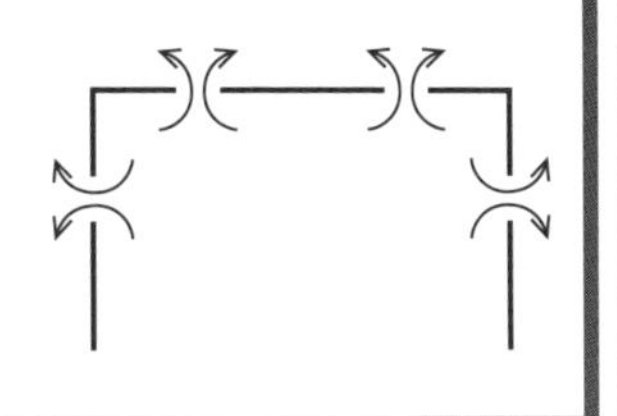

発展問題

発展問題1

図7−30に示すように，張り出しばりに等分布荷重が作用している．このときのせん断力および曲げモーメントの断面力図を求めなさい．

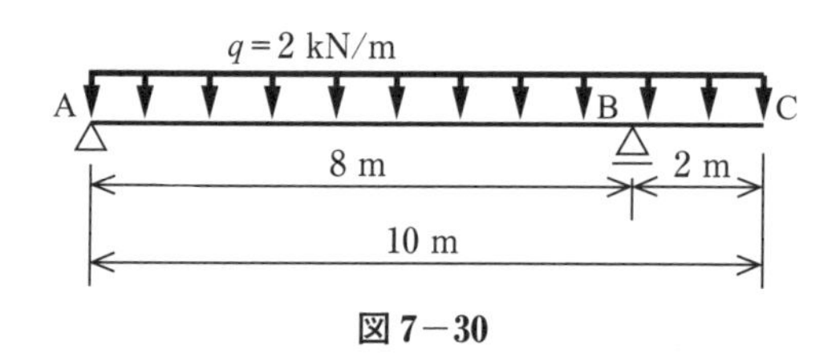

図7−30

発展問題2

図7−31に示すように，点Eがヒンジとなっているゲルバーばりの区間BCに等分布荷重，点Dに集中荷重が作用している．このときのせん断力および曲げモーメントの断面力図を描きなさい．

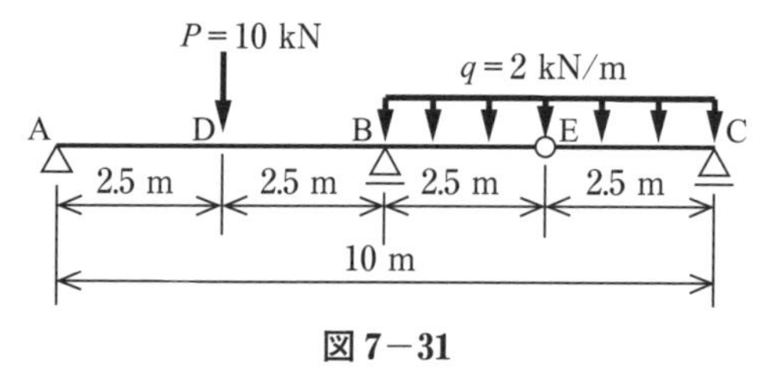

図7−31

発展問題3

図7−32に示すように，ラーメン構造に等分布荷重および集中荷重が作用している．このときの軸力，せん断力および曲げモーメントの断面力図を描きなさい．

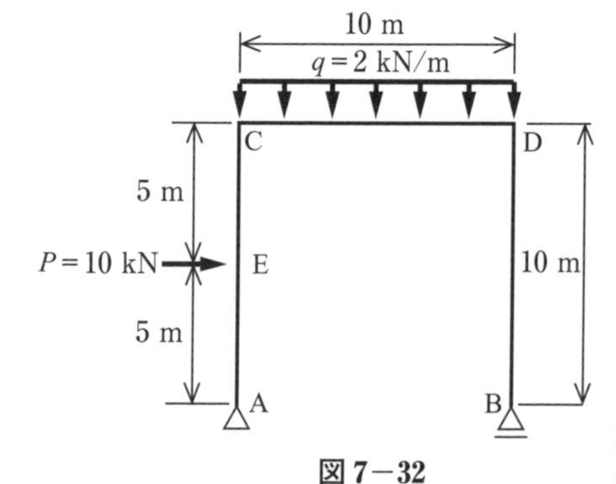

図7−32

第8章　はりの影響線

影響線とは，単位集中荷重がはりを移動していくときに，ある任意の着目点で発生する反力や断面力が変化する状況を描いた図です．これらを求めておくことで，ある位置の断面力の算定やその最大値を算定する際に便利です．

本章では，はりの影響線を用いて，ある荷重が作用している静定はりの断面力を求めることを学習目標とします．なお，本章でははりの影響線を求める際の移動荷重は ↓ で示す．

●基本的な考え方

はりの任意の点の反力および断面力の影響線を求める手順は第 6 章や第 7 章で学習したはりの断面力を求める手順とほとんど同じだが，荷重が移動することと着目点が固定されている点に注意すること．

基 本 問 題

基本問題 1

図 8−1 に示す単純ばりの鉛直反力 V_A および V_B の影響線を求めなさい.

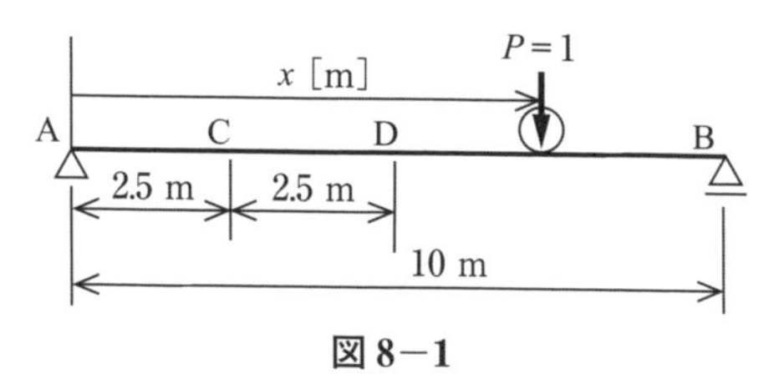

図 8−1

解き方

図 8−1 に示すように，はりの任意の位置 x [m]$(0 \leqq x < 10)$ に単位荷重 $P=1$ があると考える.

鉛直方向の力のつり合いより,

$V_A + V_B - 1 = 0$

点 A まわりの力のモーメントのつり合いより,

$1 \cdot x - V_B \cdot 10 = 0$

したがって，$V_A = \dfrac{10-x}{10}$，$V_B = \dfrac{x}{10}$

これらの結果より，この単純ばりの反力の影響線を描くと以下のようになる.

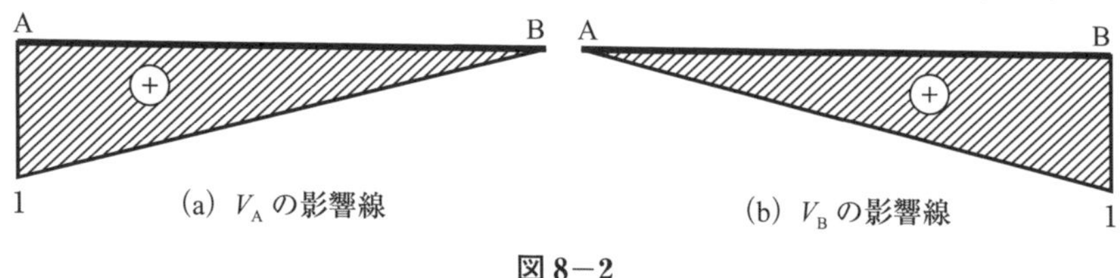

図 8−2

基本問題 2

基本問題 1 の単純ばりの点 C における曲げモーメントとせん断力の影響線を求めなさい.

解き方

単位荷重 $P=1$ が区間 AC $(0 \leqq x < 2.5)$ にある場合，区間 BC の自由物体図より点

Cにおける断面力，せん断力および曲げモーメントをそれぞれ N_C, Q_C および M_C とすると力および力のモーメントのつり合いより，

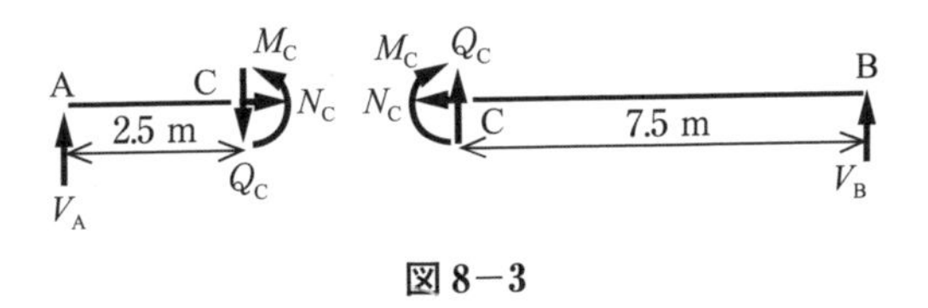

図8−3

$V_B + Q_C = 0$

$M_C - V_B \cdot 7.5 = 0$

したがって，$Q_C = -V_B = -\dfrac{x}{10}$，$M_C = 7.5 \cdot \dfrac{x}{10} = \dfrac{3x}{4}$ [m]

次に，単位荷重が区間BC（$2.5 \leqq x < 10$）にある場合，区間ACの自由物体図より点Cにおける断面力，せん断力および曲げモーメントをそれぞれ N_C, Q_C および M_C とすると力および力のモーメントのつり合いより，

$V_A - Q_C = 0$

$V_A \cdot 2.5 - M_C = 0$

したがって，$Q_C = V_A = \dfrac{10-x}{10}$，$M_C = \dfrac{2.5(10-x)}{10} = \dfrac{10-x}{4}$

これらの結果より，それぞれの影響線を描くと以下のようになる．

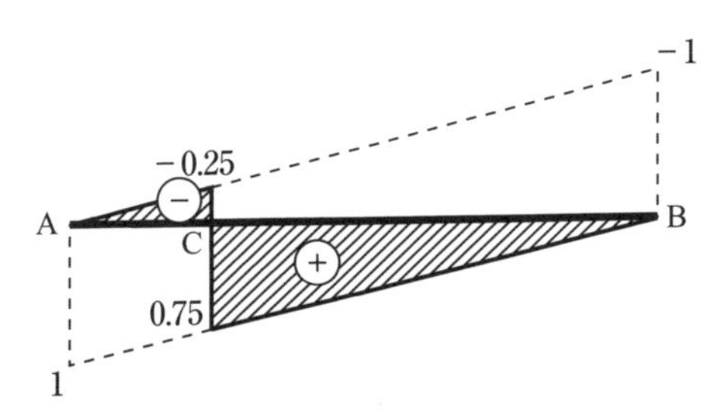

図8−4　点Cにおけるせん断力の影響線

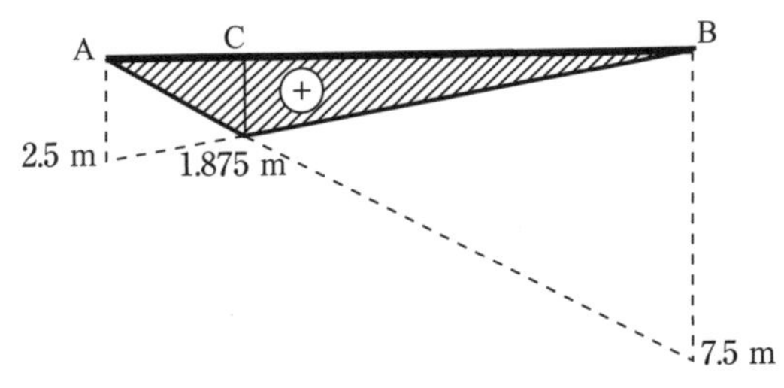

図8−5　点Cにおける曲げモーメントの影響線

基本問題 3

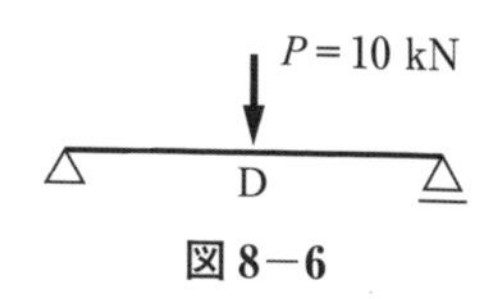

図 8−6

基本問題 1 の単純ばりの点 D に集中荷重 $P=10$ kN が作用している．このとき，点 C におけるせん断力および曲げモーメントを，基本問題 2 の結果を用いて求めなさい．

解き方

図 8−7 および図 8−8 より，基本問題 2 の結果を利用して，点 D は $x=5$ m の区間 BC にあることから，

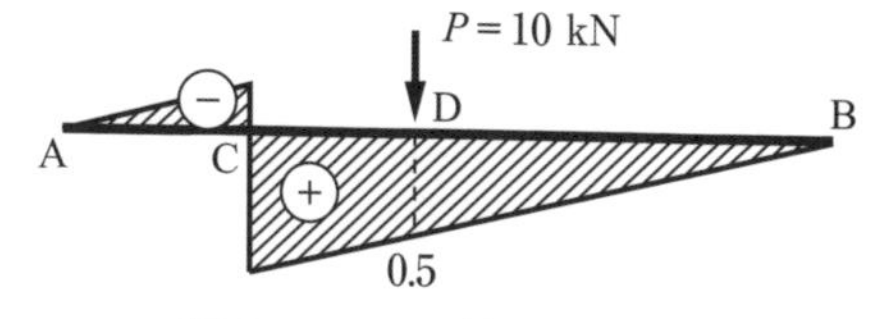

図 8−7　せん断力の影響線

$$Q_C=10\cdot Q_C(5)=\frac{10(10-5)}{10}=5\text{ kN}$$

$$M_C=10\cdot M_C(5)=\frac{10(10-5)}{4}$$

$$=12.5\text{ kN}\cdot\text{m}$$

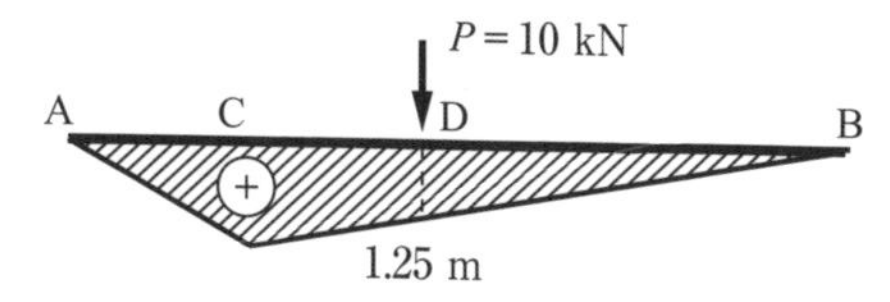

図 8−8　曲げモーメントの影響線

Point

はりの影響線は，基本問題 1 や 2，また次の演習問題でもつり合い式から解く方法を学習していきますが，単位荷重が作用したときの各種はりの反力や断面力を求めていることと同じであるため，その形状の特徴をつかめば短時間で影響線を描くことができます．

例えば，基本問題 1 の単純ばりで考えると，求めたい断面力の位置を a [m] とした場合，以下のようなせん断力や曲げモーメントの影響線が描けます．これはゲルバーばりや張り出しばりにも応用することができます．

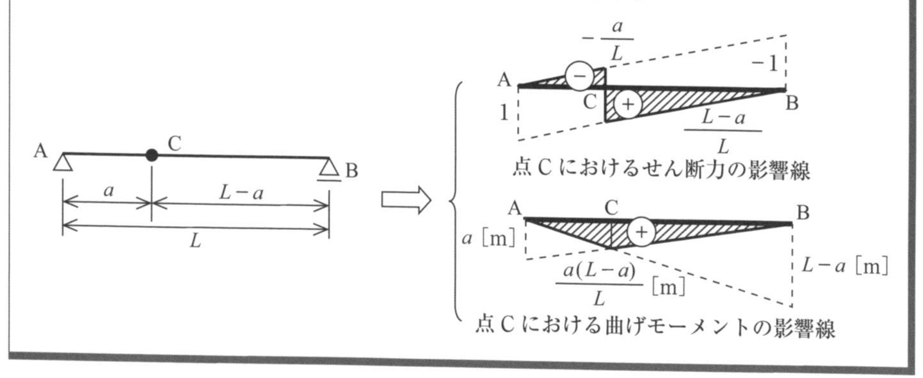

応用問題

応用問題 1

図 8−9 に示す片持ちばりの支点反力およびモーメント反力の影響線および点 C における曲げモーメントおよびせん断力の影響線を求めなさい.

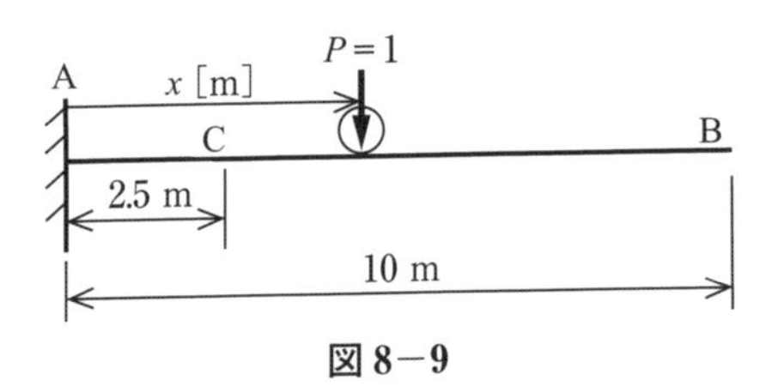

図 8−9

解き方

はりの任意の位置 x [m] に単位荷重 $P=1$ が作用すると考える.

力および点 A まわりの力のモーメントのつり合いより,

$V_A-1=0$

$M_A+1\cdot x=0$

したがって, $V_A=1$, $M_A=-x$ [m]

次に, 区間AC ($0\leqq x<2.5$) に単位荷重がある場合の点 C で切断した区間 AC の自由物体図より, 力および点 C まわりの力のモーメントのつり合いより,

$V_A-1-Q_C=0$

$M_A-1(2.5-x)+2.5\cdot V_A-M_C=0$

したがって, $Q_C=0$, $M_C=0$ m

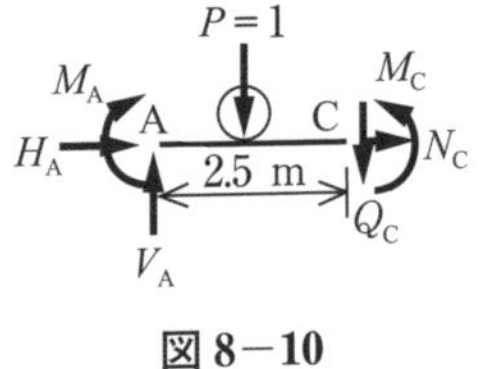

図 8−10

さらに, 区間 BC ($2.5\leqq x<10$) に単位荷重がある場合の点 C で切断した区間 AC の自由物体図より, 力および点 C まわりの力のモーメントのつり合いより,

図 8−11

$V_A - Q_C = 0$

$M_A + 2.5 \cdot V_A - M_C = 0$

したがって，$Q_C = 1$，$M_C = -x + 2.5$ m

これらの結果より，それぞれの影響線を描くと以下のようになる．

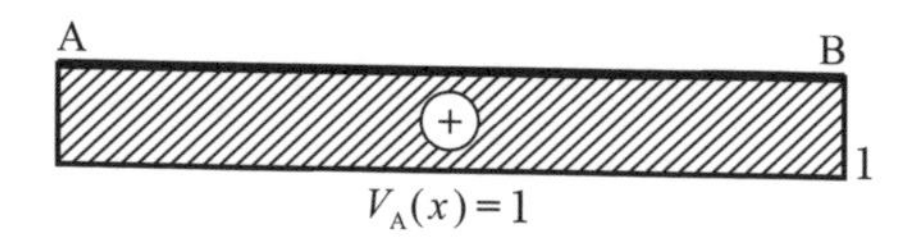

図 8−12　鉛直反力 V_A の影響線

図 8−13　モーメント反力 M_A の影響線

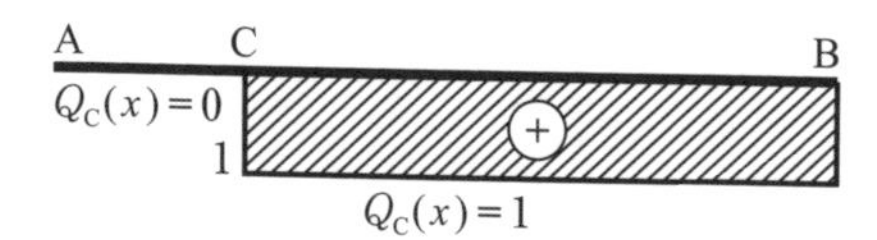

図 8−14　点 C におけるせん断力の影響線

図 8−15　点 C における曲げモーメントの影響線

応用問題 2

図 8−16 に示す張り出しばりの支点反力 V_A および V_B の影響線および点 C における曲げモーメントおよびせん断力の影響線を求めなさい．

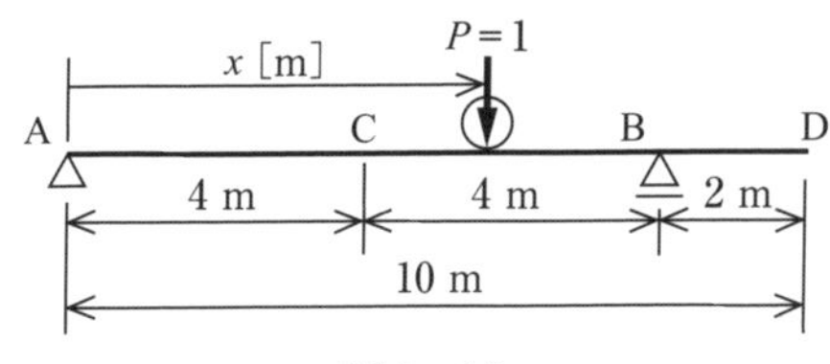

図 8−16

解き方

はりの任意の位置 x [m] に単位荷重 $P=1$ が作用すると考える．力および点 A まわりの力のモーメントのつり合いより，

$$V_A+V_B-1=0$$

$$1\cdot x-V_B\cdot 8=0$$

したがって，$V_A=\dfrac{8-x}{8}$，$V_B=\dfrac{x}{8}$

次に，区間 AC $(0\leqq x<4)$ に単位荷重がある場合の点 C で切断した自由物体図より，力および点 C まわりの力のモーメントのつり合いより，

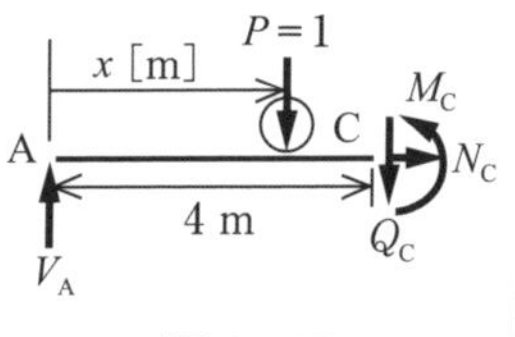

図 8−17

$$V_A-1-Q_C=0$$

$$V_A\cdot 4-1(4-x)-M_C=0$$

したがって，$Q_C=-\dfrac{x}{8}$，$M_C=\dfrac{x}{2}$ [m]

さらに，区間 CD $(4\leqq x<10)$ に単位荷重がある場合の点 C で切断した自由物体図より，力および点 C まわりの力のモーメントのつり合いより，

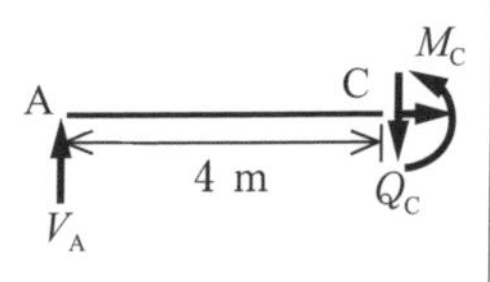

図 8−18

$$V_A-Q_C=0$$

$$V_A\cdot 4-M_C=0$$

したがって，$Q_C=\dfrac{8-x}{8}$，$M_C=\dfrac{8-x}{2}$ [m]

これらの結果より，それぞれの影響線を描くと以下のようになる．

図 8−19　支点反力 V_A の影響線

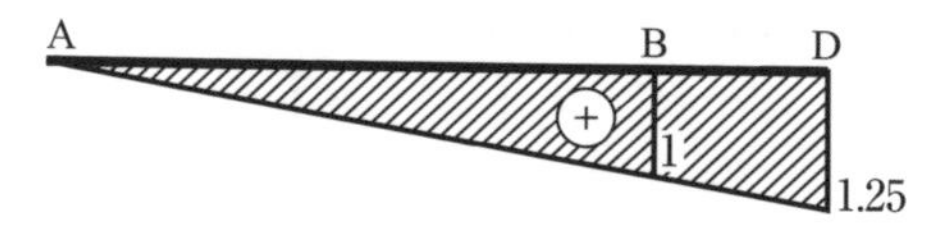

図 8−20　支点反力 V_B の影響線

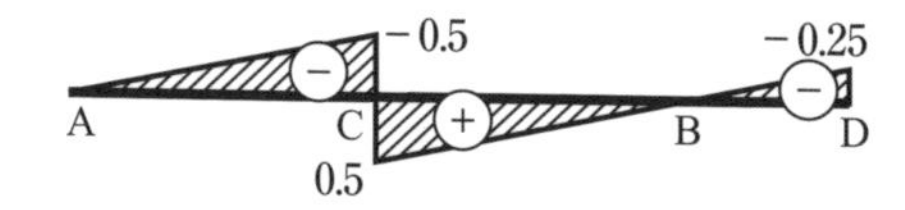

図 8−21　点 C におけるせん断力の影響線

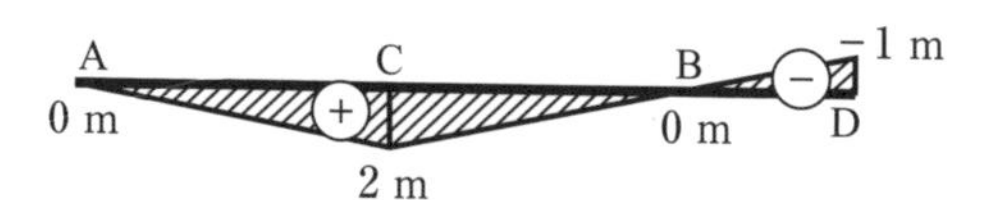

図 8−22　点 C における曲げモーメントの影響線

応用問題 3

図 8−23 に示す点 G にヒンジを持つゲルバーばりの支点反力の影響線および点 D における曲げモーメントおよびせん断力の影響線を求めなさい．

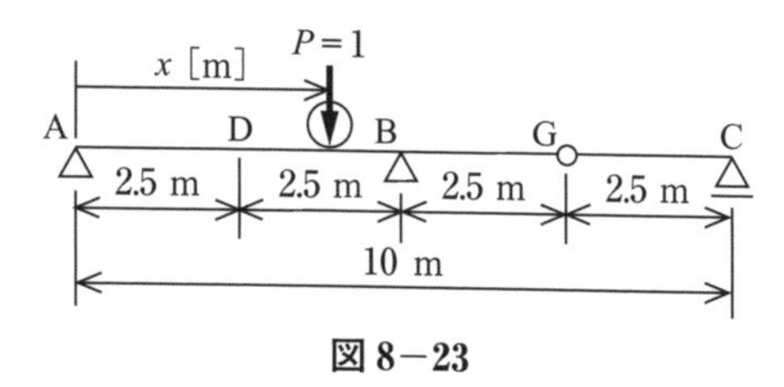

図 8−23

解き方

区間 AG の任意の位置 x [m]$(0 \leqq x < 7.5)$ に単位荷重 $P=1$ が作用すると考える．

ヒンジにおける反力 V_G を考慮すると，鉛直方向の力，点 A および点 C まわりの力のモーメントのつり合いより，

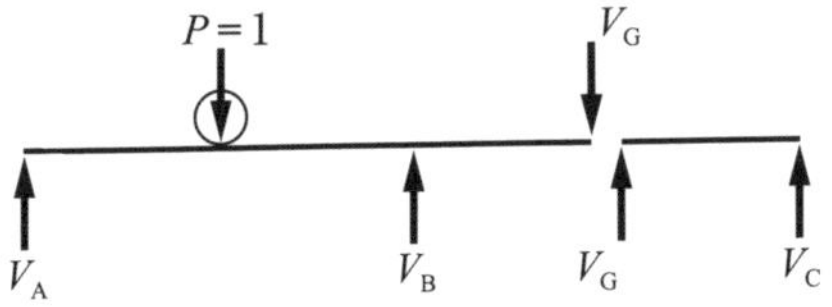

図 8−24

$$V_A - 1 + V_B - V_G = 0$$

$$1 \cdot x - V_B \cdot 5 + V_G \cdot 7.5 = 0$$

$$-V_G - V_C = 0$$

$$V_G \cdot 2.5 = 0$$

したがって，$V_A = \dfrac{5-x}{5}$，$V_B = \dfrac{x}{5}$，$V_C = 0$，$V_G = 0$

また，区間 CG の任意の位置 x [m]$(0 \leqq x < 2.5)$ に単位荷重がある場合，鉛直方向の力，点 A および点 C まわりの力のモーメントのつり合いより，

$$V_A + V_B - V_G = 0$$

$$-V_B \cdot 5 + V_G \cdot 7.5 = 0$$

$$-V_G + 1 - V_C = 0$$

$$V_G \cdot 2.5 - 1(10 - x) = 0$$

したがって，$V_A = \dfrac{-(10-x)}{5}$，$V_B = \dfrac{3(10-x)}{5}$，$V_C = -3 + \dfrac{2x}{5}$，

$V_G = \dfrac{2(10-x)}{5}$

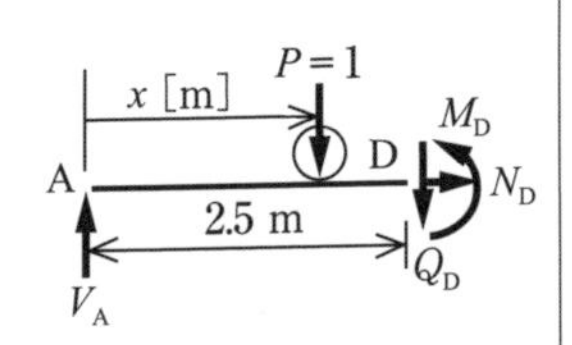

図 8−25

次に，区間 AD $(0 \leqq x < 2.5)$ に単位荷重がある場合の点 D で切断した自由物体図より，力および点 D まわり

の力のモーメントのつり合いより，

$V_A - 1 - Q_D = 0$

$V_A \cdot 2.5 - 1(2.5 - x) - M_D = 0$

したがって，$Q_D = -\dfrac{x}{5}$，$M_D = \dfrac{x}{2}$ [m]

また，区間 DG（$2.5 \leqq x < 7.5$）に単位荷重がある場合の点 D で切断した自由物体図より，

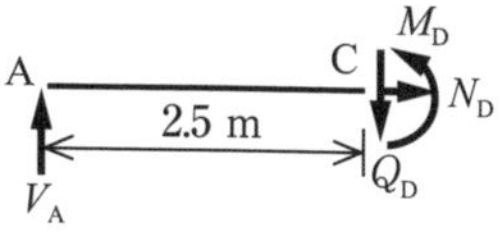

$V_A - Q_D = 0$

$V_A \cdot 2.5 - M_D = 0$

したがって，$Q_D = \dfrac{5-x}{5}$，$M_D = \dfrac{5-x}{2}$ [m]

図 8－26

さらに，区間 CG（$0 \leqq x < 2.5$）に単位荷重がある場合の点 D で切断した自由物体図より，

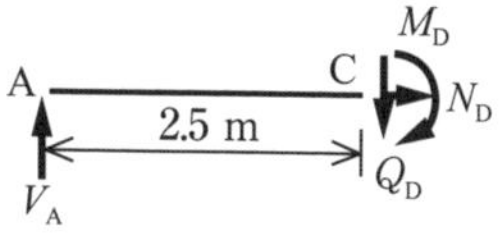

$V_A - S_D = 0$

$V_A \cdot 2.5 - M_D = 0$

したがって，$Q_D = \dfrac{-(10-x)}{5}$，$M_D = \dfrac{-(10-x)}{2}$ [m]

図 8－27

これらの結果より，それぞれの影響線を描くと以下のようになる．

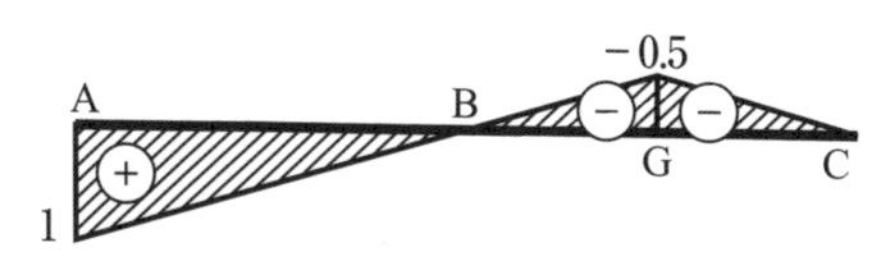

図 8－28　支点反力 V_A の影響線

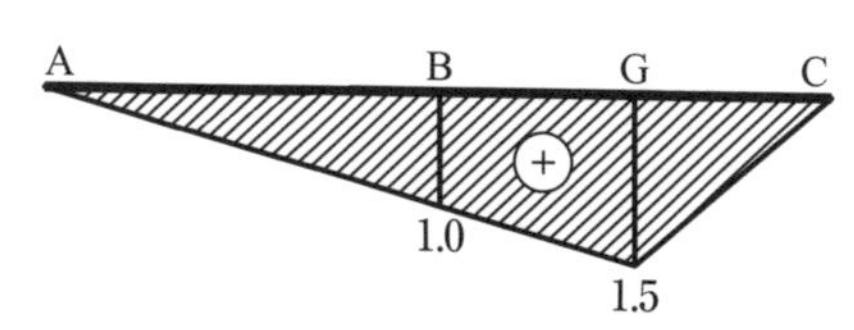

図 8－29　支点反力 V_B の影響線

図8−30　支点反力 V_C の影響線

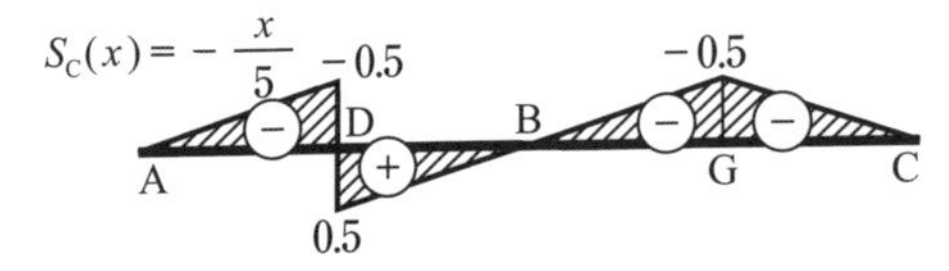

図8−31　点Dにおけるせん断力の影響線

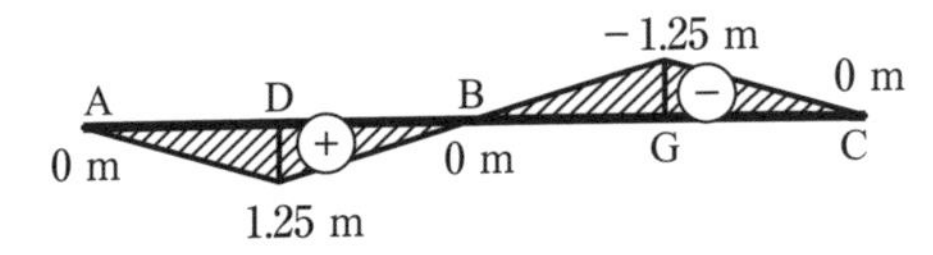

図8−32　点Dにおける曲げモーメントの影響線

発 展 問 題

発展問題 1

図 8−33 に示すように，単純ばりの区間 DB に $q=2$ kN/m および点 E に $P=10$ kN が作用している．このとき，影響線を利用して，点 C における曲げモーメントおよびせん断力を求めなさい．

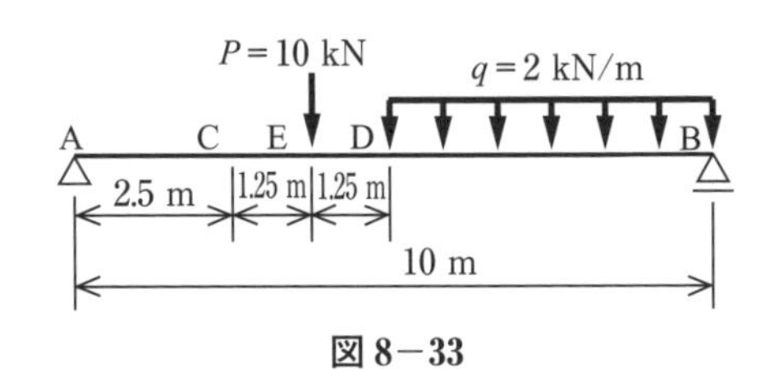

図 8−33

発展問題 2

図 8−34 に示すように，張り出しばりの点 E および点 D に $P_1=20$ kN，$P_2=10$ kN および区間 AB に $q=2$ kN/m が作用している．このとき，影響線を利用して，点 C における曲げモーメントおよびせん断力を求めなさい．

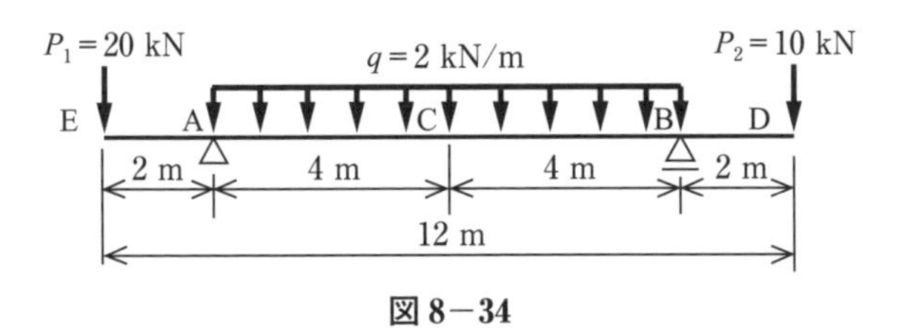

図 8−34

発展問題 3

図 8−35 に示すように，張り出し部とヒンジをもつ静定ばりの区間 AB に等分布荷重 $q=2$ kN/m，および点 D に $P=10$ kN が作用している．このとき，影響線を利用して，点 E における曲げモーメントおよびせん断力を求めなさい．

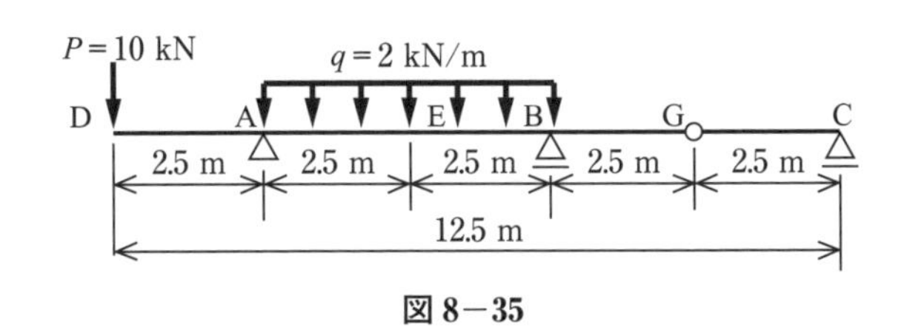

図 8−35

第9章　応力とひずみ

構造力学では，外力（荷重）の作用による構造物や部材の変形（変位）を扱います．力を受けると物体は変形します．このとき，微小な部分への力の作用による圧力（単位断面積あたりの力：応力）と変形（単位長さあたりの変形量：ひずみ）が，弾性内では比例関係にあること，この微小な部分の変形量が微小であることに着目します．

●基本的な考え方

1　応力

図9−1に示すように，断面積 A の棒の両端に引張力 P を作用させると，棒のある切断面に垂直な引張応力 $\sigma_t\left(=\dfrac{P}{A}\right)$ が生じる（一般には引張応力 σ_t は +，圧縮応力 σ_c は − の符号をつけて作用方向を区別する）．図9−2に示すように，断面の直角方向から力 P を作用させると，棒の切断面に沿うせん断応力 $\tau\left(=\dfrac{P}{A}\right)$ が生じる．

$$\sigma_t=\frac{P}{A} \qquad (9-1)$$

$$\tau=\frac{P}{A} \qquad (9-2)$$

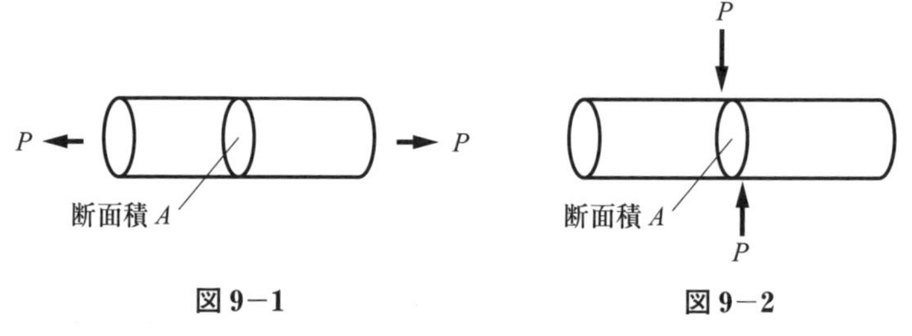

図9−1　　図9−2

2　ひずみ

図9−3に示すように，長さ L の円柱が引張力 P の作用により，軸方向に ΔL だけ伸びると，L に対する ΔL の割合（単位長さあたりの変化量）が縦ひずみ ε_1 である．

$$\varepsilon_1=\frac{\Delta L}{L} \qquad (9-3)$$

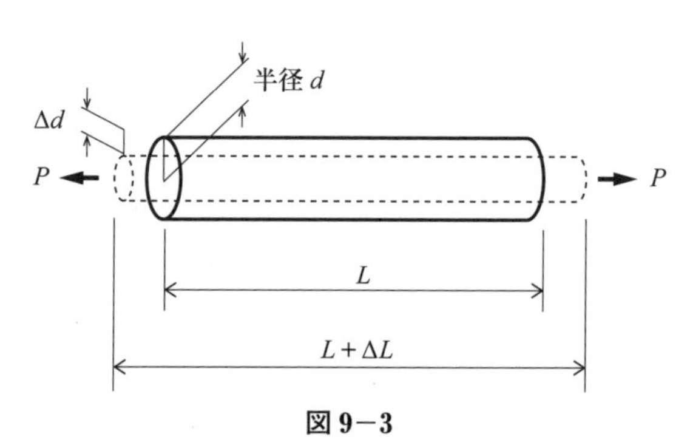

図9−3

このとき，円柱の半径 d が Δd だけ変化するとき，単位長さあたりの縮み量が横ひずみ ε_2 である．縦ひずみと横ひずみの比の絶対値をポアソン比 ν という．

$$\varepsilon_2 = -\frac{\Delta d}{d} \tag{9-4}$$

$$\nu = \left| \frac{\varepsilon_2}{\varepsilon_1} \right| \tag{9-5}$$

ここで，図 9−4 に示すように，垂直応力 σ と縦ひずみ ε の関係には線形関係（フックの法則，$\sigma = E\varepsilon$）が成り立ち，E をヤング率あるいは縦弾性係数という．せん断応力 τ とせん断ひずみ γ の関係にも $\tau = G\gamma$ が成り立ち，G をせん断弾性係数あるいは横弾性係数という．せん断ひずみ γ は，図 9−5 に示すように，四角形 ABCD が ABC′D′ のように変形したときの L に対する ΔS の割合である．

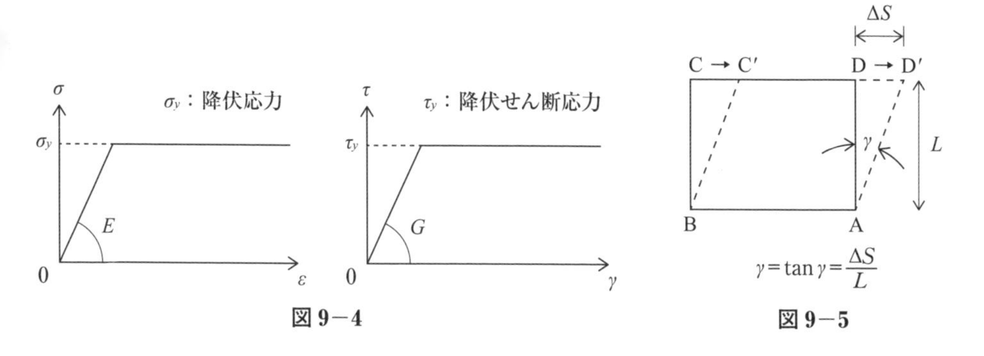

図 9−4　**図 9−5**

3　曲げを受ける場合

図 9−6 に示すように，はりが曲げモーメントのみを受け，はりの上部は縮み，下部は伸びて変形する（正の曲げモーメントを受ける）場合を考えると，伸びも縮みもしない中立軸からの距離 y の位置に断面垂直方向に作用する応力 $\sigma(y)$ は，次式で求まる．

$$\sigma(y) = \frac{M}{I_z}y,\quad \varepsilon(y) = \frac{\sigma(y)}{E} = \frac{M}{EI_z}y = \phi y \tag{9-6}$$

式 (9−6) より，最大圧縮応力 $\sigma_{c,\max}$ は最上縁，最大引張応力 $\sigma_{t,\max}$ は最下縁で生じることがわかる．$\sigma_{c,\max}$ および $\sigma_{t,\max}$ となるときの y_c，y_t を用いて，$\dfrac{I_z}{y_c}$ あるいは $\dfrac{I_z}{y_t}$ を断面係数という．また，ϕ を曲率（逆数の $\dfrac{1}{\phi}$ は曲率半径）と呼び，曲率ははりの曲がり具合を表す．なお，I_z は中立軸まわりの断面二次モーメントである．

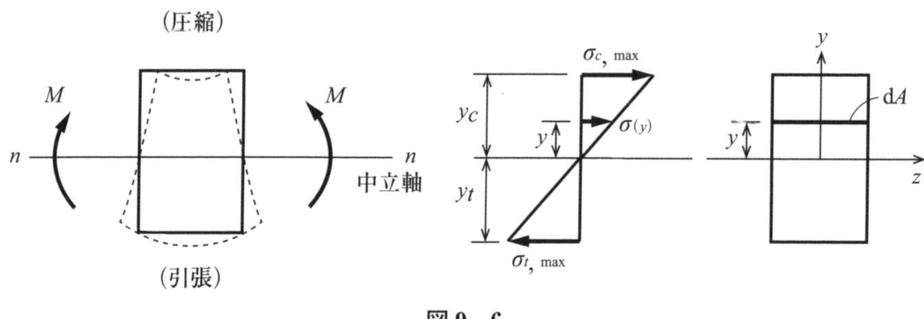

図 9－6

Point

切断面が回転しないという条件から，ある断面にせん断応力が生じているとき，その断面と直交する断面にも同じ大きさのせん断応力が生じます（せん断応力の共役性）.

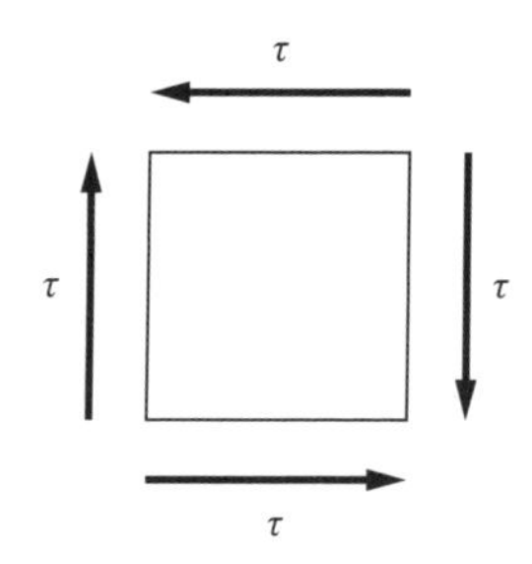

基 本 問 題

基本問題 1

長さ 1500 mm，直径 20 mm の棒の先端に引張力 10 kN が作用するとき，断面に作用する応力 σ，縦ひずみ ε_t，先端の伸び ΔL，横ひずみ ε_d，体積の変化率を求めなさい．ヤング率 E は 2×10^5 N/mm²，ポアソン比 ν は 0.3 とする．

解き方

断面には引張応力 σ_t が作用し，棒の断面積は 314 mm² なので，

$$\sigma_t=\frac{P}{A}=31.8\ \mathrm{N/mm^2}$$

$$\varepsilon_t=\frac{\sigma_t}{E}=\frac{31.8}{200000}=0.000159=159\times10^{-6}$$

$$\Delta L=\varepsilon_t L=0.000159\times1500=0.239\ \mathrm{mm}$$

$$\varepsilon_d=-\nu\varepsilon_t=-0.3\times0.000159=-0.000048=-48\times10^{-6}$$

$$(1+\varepsilon_t)(1+\varepsilon_\mathrm{d})^2=(1+0.000159)(1-0.000048)^2=1.000063$$

基本問題 2

図 9−7 に示すように，異なる材料①，②からなる部材の先端に引張力 500 kN が作用するとき，先端の伸び ΔL を求めなさい．ただし，それぞれの長さを 1000 mm，2000 mm，断面積を 1×10^4 mm²，2×10^4 mm²，ヤング率を 2×10^5 N/mm²，2×10^4 N/mm² とする．

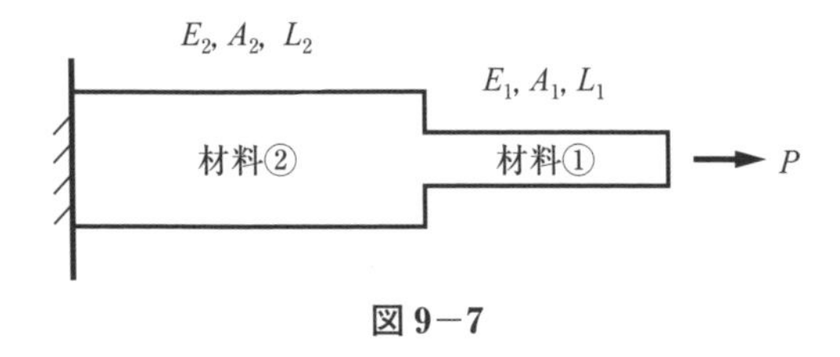

図 9−7

解き方

先端の伸び ΔL が，材料①の伸び ΔL_1 と材料②の伸び ΔL_2 の合計となることに着目する．

材料①の応力 σ_1，およびひずみ ε_1 は，

$$\sigma_1=\frac{P}{A_1}=\frac{500000}{10000}=50\ \mathrm{N/mm^2},\ \text{および}\ \varepsilon_1=\frac{\sigma_1}{E_1}=0.00025=25\times10^{-5}$$

材料①の伸び ΔL_1 は，$\Delta L_1=\varepsilon_1\cdot L_1=0.00025\times1000=0.25$ mm

材料②の応力 σ_2，およびひずみ ε_2 は，

$$\sigma_2=\frac{P}{A_2}=\frac{500000}{20000}=25\ \mathrm{N/mm^2},\ \text{および}\ \varepsilon_2=\frac{\sigma_2}{E_2}=0.00125=125\times10^{-5}$$

材料②の伸び ΔL_2 は，$\Delta L_2=\varepsilon_2\cdot L_2=0.00125\times2000=2.5$ mm

したがって，先端の伸び ΔL は，$\Delta L=\Delta L_1+\Delta L_2=0.25+2.5=2.75$ mm

基本問題 3

長方形断面（幅 100 mm，高さ 300 mm）に正の曲げモーメント 100 kN·m が作用するとき，縁応力，および中立軸から 50 mm だけ上方の位置の応力を求めなさい．ヤング率は $E=2\times10^5\ \mathrm{N/mm^2}$ とする．

解き方

単一材料からなる長方形断面であるので，図心（中立軸）の位置は高さの半分の位置であり，第 10 章を参照して，図心まわりの断面二次モーメント I は，$I=\dfrac{bh^3}{12}=\dfrac{100\times300^3}{12}=2.25\times10^8\ \mathrm{mm^4}$ であり，正の曲げモーメントが作用するので，断面の上縁および下縁で最も大きい圧縮応力 σ_c，引張応力 σ_t が生じ，その値は，次のとおり求められる．

$$\sigma_c=\frac{M}{I}\frac{-h}{2}=\frac{100\times10^6}{22500\times10^4}(-150)=-66.7\ \mathrm{N/mm^2}\ \text{（圧縮）}$$

$$\sigma_t=\frac{M}{I}\frac{h}{2}=66.7\ \mathrm{N/mm^2}\ \text{（引張）}$$

念のため，図心の位置 y_0 を求めてみると，断面下端を基準とする断面一次モーメントは $bh\times\dfrac{h}{2}$，断面積は bh なので，$y_0=\dfrac{bh(h/2)}{bh}=\dfrac{h}{2}$ と求まる．

中立軸から 50 mm だけ上方の応力 σ は，

$$\sigma=\frac{M}{I}y=\frac{100\times10^6}{22500\times10^4}(-50)=-22.2\ \mathrm{N/mm^2}\ \text{（圧縮）}$$

応 用 問 題

応用問題 1

図 9−8 に示すように，異なる材料①，②からなる長さ $L=1000$ mm の部材に引張力 50 kN が作用するとき，材料①，②が受け持つ引張力 P_1，P_2 および伸び ΔL を求めなさい．ただし，それぞれの断面積を 1×10^4 mm^2，2×10^4 mm^2，ヤング率を 2×10^5 N/mm^2，2×10^4 N/mm^2 とし，軸方向にだけ変形するものとする．

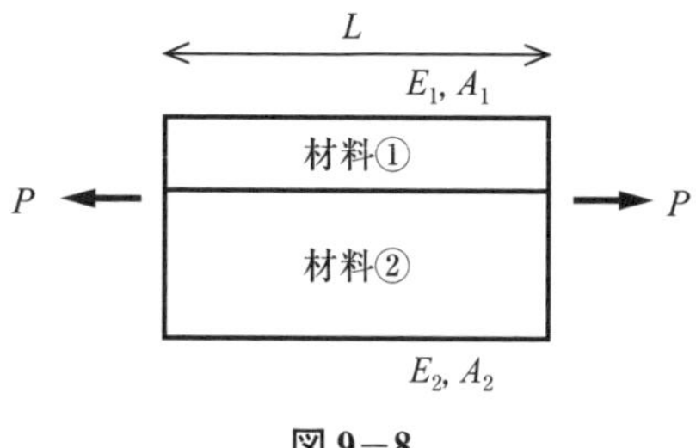

図 9−8

解き方

材料①，②の変形量（ひずみ）が同じであることに着目する．部材のひずみを ε とすると，それぞれの応力は，$\sigma_1=E_1\varepsilon$，$\sigma_2=E_2\varepsilon$ であり，受け持つ引張力は，$P_1=A_1\sigma_1=A_1E_1\varepsilon$，$P_2=A_2\sigma_2=A_2E_2\varepsilon$ となる．

P_1 と P_2 の合力が P なので，$P=P_1+P_2=(A_1E_1+A_2E_2)\varepsilon$

したがって，部材のひずみは，

$$\varepsilon=\frac{P}{A_1E_1+A_2E_2}=\frac{50000}{10000\times200000+20000\times20000}=2.083\times10^{-5}$$

伸びは，$\Delta L=\varepsilon L=2.083\times10^{-5}\times1000=0.021$ mm

応用問題 2

図 9−9 に示す T 形断面を有する，長さ 3 m の単純支持されたはりがある．このはりの中央に鉛直荷重 P（$=20$ kN）を載荷する

ときに生じる最大圧縮応力度と最大引張応力度を求めなさい．なお，断面は $b_1=20$ mm，$h_1=200$ mm，$b_2=100$ mm，$h_2=25$ mm である．

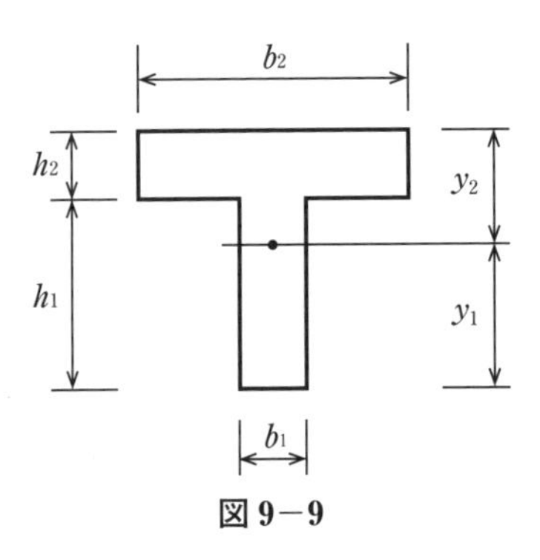

図9−9

解き方

はりの下端から，単一材料で構成されるT形断面の図心までの距離 y_1 を求めると，第10章を参照して，

$y_1=143.3$ mm　$\therefore y_2=81.7$ mm

中立軸に関する断面二次モーメントは $I=3.293\times10^7$ mm^4

$M=\dfrac{PL}{4}=15$ kN·m が作用すると中立軸より上方が圧縮，下方が引張を受け，最大応力は上縁・下縁に生じる．

$$\sigma_u=-\frac{M}{I}y_2=-37.2\ \mathrm{N/mm^2}$$

$$\sigma_l=\frac{M}{I}y_1=65.3\ \mathrm{N/mm^2}$$

発展問題

発展問題 1

図 9−10 に示すように，異なる材料①，②からなる固定壁間に挟まれた部材に引張力 10 kN が作用するとき，力の作用位置の変位 ΔL を求めなさい．ただし，それぞれの長さを 1000 mm，2000 mm，断面積を 1×10^4 mm^2，2×10^4 mm^2，ヤング率を 2×10^5 N/mm^2，2×10^4 N/mm^2 とする．

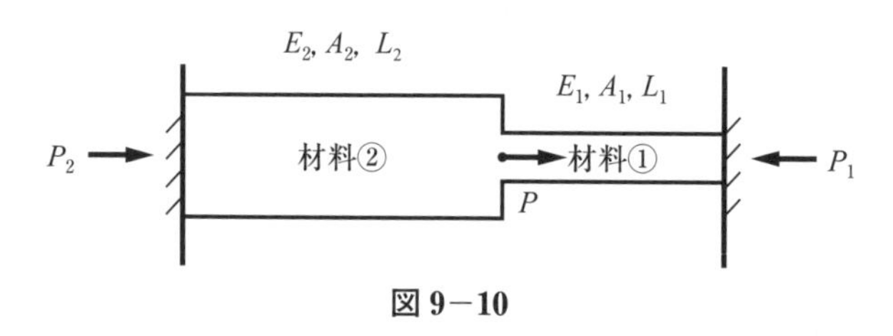

図 9−10

発展問題 2

図 9−11 に示すように，異なる材料①，②からなる T 形断面を有する，長さ 3 m の単純支持されたはりがある．このはりの中央に鉛直荷重 P（$=20$ kN）を載荷するときに生じる最大圧縮応力度と最大引張応力度を求めなさい．なお，断面は $b_1=20$ mm，$h_1=200$ mm，$b_2=100$ mm，$h_2=25$ mm である．

ただし，それぞれのヤング率を 2×10^4 N/mm^2，2×10^5 N/mm^2 とする．

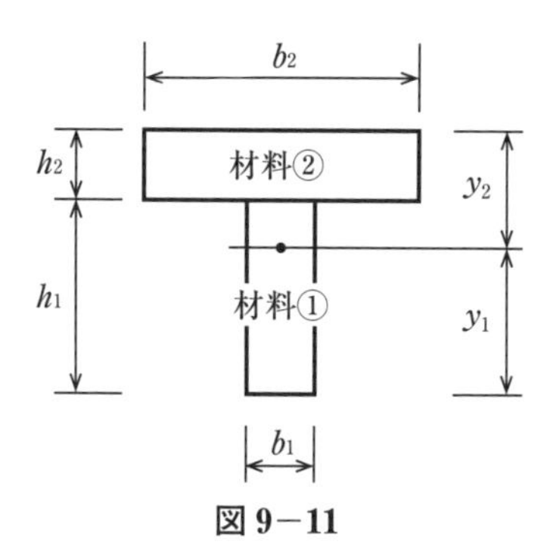

図 9−11

第10章　断面の性質

重力は物体全体に作用し，水圧や風圧は物体表面に作用します．構造力学では，この分布する力を，物体の重心に作用する１つの力へ置き換えることがよくあります．物体断面内の応力分布に着目するときには断面一次モーメント，断面二次モーメントなど，断面の形状とその性質の理解が必要です．

●基本的な考え方

1　断面一次モーメントと図心

断面内のある要素の x 軸（水平軸）に関する断面一次モーメントは，式 (10−1) により定義される．

$\mathrm{d}A$（要素の断面積）$\cdot y$（要素と x 軸との距離の一乗）　(10−1)

図心は，図心を通る任意の軸に対する断面一次モーメントがゼロとなるような点で，均質で一様な厚みの板の場合にはその重心が図心である．断面全体の x 軸に関する断面一次モーメントは式 (10−2)，図心の位置は式 (10−3) により求まる．

$S_x=\sum_i y_i \Delta A_i=\int y\mathrm{d}A$ ：x 軸を基準とした断面一次モーメント　(10−2)

$y_0=\dfrac{S_x}{A}$ ：基準軸から図心までの距離　(10−3)

2　断面二次モーメント

断面内のある要素の x 軸（水平軸）に関する断面二次モーメントは，式 (10−4) により定義される．

$\mathrm{d}A$（要素の断面積）$\cdot y^2$（要素と x 軸との距離の二乗）　(10−4)

断面全体の x 軸に関する断面二次モーメント I_x は，次式で計算できる．

$$I_x=\sum_i y_i^2 \Delta A_i=\int y^2\mathrm{d}A \qquad (10-5)$$

ここで，断面の図心を通る X 軸に関する断面二次モーメントを I_X，X 軸から距離 y_G だけ離れた x 軸に関する断面二次モーメントを I_x とすると，式 (10−6) が成り立つ．

$$I_x=I_X+Ay_G^2 \qquad (10-6)$$

この式から，図心を通る軸に関する断面二次モーメントが最小となることがわかる．

例えば，高さ h，幅 b の長方形断面の図心を通る軸に関する断面二次モーメント I_x は，四角形断面の図心位置が h の半分の位置であることを利用すると，次のとおり求まる．

$$I_x=\int y^2\mathrm{d}A=\int_{-\frac{h}{2}}^{\frac{h}{2}} by^2\mathrm{d}y=b\left[\frac{y^3}{3}\right]_{\frac{h}{2}}^{\frac{h}{2}}=\frac{bh^3}{12} \qquad (10-7)$$

基 本 問 題

基本問題 1

四角形断面が組み合わさった図形の各軸に関する断面一次モーメントと図心の位置を求めなさい（図 10−1）.

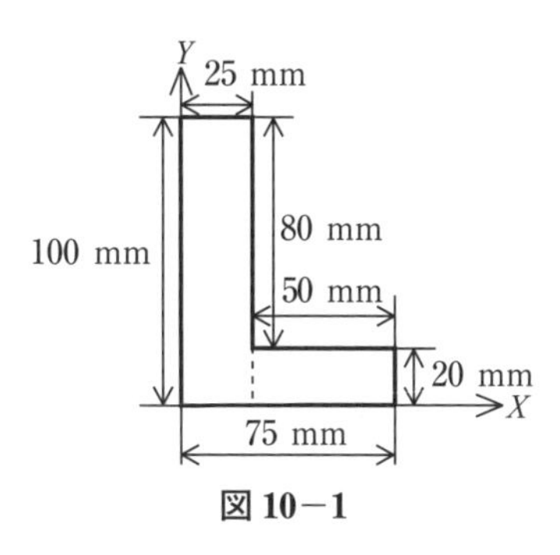

図 10−1

解き方

点線をいれて 2 つの四角形断面に分けて計算すると，X 軸に関しては，

$$S_X=\int Y\mathrm{d}A=\int_0^{100} Y25\mathrm{d}Y+\int_0^{20} Y50\mathrm{d}Y$$

$$=25\left[\frac{Y^2}{2}\right]_0^{100}+50\left[\frac{Y^2}{2}\right]_0^{20}$$

$$=125000+10000=135000\ \mathrm{mm}^3$$

（四角形断面の図心位置が，高さ h の半分の位置であることを利用すると，

$$S_X=100\times25\times\frac{100}{2}+20\times50\times\frac{20}{2}=125000+10000=135000\ \mathrm{mm}^3$$ ）

$$y_0=\frac{S_X}{A}=\frac{135000}{3500}=38.57\ \mathrm{mm}$$

Y 軸に関しても同様に，次のように算出できる.

$$S_Y=\int X\mathrm{d}A=\int_0^{25} X100\mathrm{d}X+\int_{25}^{75} X20\mathrm{d}X$$

$$=100\left[\frac{X^2}{2}\right]_0^{25}+20\left[\frac{X^2}{2}\right]_{25}^{75}=31250+50000=81250\ \mathrm{mm}^3$$

（四角形断面の重心位置が，幅 b の半分の位置であることを利用すると，

$$S_Y=25\times100\times\frac{25}{2}+\left(50\times20\times\frac{50}{2}+25\times50\times20\right)=31250+50000=81250\ \mathrm{mm}^3$$ ）

$$x_0=\frac{S_Y}{A}=\frac{81250}{3500}=23.21\ \mathrm{mm}$$

基本問題 2

図 10−2 に示す単一材料からなる T 形断面の水平軸に関する図心位置を求めなさい．なお，断面は $b_1=20$ mm，$h_1=200$ mm，$b_2=100$ mm，$h_2=25$ mm である．

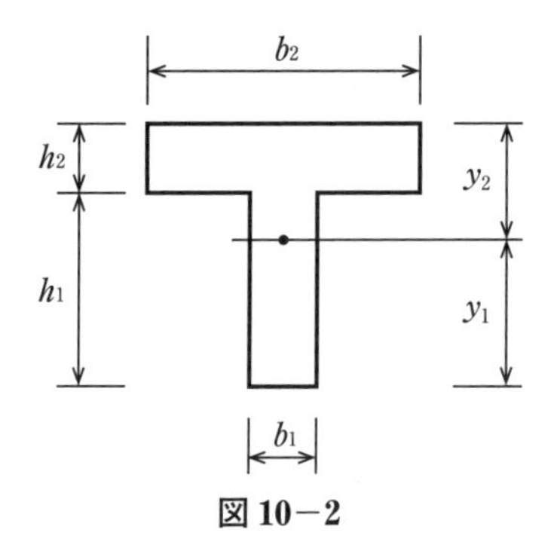

図 10−2

解き方

断面積を A，はりの下端から T 形断面の図心までの距離を y_1 とすると，

$$Ay_1=\int_0^{h_1}b_1y\,\mathrm{d}y+\int_{h_1}^{h_1+h_2}b_2y\,\mathrm{d}y=\frac{1}{2}b_1{h_1}^2+b_2h_1h_2+\frac{1}{2}b_2{h_2}^2$$

$$y_1=\frac{b_1{h_1}^2+2b_2h_1h_2+b_2{h_2}^2}{2(b_1h_1+b_2h_2)}=143.3\ \mathrm{mm}\qquad y_2=81.7\ \mathrm{mm}$$

中立軸に関する断面二次モーメントを求めると，

$$I=\frac{b_2{h_2}^3}{12}+b_2h_2\left(y_2-\frac{h_2}{2}\right)^2+\frac{b_1{h_1}^3}{12}+b_1h_1\left(y_1-\frac{h_1}{2}\right)^2=3.293\times10^7\ \mathrm{mm}^4$$

応 用 問 題

応用問題 1

図 10−3 に示すように，異なる材料①，②からなる T 形断面の水平軸に関する図心位置を求めなさい．なお，断面は $b_1=20$ mm, $h_1=200$ mm, $b_2=100$ mm, $h_2=25$ mm であり，それぞれのヤング率を 2×10^5 N/mm^2, 2×10^4 N/mm^2 とする．

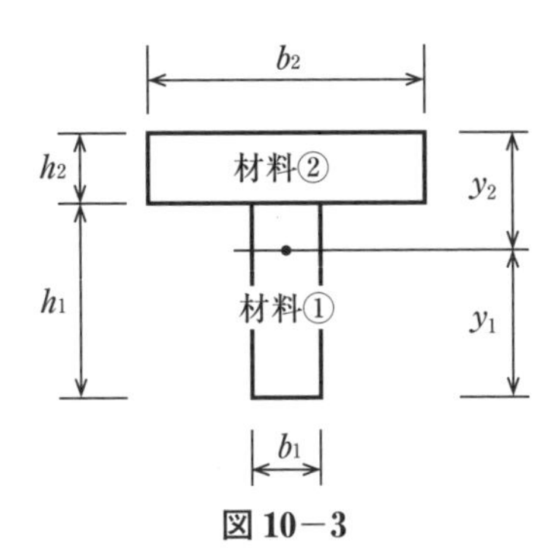

図 10−3

解き方

材料①と②では，ヤング率が 10 倍 $\left(=\dfrac{E_1}{E_2}\right.$，ヤング係数比 n という) 異なるため，同じひずみのときに生じる応力が n 倍異なり，材料①に 10 の応力が生じるとき，材料②には 1（n 分の 1）の応力しか生じていない．そこで，n を用いて断面をいずれかの材料のみだけで構成される換算断面を用いて断面一次モーメントおよび図心の位置を計算する．

ここでは，断面が材料①のみからなる断面へと換算（材料②を材料①に換算）することを考え，材料②の幅 b_2 を，ヤング係数比 n で割った，幅 b_2' $\left(=\dfrac{b_2}{n}\right.$，ダッシュをつけて換算した値であることを区別）を用いる．断面一次モーメントや図心の位置は，基本問題 2 の b_2 の代わりに b_2' を用いると，次のとおり計算できる．

ここに注意！
ヤング係数比 n を E_2/E_1 として計算することもできます．

図心の位置は，y_1＝106.6 mm　∴ y_2＝118.4 mm

中立軸に関する断面二次モーメントは，$I'=1.632\times10^7$ mm^4

以下では，別解として，計算表を用いて y_1，y_2，I' を算出する．材料②の幅には，b_2 ではなく b_2' を用い，y は T 形断面下縁から，それぞれの材料の図心までの距離である．

ここに注意！

左のように表形式で計算することもできます．

材料：$b\times h$	A (mm^2)	y (mm)	Ay (mm^3)	Ay^2 (mm^4)	I (mm^4)
材料②′：100/10×25 mm	250	212.5	53125	1.129×10^7	1.302×10^7
材料①：20×200 mm	4000	100	400000	4.000×10^7	1.333×10^7

$\Sigma A=4250$　　$\Sigma Ay=453125$　　$\Sigma(Ay^2+I)=6.464\times10^7$

図心の位置は，$y_1=\dfrac{\Sigma Ay}{\Sigma A}$＝106.6 mm　∴ y_2＝118.4 mm

中立軸に関する断面二次モーメントは，

$$I'=\Sigma(Ay^2+I)-\Sigma Ay_1{}^2=6.464\times10^7-4000(106.6)^2$$

$$=1.632\times10^7\ \text{mm}^4$$

Point

一般に，材料が異なると，応力—ひずみ関係が異なるため，異なる材料に生じるひずみ ε の値が同じであっても，生じる応力の値は異なります．

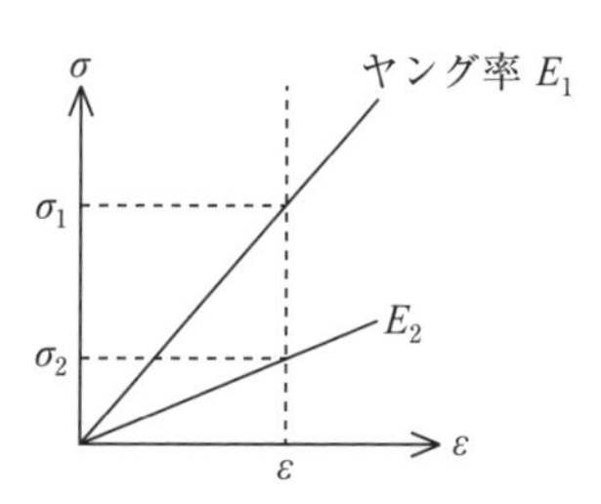

ヤング係数比を $n=\dfrac{E_1}{E_2}$ とすると，$\sigma_1=n\cdot\sigma_2$

発 展 問 題

発展問題 1

図 10−4 に示す合成断面について，鋼断面の図心の位置および図心を通る水平軸に関する断面二次モーメントを求めなさい．また，合成断面の図心の位置および図心を通る水平軸に関する鋼断面に換算した断面二次モーメントを求めなさい．ただし，鋼とコンクリートのヤング係数比 n は 10 とする．

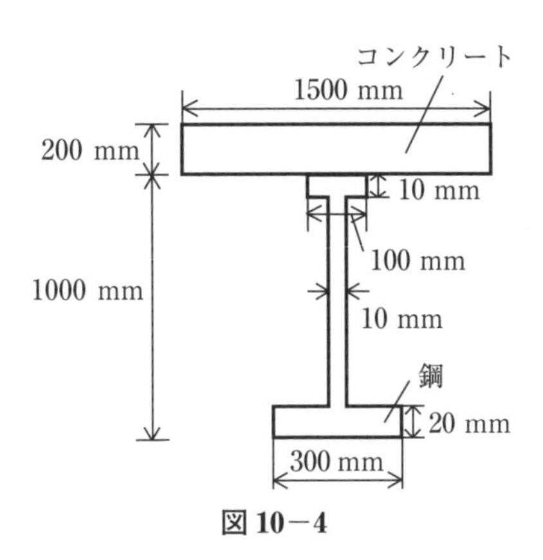

図 10−4

発展問題 2

図 10−5 に示す三角形の図心の位置および図心に関する断面二次モーメントを求めなさい．

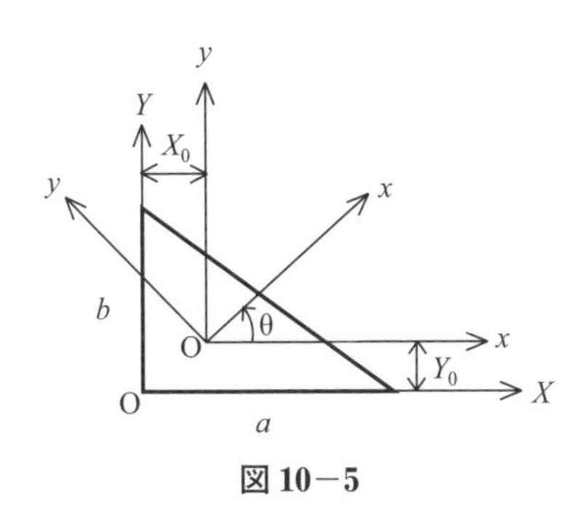

図 10−5

第11章　はりのたわみ

第6，7章では，はりに働く断面力（せん断力，曲げモーメント）の大きさを求めました．本章では，断面力の大きさをもとに，はりのたわみ（変形量）を求めましょう．なお，トラスのたわみについては第13章で学習することにします．

はりのたわみ曲線を求める方法は2つあります．1つは，はりに発生する曲げモーメントを求め，弾性曲線式を作成してから求める方法です．もう1つは，共役ばり法と呼ばれる方法です．

●基本的な考え方

単純ばりや片持ちばりに集中荷重が作用すると，図のようにはり全体が曲がる（たわむ）．第 6， 7 章ではりに働く断面力，すなわち，せん断力と曲げモーメントの大きさを求めたが，はり全体のたわみは，せん断力による変形を無視して曲げモーメントによる変形であると考える．

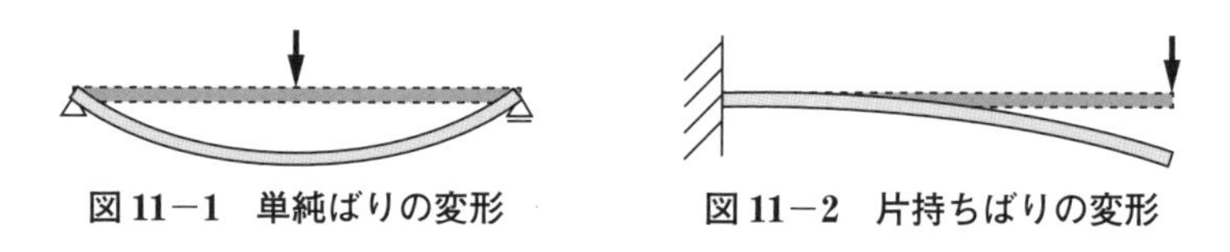

図 11－1　単純ばりの変形　　図 11－2　片持ちばりの変形

はりがたわむと，はりの形が曲線状になる．このたわみ曲線上の 1 点における接線がもとの軸線の方向となす角を，その点におけるはりのたわみ角という．なお，本章では，はりのたわみは下向きを正，たわみ角は時計回りを正とする．

基 本 問 題

基本問題 1

長さ L，曲げ剛性 EI の単純ばりの点 A からの距離 a の点に集中荷重 P が作用したときのたわみ曲線を求めなさい.

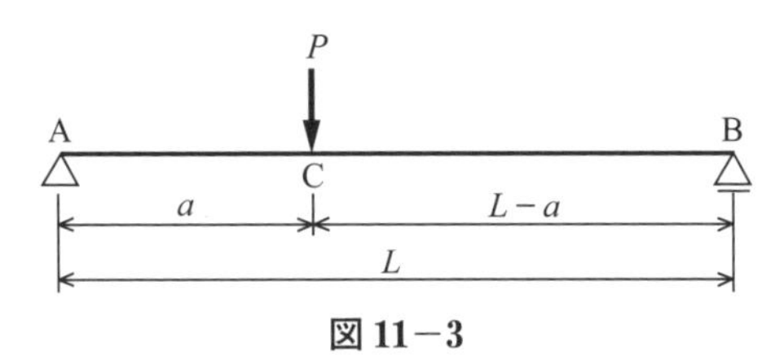

図 11−3

解き方

曲げモーメント図は，図 11−4 に示すようになり，式で表すと次のとおりである.

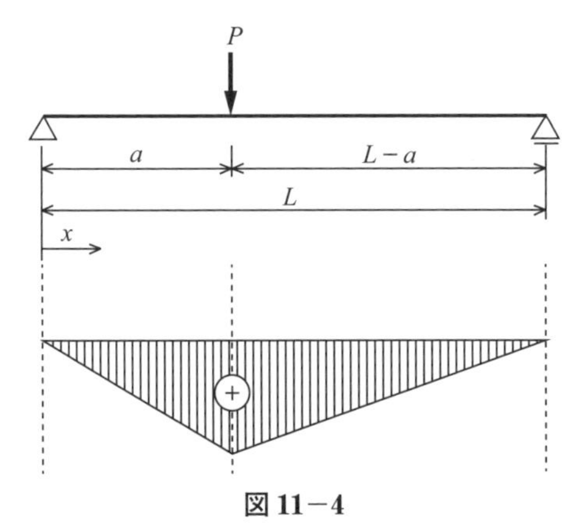

図 11−4

$$M(x)=\begin{cases}\dfrac{L-a}{L}Px & (0\leqq x\leqq a)\\[2ex] -\dfrac{a}{L}Px+aP & (a\leqq x\leqq L)\end{cases}$$

曲げモーメントとたわみの関係式 $\dfrac{\mathrm{d}^2v}{\mathrm{d}x^2}=-\dfrac{M(x)}{EI}$ に代入すると

$$EI\frac{\mathrm{d}^2v}{\mathrm{d}x^2}=\begin{cases}-\dfrac{L-a}{L}Px & (0\leqq x\leqq a)\\[2ex] \dfrac{a}{L}Px-aP & (a\leqq x\leqq L)\end{cases}$$

曲げ剛性 EI，すなわち梁のヤング率，断面二次モーメントがはり全長にわたって一定の場合は左側に移項しておくと，式がすっきりする．

x で一回積分すると，

$$EI\frac{\mathrm{d}v}{\mathrm{d}x}=EI\theta=\begin{cases}-\dfrac{L-a}{2L}Px^2+C_1 \quad (0\leqq x\leqq a) & (11-1)\\ \dfrac{a}{2L}Px^2-aPx+C_2 \quad (a\leqq x\leqq L) & (11-2)\end{cases}$$

C_1 と C_2 は積分定数で，境界条件から求まる．

x でもう一回積分すると，

$$EIv=\begin{cases}-\dfrac{L-a}{6L}Px^3+C_1x+C_3 \quad (0\leqq x\leqq a) & (11-3)\\ \dfrac{a}{6L}Px^3-\dfrac{1}{2}aPx^2+C_2x+C_4 \quad (a\leqq x\leqq L) & (11-4)\end{cases}$$

C_3 と C_4 は積分定数で，境界条件から求まる．

ここで，境界条件を考える．支点（$x=0$ と $x=L$）では，たわみが発生することはないので $v_{x=0}=0$，$v_{x=L}=0$ である．

$v_{x=0}=0$ より，式 (11−3) から $C_3=0$　(11−5)

$v_{x=L}=0$ より，式 (11−4) から $\dfrac{1}{6}aL^2P-\dfrac{1}{2}aL^2P+LC_2+C_4=0$

$$C_4=-LC_2+\frac{1}{3}aL^2P \tag{11-6}$$

次に，はりは連続しているので，$x=a$ を式 (11−1) と式 (11−2) に代入したとき，たわみ角は同じ値にならなければならない．同じく，$x=a$ を式 (11−3) と式 (11−4) に代入したとき，たわみは同じ値にならなければならない．よって，

$$-\frac{L-a}{2L}a^2P+C_1=\frac{a^3}{2L}P-a^2P+C_2$$

$$C_1=C_2+\frac{a^3-2a^2L+a^2L-a^3}{2L}P=C_2-\frac{1}{2}a^2P \tag{11-7}$$

$$-\frac{L-a}{6L}a^3P+aC_1+C_3=\frac{a^4}{6L}P-\frac{1}{2}a^3P+aC_2+C_4 \tag{11-8}$$

式 (11−5)，式 (11−6)，式 (11−7) を式 (11−8) に代入すると，

$$-\frac{L-a}{6L}a^3P+a\left(C_2-\frac{1}{2}a^2P\right)=\frac{a^4}{6L}P-\frac{1}{2}a^3P+aC_2+\left(-LC_2+\frac{1}{3}aL^2P\right)$$

$$LC_2=\frac{a^3L-a^4+3a^3L+a^4-3a^3L+2aL^3}{6L}P=\frac{a^3L+2aL^3}{6L}P$$

$$\therefore C_2=\frac{a^3+2aL^2}{6L}P \qquad (11-9)$$

式 (11−9) を式 (11−6) に代入して

$$\therefore C_4=-\frac{a^3}{6}P-\frac{1}{3}aL^2P+\frac{1}{3}aL^2P=-\frac{a^3}{6}P$$

式 (11−9) を式 (11−7) に代入して

$$\therefore C_1=\frac{a^3+2aL^2}{6L}P-\frac{1}{2}a^2P=\frac{a^3+2aL^2-3a^2L}{6L}P$$

以上より，積分定数 $C_1 \sim C_4$ が求まったのでたわみ角曲線式，たわみ曲線式は次のように表される．

$$EI\frac{\mathrm{d}v}{\mathrm{d}x}=EI\theta=\begin{cases}-\dfrac{L-a}{2L}Px^2+\dfrac{a^3+2aL^2-3a^2L}{6L}P & (0\leqq x\leqq a)\\ \dfrac{a}{2L}Px^2-aPx+\dfrac{a^3+2aL^2}{6L}P & (a\leqq x\leqq L)\end{cases}$$

$$EIv=\begin{cases}-\dfrac{L-a}{6L}Px^3+\dfrac{a^3+2aL^2-3a^2L}{6L}Px & (0\leqq x\leqq a)\\ \dfrac{a}{6L}Px^3-\dfrac{1}{2}aPx^2+\dfrac{a^3+2aL^2}{6L}Px-\dfrac{a^3}{6}P & (a\leqq x\leqq L)\end{cases}$$

また代表的な例として，集中荷重 P がスパン中央 $a=\frac{1}{2}L$ に作用しているとすると，たわみ角曲線式，たわみ曲線式は

$$EI\frac{\mathrm{d}v}{\mathrm{d}x}=EI\theta=\begin{cases}-\dfrac{1}{4}Px^2+\dfrac{1}{16}PL^2 & \left(0\leqq x\leqq\dfrac{L}{2}\right)\\ \dfrac{1}{4}Px^2-\dfrac{1}{2}PLx+\dfrac{3}{16}PL^2 & \left(\dfrac{L}{2}\leqq x\leqq L\right)\end{cases}$$

$$EIv=\begin{cases}-\dfrac{1}{12}Px^3+\dfrac{1}{16}PL^2x & \left(0\leqq x\leqq\dfrac{L}{2}\right)\\ \dfrac{1}{12}Px^3-\dfrac{1}{4}PLx^2+\dfrac{3}{16}PL^2x-\dfrac{1}{48}PL^3 & \left(\dfrac{L}{2}\leqq x\leqq L\right)\end{cases}$$

このとき，スパン中央 $x=\frac{1}{2}L$ でのたわみの大きさを求めると

$$v=\frac{1}{EI}\left(-\frac{1}{12}P\cdot\frac{1}{8}L^3+\frac{1}{16}PL^2\cdot\frac{1}{2}L\right)=\frac{1}{EI}\cdot\frac{-1+3}{96}PL^3=\frac{PL^3}{48EI}$$

この式は覚えておこう．

基本問題 2

曲げ剛性 EI，長さ L の単純ばりに等分布荷重 q が作用しているときのたわみ曲線を求めなさい．

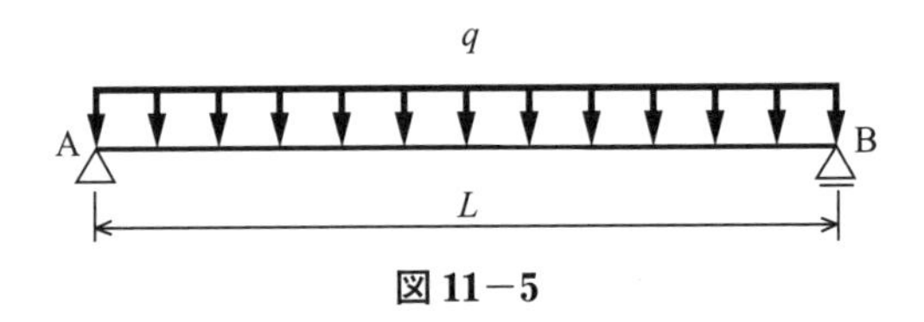

図 11−5

解き方

曲げモーメント図は，図 11−6 のようになり，式で表すと次のとおりである．

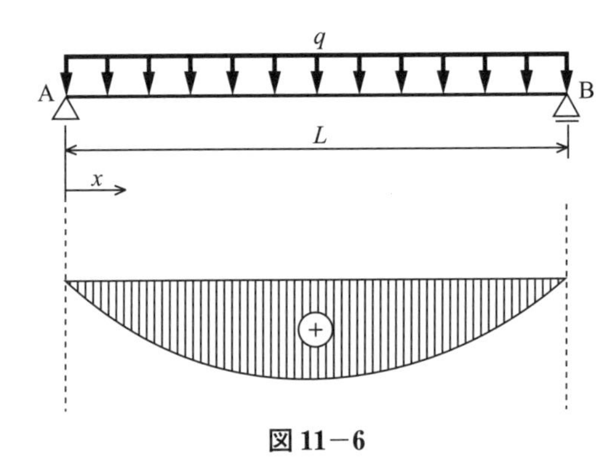

図 11−6

$$M(x) = -\frac{q}{2}x^2 + \frac{qL}{2}x \quad (0 \leqq x \leqq L)$$

曲げモーメントとたわみの関係式 $\dfrac{\mathrm{d}^2 v}{\mathrm{d}x^2} = -\dfrac{M(x)}{EI}$ に代入すると

$$EI\frac{\mathrm{d}^2 v}{\mathrm{d}x^2} = \frac{q}{2}x^2 - \frac{qL}{2}x$$

$$EI\frac{\mathrm{d}v}{\mathrm{d}x} = EI\theta = \frac{q}{6}x^3 - \frac{qL}{4}x^2 + C_1$$

$$EIv = \frac{q}{24}x^4 - \frac{qL}{12}x^3 + C_1 x + C_2$$

C_1 と C_2 は積分定数で，境界条件から求まる．

単純ばりの境界条件は，両側の支点でたわみがゼロになることである．

$$EIv_{x=0}=C_2=0$$

$$EIv_{x=L}=\frac{q}{24}L^4-\frac{q}{12}L^4+C_1L+C_2=0$$

以上より，$C_1=\frac{q}{24}L^3$，$C_2=0$ となる．

つまり，たわみ角曲線式，たわみ曲線式は，次のように表される．

$$\theta=\frac{1}{EI}\left(\frac{q}{6}x^3-\frac{qL}{4}x^2+\frac{q}{24}L^3\right)$$

$$v=\frac{1}{EI}\left(\frac{q}{24}x^4-\frac{qL}{12}x^3+\frac{qL^3}{24}x\right)$$

ここで，スパン中央での変位を求めると，

$$v_{x=\frac{L}{2}}=\frac{1}{EI}\left(\frac{q}{24}\cdot\frac{L^4}{16}-\frac{qL}{12}\cdot\frac{L^3}{8}+\frac{qL^3}{24}\cdot\frac{L}{2}\right)=\frac{1}{EI}\left(\frac{qL^4}{384}-\frac{qL^4}{96}+\frac{qL^4}{48}\right)$$

$$=\frac{1}{EI}\left(\frac{qL^4}{384}-\frac{4qL^4}{384}+\frac{8qL^4}{384}\right)=\frac{5qL^4}{384EI}$$

この式も重要なので，覚えておこう．

基本問題 3

曲げ剛性 EI，長さ L の片持ちばりがある．自由端に集中荷重 P が作用しているときのたわみ角曲線およびたわみ曲線を求めなさい．

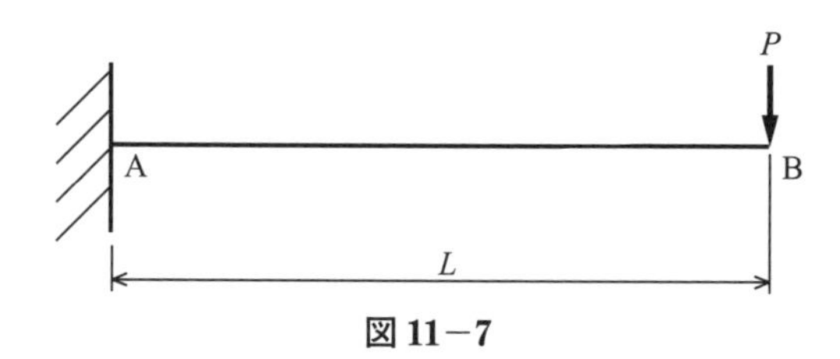

図 11−7

解き方

曲げモーメント図は，図 11−8 に示すようになり，式で表すと次のとおりである．

$$M(x)=Px-PL \quad (0\leqq x\leqq L)$$

曲げモーメントとたわみの関係式 $\frac{\mathrm{d}^2v}{\mathrm{d}x^2}=-\frac{M(x)}{EI}$ に代入すると

$$EI\frac{\mathrm{d}^2v}{\mathrm{d}x^2}=-Px+PL$$

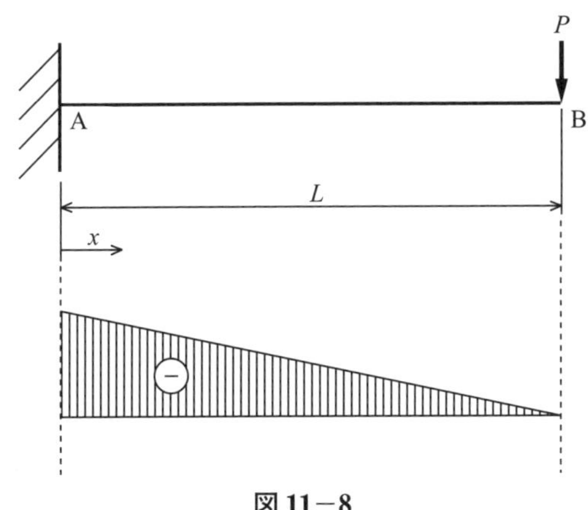

図11−8

x で一回積分すると，

$$EI\frac{\mathrm{d}v}{\mathrm{d}x}=EI\theta=-\frac{1}{2}Px^2+PLx+C_1$$

x でもう一回積分すると，

$$EIv=-\frac{1}{6}Px^3+\frac{1}{2}PLx^2+C_1x+C_2$$

C_1 と C_2 は積分定数である．境界条件から，固定端（$x=0$）では，たわみとたわみ角が発生することはないので $v_{x=0}=0$，$\theta_{x=0}=0$ である．

$\theta_{x=0}=0$ より，式(11−1)から $C_1=0$，$v_{x=0}=0$ より，$C_2=0$ であることから，求めたいたわみ角曲線およびたわみ曲線は次のようになる．

$$EI\theta=-\frac{1}{2}Px^2+PLx$$

$$EIv=-\frac{1}{6}Px^3+\frac{1}{2}PLx^2$$

このとき，自由端のたわみ角およびたわみを求めると，$x=L$ を代入して，

$$\theta=\frac{1}{EI}\left(-\frac{1}{2}PL^2+PL^2\right)=\frac{PL^2}{2EI}$$

$$v=\frac{1}{EI}\left(-\frac{1}{6}PL^3+\frac{1}{2}LPL^2\right)=\frac{PL^3}{3EI}$$

これらの式も覚えておこう．

別解 共役ばりによるたわみ曲線および自由端のたわみ v_B の導出

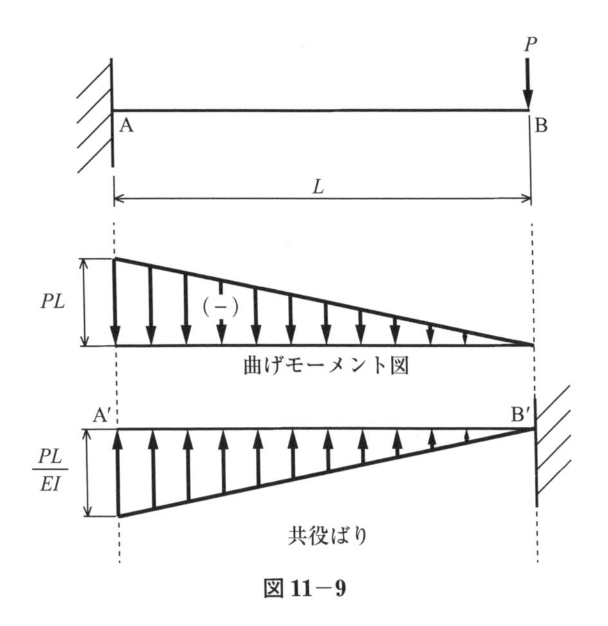

図 11−9

曲げモーメント図を反転させて曲げ剛性 EI で除した分布荷重（弾性荷重）を作用させ，固定端と自由端を入れ替えた片持ちばりを考える.

この共役ばりの曲げモーメント M_x を求めれば，たわみ曲線が求まることになる. 点 A′ からの距離 x の，モーメントのつり合い式は次のとおりである.

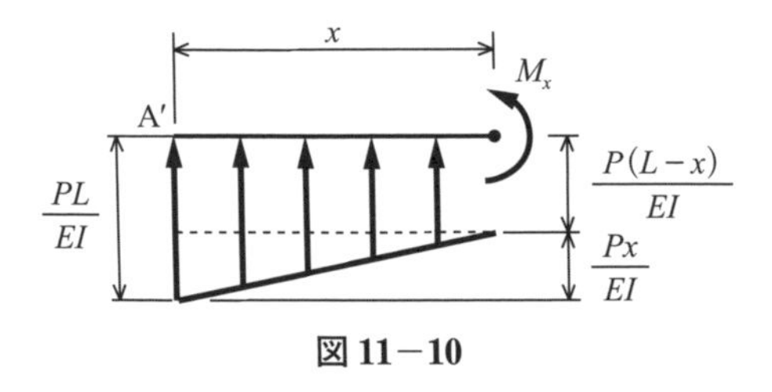

図 11−10

$$M(x)=-M_x+\frac{P(L-x)}{EI}\cdot x\cdot\frac{x}{2}+\frac{Px}{EI}\cdot x\cdot\frac{1}{2}\cdot\frac{2}{3}x=0$$

これを M_x について整理すると，

$$M_x = \frac{-Px^3+3PLx^2}{6EI} = -\frac{Px^3}{6EI} + \frac{PLx^2}{2EI}\ (=v)$$

となり，たわみ曲線が得られる．

このとき，$x=L$ を代入すれば，自由端のたわみ v_{B} が求められる．

$$v_{\mathrm{B}} = -\frac{PL^3}{6EI} + \frac{PL\cdot L^2}{2EI} = \frac{PL^3}{3EI}$$

また，たわみ曲線を求めずに自由端のたわみ v_{B} を直接求めたい場合，点 B′ におけるモーメント反力 $M_{\mathrm{B'}}$ を求めればよい．

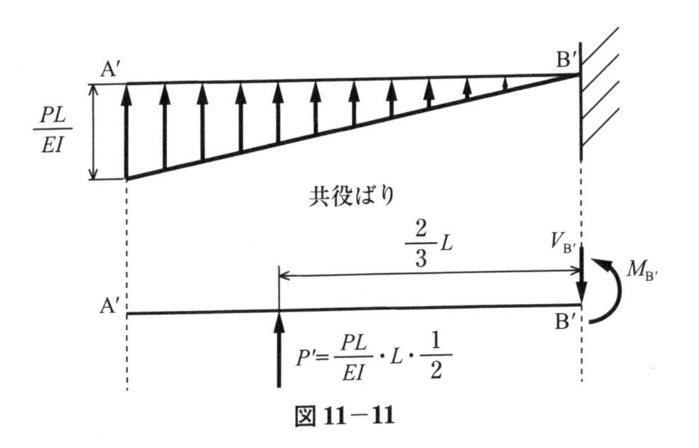

図 11－11

弾性荷重の合力 P' は，

$$P' = \frac{PL^2}{2EI}$$

点 B′ におけるモーメントのつり合いより，

$$-M_{\mathrm{B'}} + P'\cdot\frac{2}{3}L = 0$$

$$M_{\mathrm{B'}} = \frac{PL^3}{3EI}$$

したがって，自由端におけるたわみ v_B は次のとおりである．

$$\therefore v_{\mathrm{B}} = M_{\mathrm{B'}} = \frac{PL^3}{3EI}$$

Point

共役ばりによる解法

共役ばりによる解法は「弾性荷重法」または「モールの定理」とも呼ばれ，曲げモーメント図を用いた解法です．この曲げモーメント図を反転させて曲げ剛性で除した分布荷重を共役ばりに作用させ，せん断力 Q と曲げモーメント M を求めれば，それぞれたわみ角 θ とたわみ v を求めたこととなります．

共役ばりは，与えられたはりの支持条件を下記のように変更します．

単純支持（端部）⇔ 単純支持（端部）

固定端 ⇔ 自由端

ヒンジ接合部 ⇔ 単純支持（中間）

表 11−1　代表的な共役ばり一覧

与えられたはり		共役ばり
	⇔	
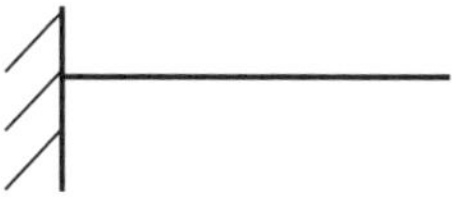	⇔	
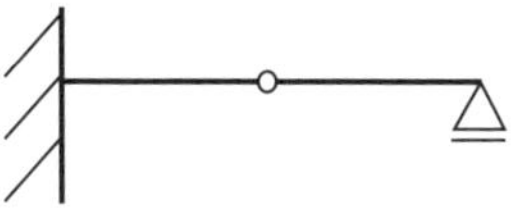	⇔	
	⇔	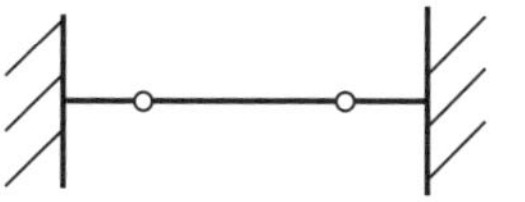

基本問題 4

曲げ剛性 EI，長さ L の片持ちばりがある．片持ちばりの固定端から距離 a $(0 \leqq a \leqq L)$ のところに集中荷重 P が作用しているときのたわみ曲線を求めなさい．また，自由端のたわみ v_B を求めなさい．

図 11−12

解き方

曲げモーメント図は，図 11−13 に示すようになり，式で表すと次のとおりである．

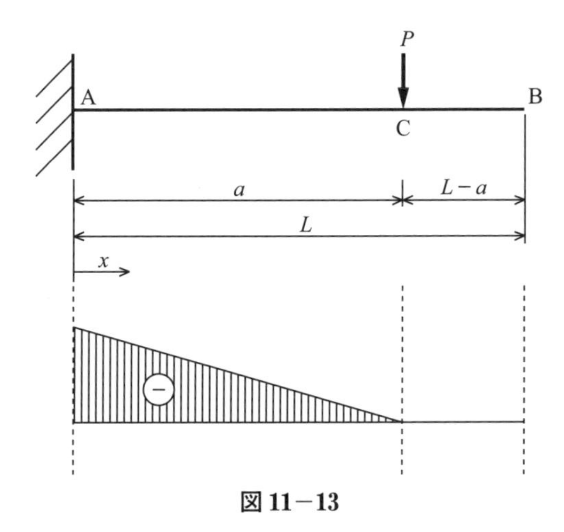

図 11−13

$$M(x)=\begin{cases}Px-aP & (0\leqq x\leqq a)\\ 0 & (a\leqq x\leqq L)\end{cases}$$

曲げモーメントとたわみの関係式 $\dfrac{\mathrm{d}^2v}{\mathrm{d}x^2}=-\dfrac{M(x)}{EI}$ に代入すると

$$EI\frac{\mathrm{d}^2v}{\mathrm{d}x^2}=\begin{cases}-Px+aP & (0\leqq x\leqq a)\\ 0 & (a\leqq x\leqq L)\end{cases}$$

x で一回積分すると，

$$EI\frac{\mathrm{d}v}{\mathrm{d}x}=EI\theta=\begin{cases}-\dfrac{1}{2}Px^2+aPx+C_1 & (0\leqq x\leqq a) \quad (11-10)\\ C_2 & (a\leqq x\leqq L) \quad (11-11)\end{cases}$$

C_1 と C_2 は積分定数で，境界条件から求まる．

x でもう一回積分すると，

$$EIv=\begin{cases}-\dfrac{1}{6}Px^3+\dfrac{1}{2}aPx^2+C_1x+C_3 \quad (0\leqq x\leqq a) & (11-12)\\ C_2x+C_4 \quad (a\leqq x\leqq L) & (11-13)\end{cases}$$

ここで，境界条件を考える．固定端（$x=0$）では，たわみとたわみ角が発生することはないので $v_{x=0}=0$，$\theta_{x=0}=0$ である．

$v_{x=0}=0$ より，式 (11−12) から $C_3=0$ (11−14)

$\theta_{x=0}=0$ より，式 (11−10) から $C_1=0$ (11−15)

次に，$x=a$ を式 (11−10) と式 (11−11) に代入したとき，たわみ角は同じ値にならなければならない．

同じく，$x=a$ を式 (11−12) と式 (11−13) に代入したとき，たわみは同じ値にならなければならない．よって，

$$-\frac{1}{2}a^2P+a^2P=C_2$$

$$C_2=\frac{1}{2}a^2P \tag{11−16}$$

$$-\frac{1}{6}a^3P+\frac{1}{2}a^3P=aC_2+C_4$$

$$\frac{1}{3}a^3P=a\cdot\frac{1}{2}a^2P+C_4$$

$$C_4=-\frac{1}{6}a^3P$$

以上，まとめると

$$EI\frac{\mathrm{d}v}{\mathrm{d}x}=EI\theta=\begin{cases}-\dfrac{1}{2}Px^2+aPx \quad (0\leqq x\leqq a) & (11-17)\\ \dfrac{1}{2}a^2P \quad (a\leqq x\leqq L) & (11-18)\end{cases}$$

$$EIv=\begin{cases}-\dfrac{1}{6}Px^3+\dfrac{1}{2}aPx^2 \quad (0\leqq x\leqq a) & (11-19)\\ \dfrac{1}{2}a^2Px-\dfrac{1}{6}a^3P \quad (a\leqq x\leqq L) & (11-20)\end{cases}$$

このとき，自由端 ($x=L$) のたわみ v_{B} は，

$$v_{\mathrm{B}}=\frac{a^2PL}{2EI}-\frac{a^3P}{6EI}=\frac{a^2P}{6EI}(3L-a)$$

となる．

別解　たわみ曲線を求めることなく，単に自由端のたわみ v_B を導出したい場合，幾何的に求める方法がある．

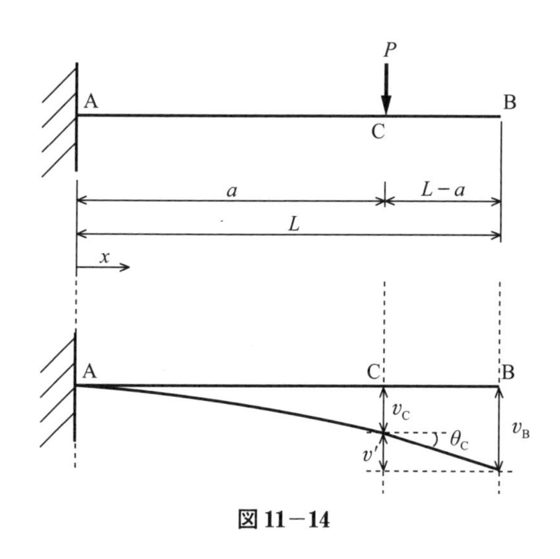

図 11−14

図 11−14 に示すように，区間 AC は曲線的に，区間 CB はたわみ角 θ_C を保ったまま直線的に変形する．点 C のたわみ v_C は，基本問題 3 で解いたように，長さ a の片持ちばりの自由端のたわみを求めるように解けばよい．これに加えて，たわみ角 θ_C と区間 CB の長さを用いてたわみ v' を求めれば，自由端のたわみ v_B を導くことができる．

たわみ角 θ_C は微小変形角であるから，たわみ v' は次のように表すことができる．

$$v'=\theta_C\times(L-a)$$

たわみ角 θ_C およびたわみ v_C を用いて，自由端のたわみ v_B を求めれば，

$$\begin{aligned}v_B&=v_C+v'\\&=\frac{Pa^3}{3EI}+\frac{Pa^2}{2EI}(L-a)\\&=\frac{a^2PL}{2EI}-\frac{Pa^3}{6EI}\\&=\frac{a^2P}{6EI}(3L-a)\end{aligned}$$

となり，先ほど求めたものと同じ答えが得られる．

応 用 問 題

応用問題 1

ゲルバーばりのたわみ曲線を求めなさい．

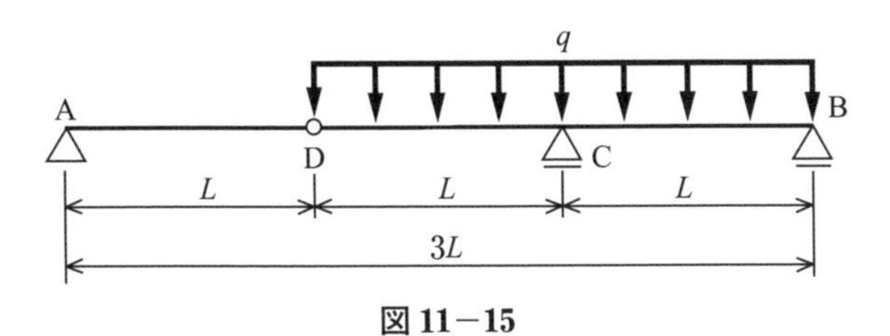

図 11－15

解き方

曲げモーメント図は，図 11－16 に示すようになり，式で表すと次のとおりである．

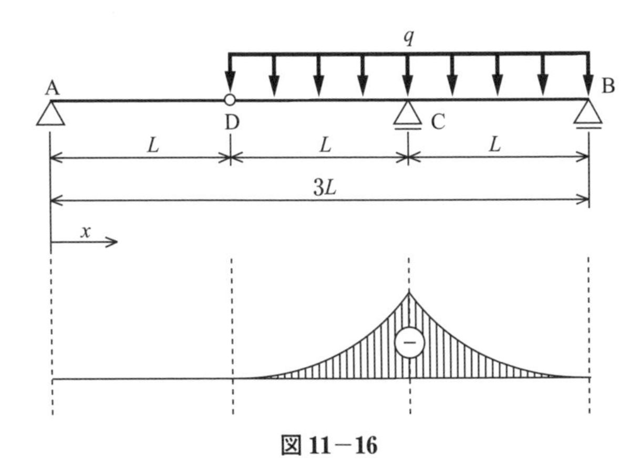

図 11－16

$$M(x)=\begin{cases}0 \quad (0\leqq x\leqq L)\\ -\dfrac{q}{2}(x-L)^2 \quad (L\leqq x\leqq 2L)\\ \dfrac{1}{2}qLx-\dfrac{3}{2}qL^2 \quad (2L\leqq x\leqq 3L)\end{cases}$$

$$EI\frac{d^2v}{dx^2}=\begin{cases}0 & (0\leqq x\leqq L)\\ \dfrac{q}{2}(x-L)^2 & (L\leqq x\leqq 2L)\\ -\dfrac{1}{2}qLx+\dfrac{3}{2}qL^2 & (2L\leqq x\leqq 3L)\end{cases}$$

$$EI\frac{dv}{dx}=\begin{cases}C_1 & (0\leqq x\leqq L)\\ \dfrac{q}{6}(x-L)^3+C_2 & (L\leqq x\leqq 2L)\\ -\dfrac{1}{4}qLx^2+\dfrac{3}{2}qL^2x+C_3 & (2L\leqq x\leqq 3L)\end{cases}$$

$$EIv=\begin{cases}C_1x+C_4 & (0\leqq x\leqq L)\\ \dfrac{q}{24}(x-L)^4+C_2x+C_5 & (L\leqq x\leqq 2L)\\ -\dfrac{1}{12}qLx^3+\dfrac{3}{4}qL^2x^2+C_3x+C_6 & (2L\leqq x\leqq 3L)\end{cases}$$

境界条件は

支点でのたわみはゼロ ⇒ 3 つの条件

ヒンジ点の左右でたわみの大きさは等しい ⇒ 1 つの条件

中間支点の左右でたわみとたわみ角の大きさが等しい ⇒ 2 つの条件

6 つの積分定数に対して，境界条件も 6 つあるので，問題は解けることがわかる．

ここに注意！
ヒンジ点の左右のたわみ角の大きさは等しくならないことに注意しよう．

各支点でたわみがゼロという条件より

$C_4=0$　($x=0$ で $v=0$)

$\frac{q}{24}(2L-L)^4+C_2\cdot 2L+C_5=0$　　$C_5=-\frac{qL^4}{24}-2LC_2$　($x=2L$ で $v=0$)

$-\frac{1}{12}qL\cdot 8L^3+\frac{3}{4}qL^2\cdot 4L^2+C_3\cdot 2L+C_6=0$　($x=2L$ で $v=0$)

$C_6=-\frac{7qL^4}{3}-2LC_3$

$-\frac{1}{12}qL\cdot 27L^3+\frac{3}{4}qL^2\cdot 9L^2+C_3\cdot 3L+C_6=0$　($x=3L$ で $v=0$)

$C_6=-\frac{9qL^4}{2}-3LC_3$

$$C_6 = -\frac{7qL^4}{3} - 2LC_3 = -\frac{9qL^4}{2} - 3LC_3$$

$$LC_3 = -\frac{9}{2}qL^4 + \frac{7}{3}qL^4 = -\frac{13}{6}qL^4 \qquad C_3 = -\frac{13}{6}qL^3$$

$$C_6 = 2qL^4$$

$x=L$ でたわみが等しいので，

$$C_1L = C_2L + C_5 = -C_2L - \frac{qL^4}{24}$$

$x=2L$ でたわみ角が等しいので，

$$\frac{q}{6}(2L-L)^3 + C_2 = -\frac{1}{4}qL(2L)^2 + \frac{3}{2}qL^2(2L) + C_3$$

$$\frac{q}{6}L^3 + C_2 = 2qL^3 + C_3$$

$$C_2 = 2qL^3 + C_3 - \frac{q}{6}L^3 = 2qL^3 - \frac{13}{6}qL^3 - \frac{q}{6}L^3 = -\frac{1}{3}qL^3$$

$$C_1L = -C_2L - \frac{qL^4}{24} = \frac{1}{3}qL^4 - \frac{qL^4}{24} = \frac{7}{24}qL^4 \qquad C_1 = \frac{7}{24}qL^3$$

$$C_5 = -\frac{qL^4}{24} - 2LC_2 = -\frac{qL^4}{24} - 2L\left(-\frac{1}{3}qL^3\right) = \frac{5}{8}qL^4$$

以上まとめると，

$$C_1 = \frac{7}{24}qL^3$$

$$C_2 = -\frac{1}{3}qL^3$$

$$C_3 = -\frac{13}{6}qL^3$$

$$C_4 = 0$$

$$C_5 = \frac{5}{8}qL^4$$

$$C_6 = 2qL^4$$

$$EIv = \begin{cases} \dfrac{7}{24}qL^3x & (0 \leqq x \leqq L) \\ \dfrac{q}{24}(x-L)^4 - \dfrac{1}{3}qL^3x + \dfrac{5}{8}qL^4 & (L \leqq x \leqq 2L) \\ -\dfrac{1}{12}qLx^3 + \dfrac{3}{4}qL^2x^2 - \dfrac{13}{6}qL^3x + 2qL^4 & (2L \leqq x \leqq 3L) \end{cases}$$

以上より，与えられたゲルバーばりのたわみ曲線図は図 11－17 に示すようになる．

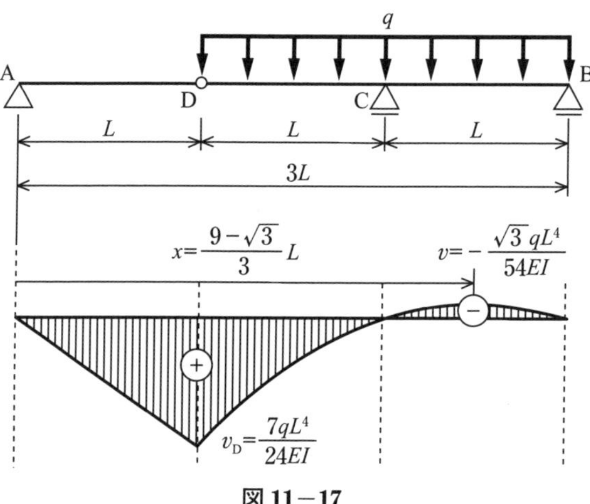

図 11－17

表 11－2　代表的なたわみとたわみ角

	最大たわみ $v_{\max}$	たわみ角 θ
P, A, B, $L/2$, $L/2$	$\dfrac{PL^3}{48EI}$	$\theta_A=\dfrac{PL^2}{16EI}$ $\theta_B=-\dfrac{PL^2}{16EI}$
q, A, B, L	$\dfrac{5qL^4}{384EI}$	$\theta_A=\dfrac{qL^3}{24EI}$ $\theta_B=-\dfrac{qL^3}{24EI}$
M, A, B, L	$\dfrac{\sqrt{3}ML^2}{27EI}$ $\left(x=\dfrac{\sqrt{3}}{3}L\right)$	$\theta_A=\dfrac{ML}{6EI}$ $\theta_B=-\dfrac{ML}{3EI}$
P, A, B, L	$\dfrac{PL^3}{3EI}$	$\theta_B=\dfrac{PL^2}{2EI}$
q, A, B, L	$\dfrac{qL^4}{8EI}$	$\theta_B=\dfrac{qL^3}{6EI}$
M, A, B, L	$\dfrac{ML^2}{2EI}$	$\theta_B=\dfrac{ML^2}{EI}$

発展問題

発展問題 1

図 11−18 に示す片持ちばりについて，点 B のたわみ角 θ_B とたわみ v_B を求めなさい．ただし，はりは 400×500 mm の縦長断面とし，ヤング率 E は 2.0×10^4 N/mm^2 とする．

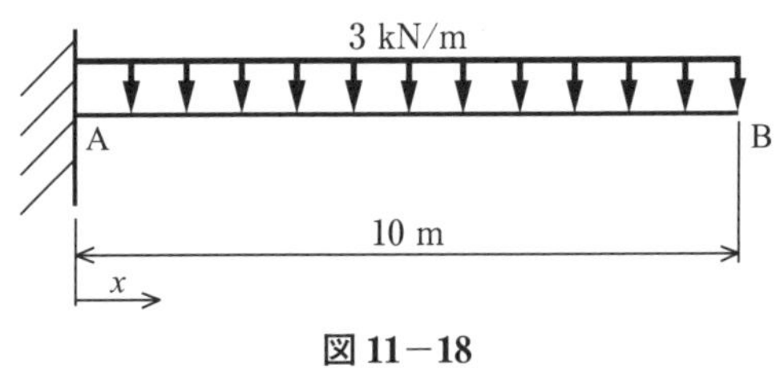

図 11−18

発展問題 2

図 11−19 に示す単純ばりについて，点 A, B のたわみ角 θ_A, θ_B と最大たわみ v_{max} を求めなさい．ただし，はりは 400×500 mm の縦長断面とし，ヤング率 E は 2.0×10^4 N/mm^2 とする．

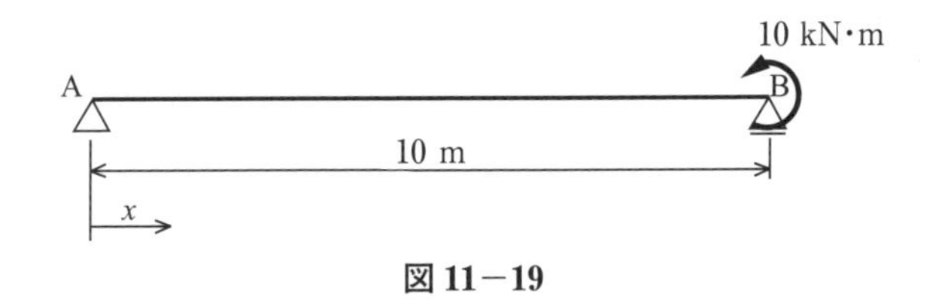

図 11−19

発展問題 3

図 11−20 に示す変断面片持ちばりについて，共役ばり法を用いて点 B のたわみ v_B を求めなさい．ただし，ヤング率 E は一定とする．

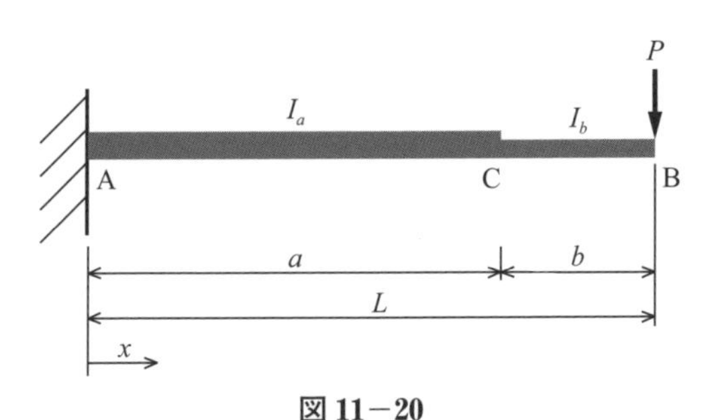

図 11−20

第12章　エネルギー原理（その1）
～剛体におけるエネルギー原理～

はりのたわみは，第11章で学習した $\dfrac{\mathrm{d}^2v}{\mathrm{d}x^2}=-\dfrac{M(x)}{EI}$ を積分して求める方法と，はりが変形することにより，はりに蓄えられたエネルギーから求める方法とがあります．外力が行った仕事や構造物に蓄えられたエネルギーに着目した基本法則を一般的にエネルギー原理と呼びます．

これからの章では，エネルギー原理を用いてトラスやはりのたわみを求めることが最終目標ですが，本章では，エネルギー原理についてイメージを膨らますために，剛体（力を作用させても変形しない物体）におけるエネルギー原理から勉強していきます．

そこで，剛体におけるエネルギー原理を適用し，はりやトラスの反力や断面力を求めます．

●基本的な考え方

1　剛体におけるエネルギー原理

(1)　剛体における仮想変位の原理

剛体における仮想変位の原理は，仮想変位による仕事に着目したものである．力 F が物体に作用して，物体が力の作用方向に d だけ移動したとき，力 F は物体に大きさ Fd の仕事を行ったと定義する．また力のモーメント M が物体に作用して，物体が力のモーメントの作用方向（回転方向）に θ だけ回転したとき，力のモーメントは物体に大きさ $M\theta$ の仕事を行ったと定義する．すなわち，（仕事）＝（力）×（移動距離）もしくは（仕事）＝（力のモーメント）×（回転角）である．

剛体における仮想変位による仕事とは，物体に作用している力がつり合っており，物体が静止している状態で，仮に少しだけ物体が移動したと仮想したとき，つまり物体に仮想変位 δ を与えたときの仕事と定義する．すなわち（仮想変位による仕事）＝（力）×（仮想変位）もしくは力のモーメントが剛体に作用しているときは，（仮想変位による仕事）＝（力のモーメント）×（仮想回転角）である．

剛体における仮想変位の原理とは，「剛体に働いている力がつり合っているとき，仮想変位による仕事の大きさはゼロになる」ことである．なお，仮想変位とはその名のとおり「仮想」の変位のため，剛体が実際に変位しているわけではない．

(2)　はりやトラスの反力および断面力の算出

はりやトラスのように力が作用すると変形する物体であっても，反力や断面力を求める際には，変形する前の状態，すなわち変形しない物体（剛体）と見なせる．つまり，はりやトラスの反力および断面力を求めるときは剛体における仮想変位の原理が適用でき，仮想変位による仮想仕事を求めることで，はりやトラスの反力および断面力を求めることができる．

基 本 問 題

基本問題 1

剛体棒に力 F_1, F_2, F_3 が作用しているとする．F_1, F_2, F_3 はつり合っており，剛体棒が静止しているとする．力 F_1 の作用方向に仮想変位 δ だけ剛体棒が移動したと仮想したとき，剛体棒の仮想変位による仕事の大きさ（$\overline{W}$）を求めたい．以下の問いに答えなさい．

(1) 力 F_1, F_2, F_3 がつり合っていることを利用し，水平方向と鉛直方向のつり合い式を求めなさい．

(2) 力 F_1 の作用方向に仮想変化 δ を考える．このとき，力 F_2，力 F_3 の作用方向に対する仮想変位の大きさを答えなさい．

(3) 小問(2)の結果を踏まえ仮想変位による仕事（$\overline{W}$）の大きさを F_1, F_2, F_3 と δ を使って表しなさい．

(4) 小問(1)の結果を踏まえ仮想変位による仕事（$\overline{W}$）の大きさを求めなさい．

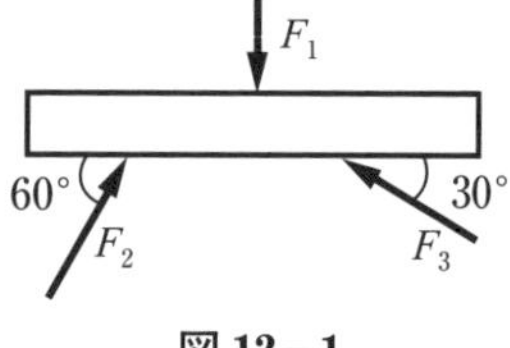

図 12−1

解き方

(1) 力のつり合い式は，

（水平方向）$F_2\cos 60° + (-F_3\cos 30°) = 0$

（鉛直方向）$-F_1 + F_2\sin 60° + F_3\sin 30° = 0$

(2) F_2 の作用方向の仮想変位は，$-\delta\sin 60°$

F_3 の作用方向の仮想変位は，$-\delta\sin 30°$

(3) 剛体棒の仮想変位による仮想仕事の大きさは，

$\overline{W} = F_1\delta + F_2(-\delta\sin 60°) + F_3(-\delta\sin 30°)$

(4) 小問(1)の鉛直方向の結果を踏まえると，

$\overline{W} = \delta\{F_1 + (-F_2\sin 60°) + (-F_3\sin 30°)\} = 0$

剛体における仮想変位の原理を確認することができる．

Point

仮想変位による仕事の大きさを求めるとき，仮想変位の方向は，力の作用方向と同じ方向が正になります．

基本問題 2

図 12−2 に示すような単純ばりがある．ここから図 12−3 に示すように右の支点を除去し，支点反力 V_2 を作用させ，はりがつり合っている状態を考える．

(1) 支点反力 V_2 の作用方向に仮想変位 δ を与えたときの仮想変位による仕事を P, V_2, δ を用いて表しなさい．（注意：はりは剛体と仮定して解くこと）

(2) 仮想変位の原理を用いて，支点反力 V_2 の大きさを求めなさい．

解き方

(1) 右の支点に対して上向きに仮想変位 δ を与えると，図 12−4 に示すように，荷重作用点での仮想変位は，上向きに $\frac{1}{3}\delta$ となる．集中荷重 P は下向きに作用していることに注意して，仮想変位による仕事を求めると，

$$\overline{W}=P\left(-\frac{1}{3}\delta\right)+V_2\delta$$

(2) 仮想変位の原理より

$$\overline{W}=P\left(-\frac{1}{3}\delta\right)+V_2\delta=0$$

よって，$V_2=\frac{1}{3}P$

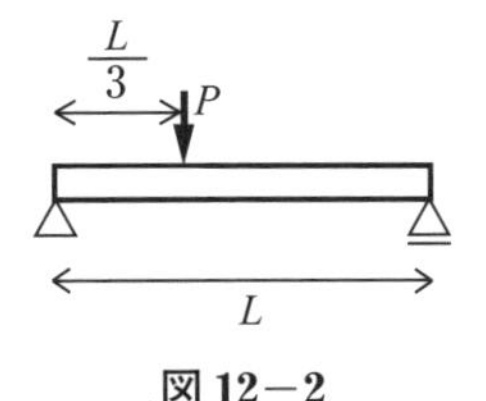

図 12−2

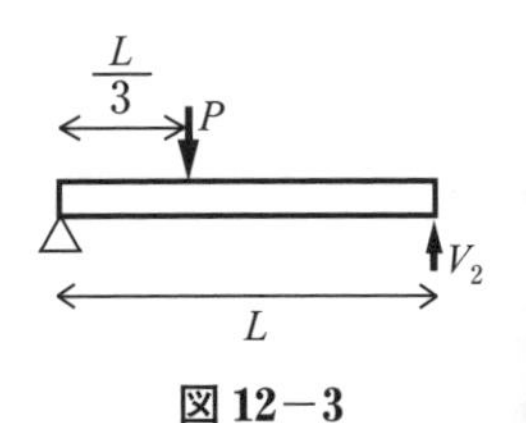

図 12−3

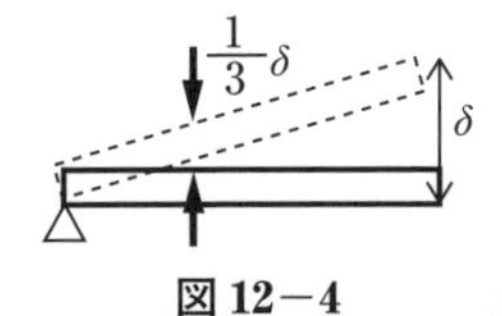

図 12−4

基本問題 3

すべての部材の長さが a の 11 部材トラスがあり，図 12−5 に示すように右の支点を除去し，支点反力 V_2 を作用させトラスがつり合っている状態を考える．

(1) 支点反力 V_2 の作用方向に仮想変位 δ を与え，仮想変位の原理を用いて支点反力 V_2 を求めなさい．

(2) 部材 EF の断面力を求めたい．小問(1)で考えたトラスからさらに，部材 EF を取り除き，部材 EF に作用していた断面力を N_{EF} として，節点 E と F に作用させたトラスを考え（図 12−6），図 12−7 に示すように支点反力 V_2 の作用方向に仮想変位 δ（$\delta=2a\theta$）を与えたとき，仮想変位の原理を用いて断面力 N_{EF} を求めなさい．なお θ は微小とし，θ の 2 次以上の項は無視できるとする．

解き方

(1) 右の支点に対して，上向きに仮想変位 δ を与えると，集中荷重作用点の仮想変位は上向きに $\frac{1}{2}\delta$ となるから，

$$V_2\delta+P\left(-\frac{1}{2}\delta\right)=0$$

$$V_2=\frac{1}{2}P$$

図 12−5

(2) 仮想仕事の大きさを求めるとき，節点 F の鉛直方向の仮想変位と水平方向の仮想変位が大事になる．節点 F 付近を拡大したものが図 12−8 となる．

図 12−8 より，$\overline{FF'}=a\theta$

$$\angle F'FB=\frac{\pi-\theta}{2}$$

$$\angle QFB=60°=\frac{1}{3}\pi$$

$$\angle F'FQ=\frac{\pi-\theta}{2}-\frac{1}{3}\pi=\frac{1}{6}\pi-\frac{1}{2}\theta$$

点 F の水平方向に対する仮想変位は左向きに，

$$\overline{FF'}\cos(\angle F'FQ)=a\theta\cos\left(\frac{1}{6}\pi-\frac{1}{2}\theta\right)$$

点 F の鉛直方向に対する仮想変位は上向きに，

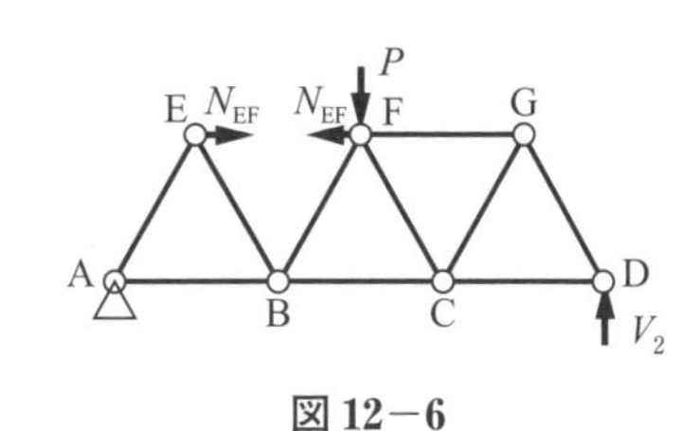

図 12−6

$$\overline{FF'}\sin(\angle F'FQ)=a\theta\sin\left(\frac{1}{6}\pi-\frac{1}{2}\theta\right)$$

ここで，θ は微小であることから，$\cos\frac{1}{2}\theta=1$，$\sin\frac{1}{2}\theta=\frac{1}{2}\theta$ になることを利用すれば，

$$\cos\left(\frac{1}{6}\pi-\frac{1}{2}\theta\right)=\cos\frac{1}{6}\pi\cos\frac{1}{2}\theta+\sin\frac{1}{6}\pi\sin\frac{1}{2}\theta$$

$$=\frac{\sqrt{3}}{2}\times1+\frac{1}{2}\times\frac{1}{2}\theta$$

$$=\frac{\sqrt{3}}{2}+\frac{1}{4}\theta$$

$$\sin\left(\frac{1}{6}\pi-\frac{1}{2}\theta\right)=\sin\frac{1}{6}\pi\cos\frac{1}{2}\theta-\cos\frac{1}{6}\pi\sin\frac{1}{2}\theta$$

$$=\frac{1}{2}\times1-\frac{\sqrt{3}}{2}\times\frac{1}{2}\theta$$

$$=\frac{1}{2}-\frac{\sqrt{3}}{4}\theta$$

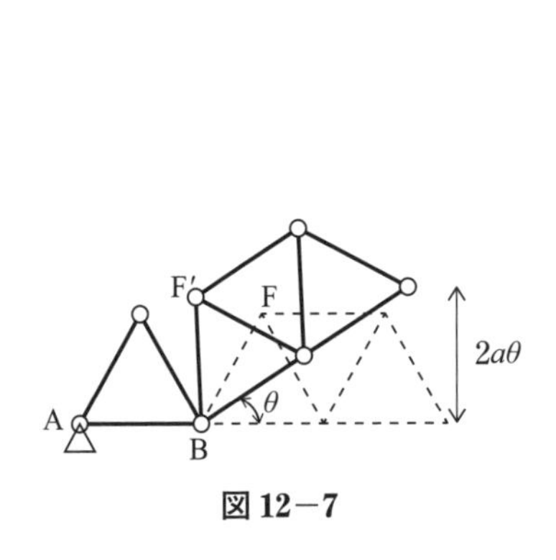

図 12−7

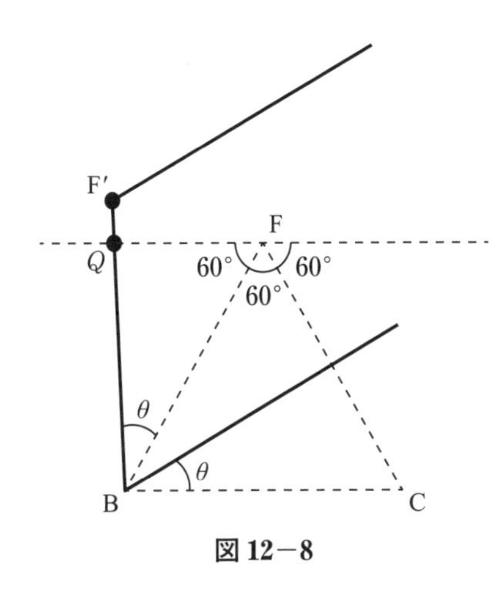

図 12−8

つまり，節点Fの水平方向に対する仮想変位は左向きに $a\theta\left(\frac{\sqrt{3}}{2}+\frac{1}{4}\theta\right)$ となり，節点Fの鉛直方向に対する仮想変位は上向きに $a\theta\left(\frac{1}{2}-\frac{\sqrt{3}}{4}\theta\right)$ となる．

ここで，θ の 2 次以上の項は無視できるので，節点 F の水平方向に対する仮想変位は左向きに $\dfrac{\sqrt{3}}{2}a\theta$，節点 F の鉛直方向に対する仮想変位は上向きに $\dfrac{1}{2}a\theta$ となる．節点 F に作用している集中荷重 P は下向き，断面力 N_{EF} は左向きに作用していることに注意して，仮想仕事の大きさを求め，仮想仕事の原理を適用すると，

$$V_2\cdot 2a\theta+P\left(-\frac{1}{2}a\theta\right)+N_{EF}\left(\frac{\sqrt{3}}{2}a\theta\right)=0$$

$$2V_2-\frac{1}{2}P+\frac{\sqrt{3}}{2}N_{EF}=0$$

小問(1)の結果より，$V_2=\dfrac{1}{2}P$ より，

$$P-\frac{1}{2}P+\frac{\sqrt{3}}{2}N_{EF}=0$$

$$N_{EF}=-\frac{1}{\sqrt{3}}P=-\frac{\sqrt{3}}{3}P$$

基本問題 4

図 12−9 に示すゲルバーばりの各支点反力を仮想仕事の原理を用いて求めなさい．

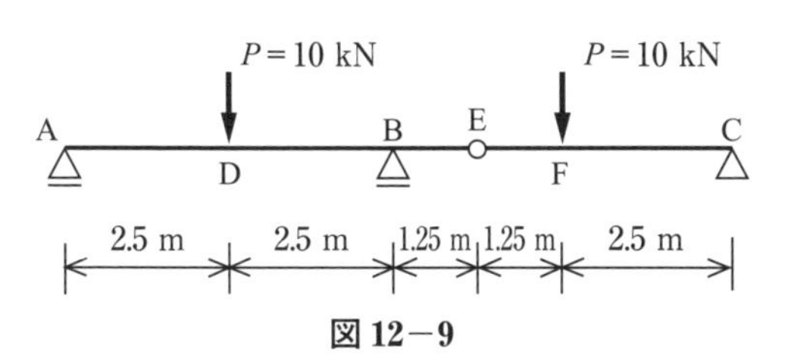

図 12−9

解き方

(a) 点 A の支点反力を求める．

点 A の支点を外し，上向きに仮想変位 δ を与えると，点 B と点 C は支点なので，はりは移動せず，点 E がヒンジ点のため，はりを折れ曲がることをふまえると，はりの仮想変形図は図 12−10 に示すようになる．

図より荷重作用点の点 D の仮想変位は上向きに $\dfrac{1}{2}\delta$，点 F の仮想変位は下向きに

$\dfrac{1}{6}\delta$ となるので，仮想変位の原理より，

$$V_A\delta+10\times(-0.5\delta)+10\times\frac{1}{6}\delta=0$$

$$V_A-5+\frac{5}{3}=0$$

$$V_A=\frac{10}{3}$$

よって，$V_A=3.33\ \mathrm{kN}$

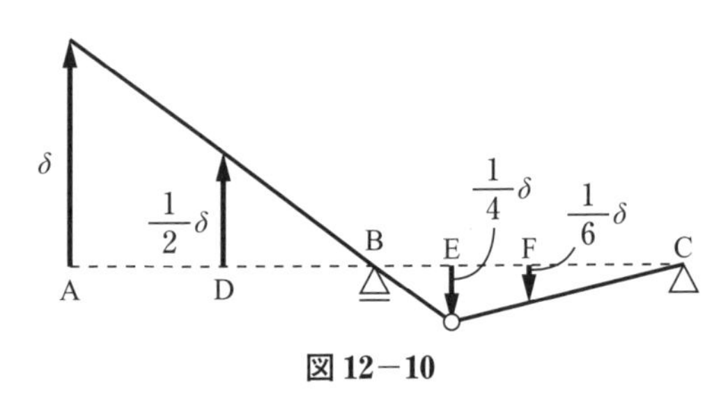

図 12−10

(b) 点 B の支点反力を求める．

解法は同様ですが，点 B の支点を外し，点 B に与える仮想変位の大きさは上向きに 1 とする．はりの仮想変形図は図 12−11 に示すようになる．仮想仕事の原理より，

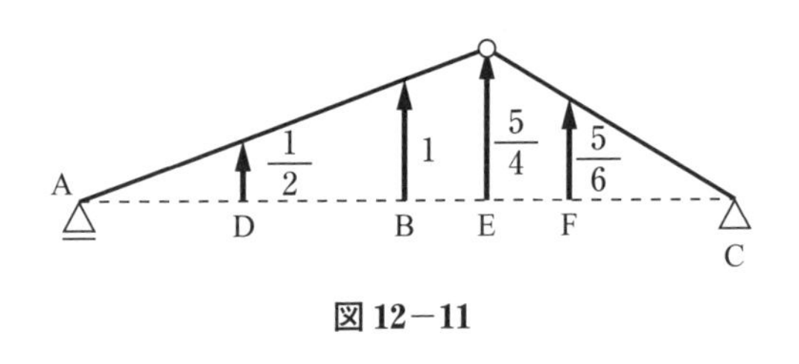

図 12−11

$$10\times(-0.5)+V_B\cdot1+10\times\left(-\frac{5}{6}\right)=0$$

$$-5+V_B-\frac{25}{3}=0$$

$$V_B=\frac{40}{3}$$

$$V_B=13.33\ \mathrm{kN}$$

(c) 点 C の支点反力を求める．

点 C の支点を外し，点 C に上向きの仮想変位 1 を与え，図 12−12 の仮想変形図より，

$$10\times0+10\times\left(-\frac{1}{3}\right)+V_C\cdot1+=0$$

$$V_C=\frac{10}{3}$$

$$V_C=3.33\ \mathrm{kN}$$

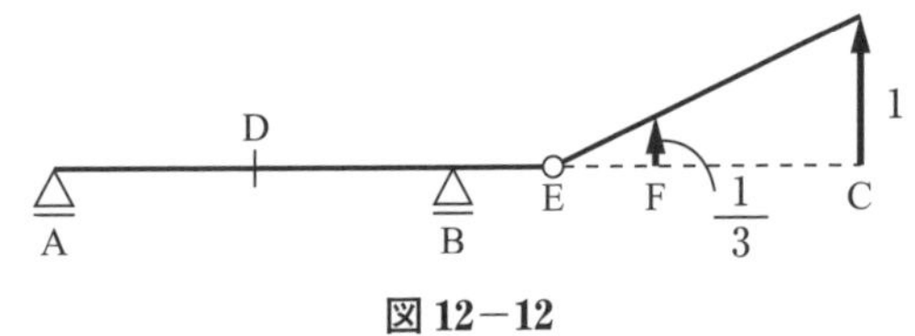

図 12−12

基本問題 5

図 12−13 に示すようにゲルバーばりにおける点 A の支点反力を仮想仕事の原理を用いて求めなさい.

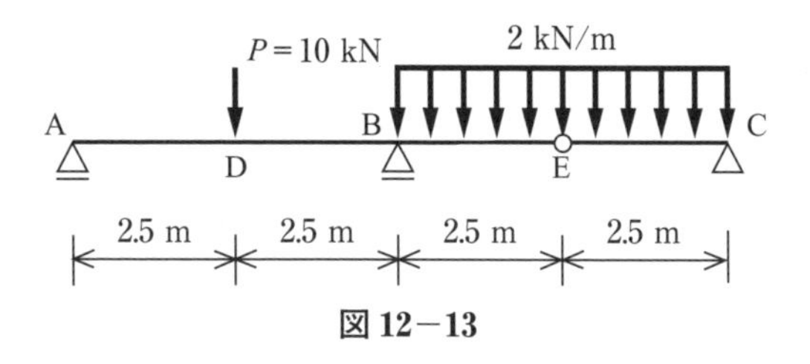

図 12−13

解き方

解法は基本問題 4 と同じであるが，等分布荷重が作用している部分の仮想仕事の大きさは，等分布荷重が作用している部分の仮想変形図の面積に等分布荷重の大きさを乗ずれば良い．図 12−14 に示す仮想変形図より，等分布荷重が作用している区間（区間 BC）の仮想変位による面積は，

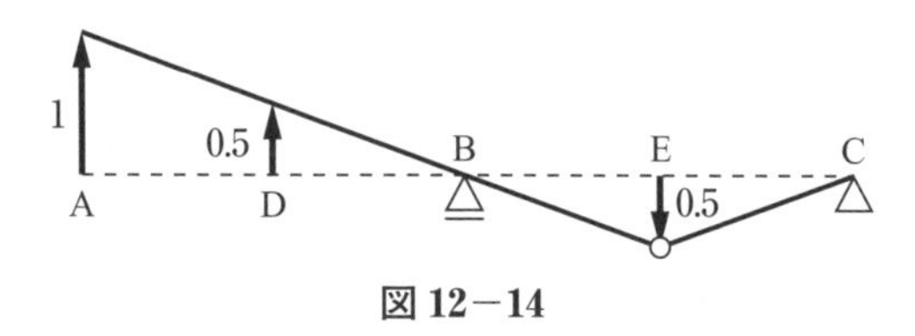

図 12−14

$$\frac{1}{2}\times 5\times 0.5=1.25$$

等分布荷重の大きさは 2 kN/m である．等分布荷重の作用方向と仮想変位の向きは同じなので，仮想仕事の大きさは，

$$2\times 1.25=2.5$$

点 A での支点反力による仮想仕事と点 D での集中荷重による仮想仕事の大きさもふまえて，仮想仕事の原理を適用すると

$$V_A\cdot 1+10\times(-0.5)+2.5=0$$

$$V_A=2.5\ \mathrm{kN}$$

第13章　エネルギー原理（その2）
～弾性体におけるエネルギー原理～

前章では，剛体における仮想変位の原理を勉強し，はりやトラスの反力・断面力を求める際には，はりやトラスを剛体と見なすことができることを利用し，剛体における仮想変位の原理を用いて，はりやトラスの反力・断面力を求めました．本章では，はりやトラスのたわみを，エネルギー原理を用いて求めることを学習します．これまで勉強してきた仮想変位による仕事は，変形しない物体（剛体）として求めてきました．しかし，はりやトラスなどの構造物は外力が作用すると，断面力が発生し，変形することはこれまでに勉強しています．そこで，本章では，弾性体（はりやトラス）における仮想変位による仕事と仮想力による仕事を求め，弾性体における仮想変位の原理，仮想力の原理（2つまとめて，仮想仕事の原理）を学習します．

●基本的な考え方

1　弾性体におけるエネルギー原理

(1)　弾性体における仮想変位の原理

弾性体における仮想変位の原理は,「仮想変位により外力が行う仮想仕事は, 断面力（内力）が行う仮想仕事に等しい」ことをいう. ここで, 仮想変位による外力が行う仮想仕事（左辺）と断面力が行う仮想仕事（右辺）は次の通り計算する. 式中で文字の上の線は仮想変位と, 仮想変位により発生した仮想の断面力を表す.

$$\sum(P\bar{v}+M\bar{\theta})=\int_0^L \frac{1}{EA}N\overline{N}\,\mathrm{d}x+\int_0^L \frac{1}{EI}M\overline{M}\,\mathrm{d}x \tag{13-1}$$

(2)　弾性体における仮想力の原理

弾性体における仮想力の原理は,「仮想力が行う仮想仕事は, 仮想力により発生した断面力（内力）が行う仮想仕事に等しい」ことをいう. ここで仮想力が行う仮想仕事と断面力が行う仮想仕事は次の通り計算する. 式 (13−1) と同じく式 (13−2) で文字の上の線は仮想力と, 仮想力により発生した仮想の断面力を表す.

$$\sum(\overline{P}v+\overline{M}\theta)=\int_0^L \frac{1}{EA}N\overline{N}\,\mathrm{d}x+\int_0^L \frac{1}{EI}M\overline{M}\,\mathrm{d}x \tag{13-2}$$

また, 問題では, 与えられた構造物を実系（もしくは与系）, 仮想変位もしくは仮想力を与えた構造物を仮想系と呼ぶ. 仮想系を考えるとき, 構造物の本体は実系と同じであるが, 実荷重はないものとして考えることに注意すること.

(3)　単位荷重法（仮想力の原理の特別版）

仮想力の原理である式 (13−2) において, 仮想力 $\overline{P}$ を 1 とし, 仮想モーメント $\overline{M}$ をゼロとしたとき, 式 (13−2) は式 (13−3) のように表され, また逆に, 仮想力 $\overline{P}$ をゼロとし, 仮想モーメント $\overline{M}$ を 1 とすれば式 (13−4) のように表される.

$$v=\int_0^L \overline{N}\frac{N}{EA}\,\mathrm{d}x+\int_0^L \overline{M}\frac{M}{EI}\,\mathrm{d}x \tag{13-3}$$

$$\theta=\int_0^L \overline{N}\frac{N}{EA}\,\mathrm{d}x+\int_0^L \overline{M}\frac{M}{EI}\,\mathrm{d}x \tag{13-4}$$

式 (13−3), 式 (13−4) が意味しているところは, 仮想力を 1 とすれば仮想力の作用方向の変位, 仮想モーメントを 1 とすれば仮想モーメントの作用方向のたわみ角が求められることである．仮想力を 1 として変位を求める方法，仮想モーメントを 1 としてたわみ角を求める方法を単位荷重法と呼ぶ．

基 本 問 題

基本問題 1

図 13−1 に示すとおり，長さ L，曲げ剛性 EI の片持ちばりの自由端に集中荷重 P が作用しているとき，自由端から a だけ離れた点 C のたわみとたわみ角を求めなさい．

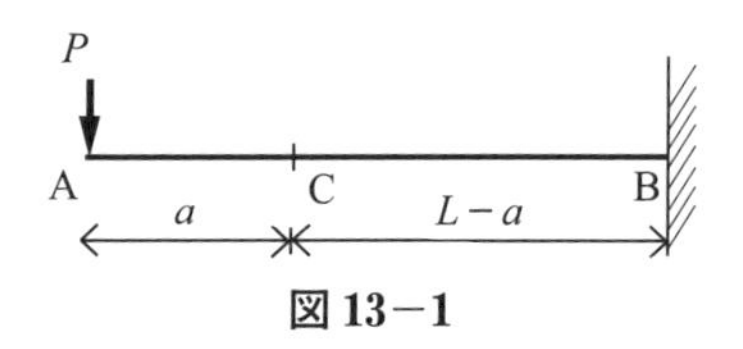

図 13−1

解き方

実系における曲げモーメント図は図 13−2 に示すとおりとなり，自由端（点 A）からの距離を x とすると，曲げモーメントの式は，

$$M(x)=-Px \quad (0 \leqq x \leqq L)$$

点 C のたわみを求めるためには，点 C に仮想力 1 を鉛直方向下向きに作用させればよい．点 C に仮想力 1 を作用させたとき，仮想系における曲げモーメント図は図 13−3 となり，曲げモーメントの式は，

$$\overline{M}(x)=\begin{cases} 0 & (0 \leqq x \leqq a) \\ -(x-a) & (a \leqq x \leqq L) \end{cases}$$

仮想系を考えるとき，実荷重である自由端に作用している集中荷重 P は考える必要はない．

単位荷重法を用いると，

$$v_C=\int_0^a \overline{M}\frac{M}{EI}\,\mathrm{d}x+\int_a^L \overline{M}\frac{M}{EI}\,\mathrm{d}x$$

$$=\int_0^a 0\frac{-Px}{EI}\,\mathrm{d}x+\int_a^L -(x-a)\frac{-Px}{EI}\,\mathrm{d}x$$

$$=0+\frac{P}{EI}\int_a^L (x^2-ax)\,\mathrm{d}x$$

$$=\frac{P}{EI}\left\{\frac{1}{3}(L^3-a^3)-\frac{1}{2}a(L^2-a^2)\right\}$$

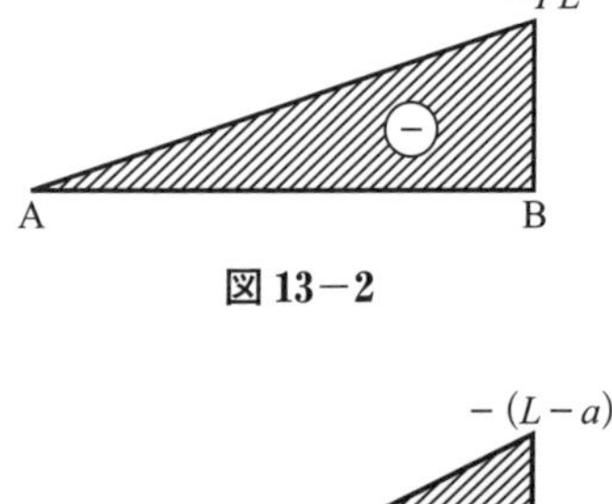

図 13−2

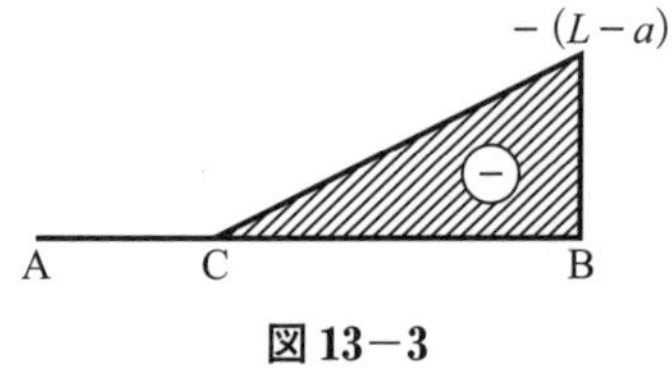

図 13−3

$$=\frac{P}{EI}\left(\frac{1}{3}L^3-\frac{1}{2}aL^2+\frac{1}{6}a^3\right)$$

点 C のたわみ角を求めるためには，点 C に仮想モーメント 1 を作用させれば良い．ここで，実系での変形図（自由端の集中荷重による変形図）である図 13−4 より，たわみ角は反時計回りに生じるので，仮想モーメントも反時計回りに 1 の大きさを与える．点 C に仮想モーメント 1 を作用させたときの曲げモーメント図は図 13−5 となり，曲げモーメントの式は，

$$\overline{M}(x)=\begin{cases}0 & (0\leqq x\leqq a)\\ -1 & (a\leqq x\leqq L)\end{cases}$$

$$\theta_C=\int_0^a\overline{M}\frac{M}{EI}\,\mathrm{d}x+\int_a^L\overline{M}\frac{M}{EI}\,\mathrm{d}x$$

$$=\int_0^a 0\frac{-Px}{EI}\,\mathrm{d}x+\int_a^L -1\frac{-Px}{EI}\,\mathrm{d}x$$

$$=0+\frac{P}{EI}\int_a^L x\mathrm{d}x$$

$$=\frac{P}{EI}\left\{\frac{1}{2}(L^2-a^2)\right\}$$

$$=\frac{P}{2EI}(L^2-a^2)$$

図 13−4

図 13−5

参考までに $a=0$ とし，点 C を自由端にすれば，自由端のたわみとたわみ角は次のとおりとなり，第 11 章の表 11−2 と同じ答えになる．

$$v_C=\frac{P}{EI}\left(\frac{1}{3}L^3-\frac{1}{2}aL^2+\frac{1}{6}a^3\right)\qquad a=0 \text{ とすると，} v_C=\frac{PL^3}{3EI}$$

$$\theta_C=\frac{P}{2EI}(L^2-a^2)\qquad a=0 \text{ とすると，} \theta_C=\frac{PL^2}{2EI}$$

基本問題 2

図 13−6 に示すようにすべての部材が，長さが L，断面積 A，ヤング率 E の 7 部材のトラスがある．いま，点 D と点 E に大きさ P の荷重が鉛直下向きに作用しているとき，点 C の鉛直変位を求めたい．次の問いに答えなさい．

(1) 与えられた構造物（実系）での各部材の断面力を力のつり合いから求めなさい．

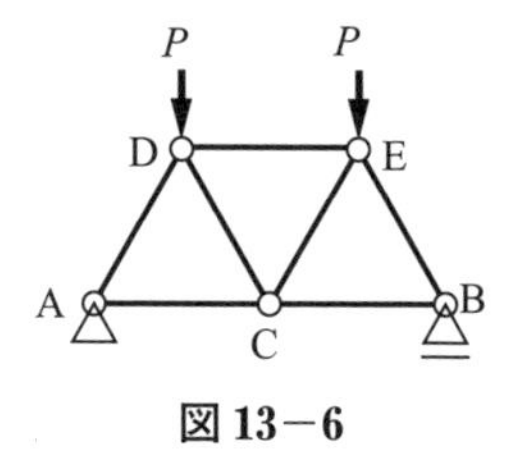

図 13−6

(2) 次に仮想系として，点 C に仮想力 $\overline{P}=1$ を下向きに作用させた構造物を考える．このとき，各部材の断面力を力のつり合いから求めなさい．

(3) 小問 (1)(2) の結果を用いて，内力（断面力）による仮想仕事を求めなさい．

(4) 外力による仮想仕事は，仮想力と実系での変位のため，$W_{external}=\overline{P_c}v_c$ で与えられる．仮想力の原理より，点 C での変位を求めなさい．

解き方

(1) これは，第 4 章の基本問題 3 の問題なので，解答は次表のとおりである．

部材名	断面力 N
AC	$\dfrac{P}{\sqrt{3}}$
CB	$\dfrac{P}{\sqrt{3}}$
AD	$-\dfrac{2P}{\sqrt{3}}$
CD	0
DE	$-\dfrac{P}{\sqrt{3}}$
CE	0
BE	$-\dfrac{2P}{\sqrt{3}}$

(2)　点 C に仮想力を下向きに作用させた場合の断面力は次表のとおりである．

部材名	断面力 $\overline{N}$
AC	$\dfrac{\overline{P}}{2\sqrt{3}}$
CB	$\dfrac{\overline{P}}{2\sqrt{3}}$
AD	$-\dfrac{\overline{P}}{\sqrt{3}}$
CD	$\dfrac{\overline{P}}{\sqrt{3}}$
DE	$-\dfrac{\overline{P}}{\sqrt{3}}$
CE	$\dfrac{\overline{P}}{\sqrt{3}}$
BE	$-\dfrac{\overline{P}}{\sqrt{3}}$

(3)　内力による仮想仕事は式 (13−2) より，

$$\int_0^L \frac{1}{EA} N\overline{N}\,\mathrm{d}x = \sum \frac{N\overline{N}L}{EA}$$

よって，各部材に発生する断面力（内力）は次表のとおりになり，トラス構造の内力による仮想仕事の大きさは $\dfrac{2P\overline{P}L}{EA}$ である．

部材名	$\dfrac{L}{EA}$	実系断面力 N	仮想系断面力 $\overline{N}$	$\dfrac{N\overline{N}L}{EA}$
AC	$\dfrac{L}{EA}$	$\dfrac{P}{\sqrt{3}}$	$\dfrac{\overline{P}}{2\sqrt{3}}$	$\dfrac{P\overline{P}L}{6EA}$
CB	$\dfrac{L}{EA}$	$\dfrac{P}{\sqrt{3}}$	$\dfrac{\overline{P}}{2\sqrt{3}}$	$\dfrac{P\overline{P}L}{6EA}$
AD	$\dfrac{L}{EA}$	$-\dfrac{2P}{\sqrt{3}}$	$-\dfrac{\overline{P}}{\sqrt{3}}$	$\dfrac{2P\overline{P}L}{3EA}$
CD	$\dfrac{L}{EA}$	0	$\dfrac{\overline{P}}{\sqrt{3}}$	0
DE	$\dfrac{L}{EA}$	$-\dfrac{P}{\sqrt{3}}$	$-\dfrac{\overline{P}}{\sqrt{3}}$	$\dfrac{P\overline{P}L}{3EA}$
CE	$\dfrac{L}{EA}$	0	$\dfrac{\overline{P}}{\sqrt{3}}$	0
BE	$\dfrac{L}{EA}$	$-\dfrac{2P}{\sqrt{3}}$	$-\dfrac{\overline{P}}{\sqrt{3}}$	$\dfrac{2P\overline{P}L}{3EA}$
合計				$\dfrac{2P\overline{P}L}{EA}$

(4)

外力による仮想仕事は，$\overline{P}v_c$

内力による仮想仕事は，$\dfrac{2P\overline{P}L}{EA}$

仮想力の原理ではこれらが等しいので，$\overline{P}v_c=\dfrac{2P\overline{P}L}{EA}$

よって，$v_c=\dfrac{2PL}{EA}$ となる．

基本問題 3

図 13−7 に示すような単純ばりにおいて，等分布荷重が作用している．このときはりの中央点のたわみを求めたい．次の問いに答えなさい．

(1) 与えられた構造物（実系）での曲げモーメントの式を求めなさい．

(2) はりの中央点に仮想力 $\overline{P}=1$ を下向きに作用させたときの曲げモーメントの式を求めなさい．

(3) 単位荷重法を用いて，はり中央点のたわみを求めなさい．

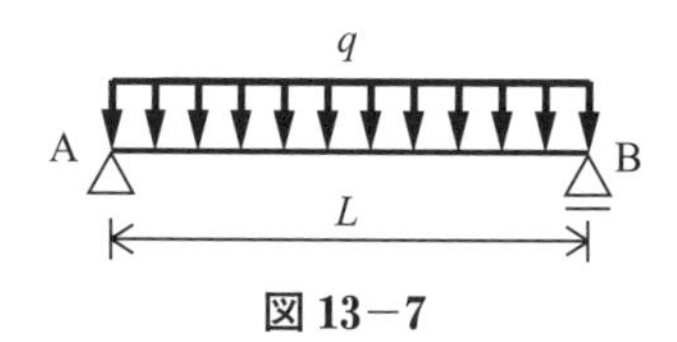

図 13−7

解き方

(1) 実系での曲げモーメントの式は次のとおりである．

$$M(x)=-\frac{1}{2}qx^2+\frac{1}{2}qLx \quad (0\leqq x\leqq L)$$

(2) 仮想系での曲げモーメントの式は次のとおりである．

$$\overline{M}=\begin{cases}\dfrac{1}{2}x & \left(0\leqq x\leqq \dfrac{1}{2}L\right)\\[2mm] -\dfrac{1}{2}x+\dfrac{1}{2}L & \left(\dfrac{1}{2}L\leqq x\leqq L\right)\end{cases}$$

(3) 仮想系での仮想力を 1 としているので，はり中央点のたわみは，仮想力による仮想仕事の大きさに等しい．

$$\int_0^L \overline{M}(x)\cdot\frac{M(x)}{EI}\mathrm{d}x$$

$$=\frac{1}{EI}\int_0^{L/2}\frac{1}{2}x\left(-\frac{1}{2}qx^2+\frac{1}{2}qLx\right)\mathrm{d}x+\frac{1}{EI}\int_{L/2}^{L}\left(-\frac{1}{2}x+\frac{1}{2}L\right)\left(-\frac{1}{2}qx^2+\frac{1}{2}qLx\right)\mathrm{d}x$$

$$=\frac{1}{EI}\int_0^{L/2}\frac{-q}{4}(x^3-Lx^2)\,\mathrm{d}x+\frac{1}{EI}\int_{L/2}^{L}\frac{q}{4}(x^3-2Lx^2+L^2x)\,\mathrm{d}x$$

$$=\frac{-q}{4EI}\left[\frac{1}{4}x^4-\frac{1}{3}Lx^3\right]_0^{L/2}+\frac{q}{4EI}\left[\frac{1}{4}x^4-\frac{2}{3}Lx^3+\frac{1}{2}L^2x^2\right]_{L/2}^{L}$$

$$=\frac{-q}{4EI}\left(\frac{1}{64}L^4-\frac{1}{24}L^4\right)+\frac{q}{4EI}\left(\frac{1}{4}\times\frac{15}{16}L^4-\frac{2}{3}\times\frac{7}{8}L^4+\frac{1}{2}\times\frac{3}{4}L^4\right)$$

$$=\frac{qL^4}{4EI}\cdot\frac{-3+8+45-112+72}{192}$$

$$=\frac{qL^4}{4EI}\cdot\frac{10}{192}$$

$$=\frac{5qL^4}{384EI}$$

基本問題 4

図 13−8 に示す 5 部材トラスにおいて，点 D の水平方向の変位を求めなさい．部材の断面積はいずれも A，ヤング率は E とする．

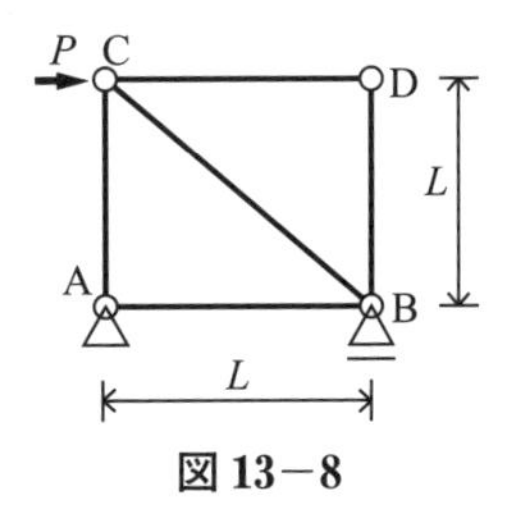

図 13−8

解き方

点 D の水平方向に仮想力 1 を作用させ，単位荷重法で点 D の水平方向変位を求める．次表のとおり計算でき，点 D の水平方向の変位は，

$$v_{\mathrm{D}}=\frac{(2+2\sqrt{2})PL}{EA}$$

部材名	$\dfrac{L}{EA}$	実系断面力 N	仮想系断面力 $\overline{N}$	$\dfrac{N\overline{N}L}{EA}$
CD	$\dfrac{L}{EA}$	0	1	0
CA	$\dfrac{L}{EA}$	P	1	$\dfrac{PL}{EA}$
CB	$\dfrac{\sqrt{2}L}{EA}$	$-\sqrt{2}P$	$-\sqrt{2}$	$\dfrac{2\sqrt{2}PL}{EA}$
DB	$\dfrac{L}{EA}$	0	0	0
AB	$\dfrac{L}{EA}$	P	1	$\dfrac{PL}{EA}$
合計				$\dfrac{(2+2\sqrt{2})PL}{EA}$

第14章　エネルギー原理の応用（その1）
～カスティリアーノの定理～

第12章，第13章は，仮想仕事に着目し，支点反力やたわみを求めてきました．この場合，実系と仮想系を考える必要がありました．本章では，構造物の支点反力やたわみを求めるのに，構造物に蓄えられたひずみエネルギーに着目し，仮想系を考えずに解く方法を学習します．

●基本的な考え方

1　カスティリアーノの定理（カスティリアーノの第 2 定理）

構造物に蓄えられるエネルギーのことをひずみエネルギーという．ひずみエネルギーは，断面力（内力）が行った仕事に等しいので，（内力）×（変形量）で求めることができる．力の大きさと変形量には関係があり，単位体積あたりで考えると内力は応力，変形量はひずみに置き換わるため，ひずみエネルギー U は次のように定義できる．

$$U=\int\frac{1}{2}\sigma\varepsilon\,\mathrm{d}V \tag{14-1}$$

$$U=\int\frac{M^2}{2EI}\,\mathrm{d}x \tag{14-2}$$

$$U=\int\frac{N^2}{2EA}\,\mathrm{d}x \tag{14-3}$$

さて構造力学では重ね合わせの原理が成立する（第 3 章参照）．

$$M(x)=P_{\mathrm{A}}M'_{\mathrm{A}}(x)+P_{\mathrm{B}}M'_{\mathrm{B}}(x) \tag{14-4}$$

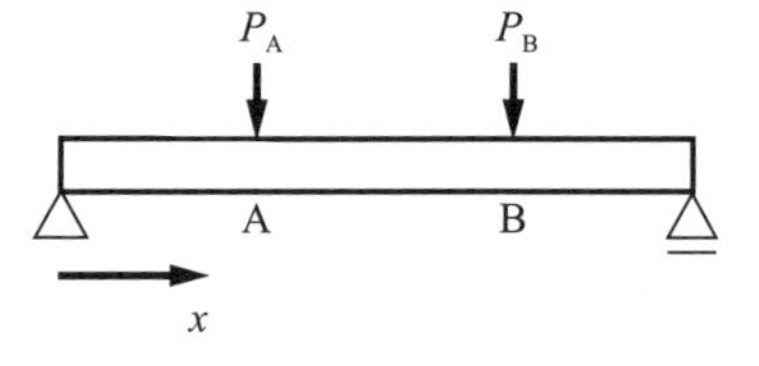

図 14−1

P_{A}：点 A の荷重の大きさ

$M'_{\mathrm{A}}(x)$：点 A に大きさ 1 の荷重が作用したときの曲げモーメント分布

P_{B}：点 B の荷重の大きさ

$M'_{\mathrm{B}}(x)$：点 B に大きさ 1 の荷重が作用したときの曲げモーメント分布

ここで，$\dfrac{\partial M}{\partial P_{\mathrm{A}}}$ を計算すると，$\dfrac{\partial M}{\partial P_{\mathrm{A}}}=M'_{\mathrm{A}}$ となる．

$$\frac{\partial U}{\partial P_{\mathrm{A}}}=\frac{\partial}{\partial P_{\mathrm{A}}}\int\frac{M^2}{2EI}\,\mathrm{d}x=\frac{1}{2EI}\int\left(\frac{\partial M}{\partial P_{\mathrm{A}}}M+M\frac{\partial M}{\partial P_{\mathrm{A}}}\right)\mathrm{d}x$$

$$=\frac{1}{EI}\int M\frac{\partial M}{\partial P_{\mathrm{A}}}\,\mathrm{d}x=\frac{1}{EI}\int MM'_{\mathrm{A}}\,\mathrm{d}x \tag{14-5}$$

ここで，第 13 章で習った仮想力の原理を思い出すと，点 A に仮想力 $\overline{P_{\mathrm{A}}}$ を与えたときの仮想仕事は下記の通り計算される．

$$\overline{P_{\mathrm{A}}}v_{\mathrm{A}}=\int\frac{M\overline{M}}{EI}\,\mathrm{d}x=\int\frac{M\overline{P_{\mathrm{A}}}M'_{\mathrm{A}}}{EI}\,\mathrm{d}x \tag{14-6}$$

ここで，仮想力 $\overline{P_{\mathrm{A}}}$ を $\overline{P_{\mathrm{A}}}=1$ とすると

$$v_A = \int \frac{MM'_A}{EI} \, dx = \frac{\partial U}{\partial P_A} \tag{14-7}$$

ひずみエネルギーを作用外力の関数で表したとき，任意の作用荷重 P_i の作用点 i の P_i 方向（荷重 P_i が作用している方向）の変位 v_i は式(14−7)に示すように表すことができる．これをカスティリアーノの第 2 定理と呼ぶ．なお，カスティリアーノの第 2 定理のことを一般にカスティリアーノの定理と呼ぶこともある．

点 i のたわみ角 θ_i は点 i にモーメント M_i が作用しているとすると式(14−8)に示すように表すことができる．

$$\theta_i = \frac{\partial U}{\partial M_i} \tag{14-8}$$

間違いやすい Point

カスティリアーノの第 2 定理を用いてたわみを求める際には，構造物に作用する外力には，それぞれ別の記号を割り当てる必要があります．例えば，単純ばりに集中荷重が 2 ヶ所で作用しているとき，それぞれの集中荷重を両方とも P と記すと，ひずみエネルギー（U）を P で微分してもどちらの点のたわみを算出したのかが分かりません．そこで，荷重には一つずつ P_A，P_B と別の記号を割り当ててからひずみエネルギーを求めましょう．

（補足）

カスティリアーノの第 2 定理があるなら当然，第 1 定理があります．第 1 定理はひずみエネルギーを変位で微分すると荷重が求まります．一般的に構造力学では，構造物に荷重を与えて，変位を求めることが多く，構造物に変位を与えてから荷重を求めることはほとんどないので，カスティリアーノの定理といえば第 1 定理ではなく第 2 定理を指します．仮想仕事の原理といえば，仮想力の原理を指すことが多いのと同じです．

基本問題

基本問題1

図14−2に示すように，はりの長さ L，曲げ剛性 EI の単純ばりの中央に集中荷重 P を作用させたとき，はりの中央のたわみをカスティリアーノの第2定理を用いて求めなさい．

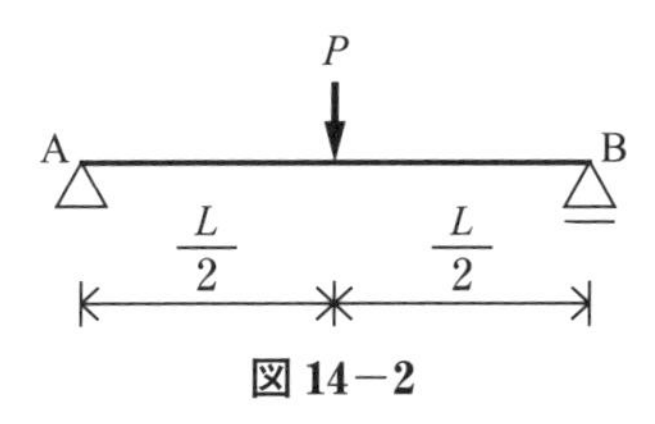

図14−2

解き方

第11章の表11−2に示すように，答えは，$v=\dfrac{PL^3}{48EI}$ となるが，カスティリアーノの第2定理を用いると次のように求めることができる．

まず，最初の構造物の状態（単純ばりの中央に集中荷重 P が作用している状態）での曲げモーメントの式は次のとおりである．

$$M(x)=\begin{cases}\dfrac{P}{2}x & \left(0\leqq x\leqq\dfrac{L}{2}\right)\\ -\dfrac{P}{2}x+\dfrac{1}{2}PL & \left(\dfrac{L}{2}\leqq x\leqq L\right)\end{cases}$$

はりに蓄えられるひずみエネルギー U は

$$U=\int_0^L\frac{\{M(x)\}^2}{2EI}\,\mathrm{d}x$$

$$=\int_0^{L/2}\frac{(Px/2)^2}{2EI}\,\mathrm{d}x+\int_{L/2}^{L}\frac{(-Px/2+PL/2)^2}{2EI}\,\mathrm{d}x$$

$$=\frac{P^2}{8EI}\int_0^{L/2}x^2\,\mathrm{d}x+\frac{P^2}{8EI}\int_{L/2}^{L}(x^2-2Lx+L^2)\,\mathrm{d}x$$

$$=\frac{P^2}{8EI}\frac{1}{3}\frac{L^3}{8}+\frac{P^2}{8EI}\left\{\frac{1}{3}\left(L^3-\frac{L^3}{8}\right)-2L\frac{1}{2}\left(L^2-\frac{L^2}{4}\right)+L^2\left(L-\frac{L}{2}\right)\right\}$$

$$=\frac{P^2L^3}{192EI}+\frac{P^2L^3}{8EI}\left(\frac{7}{24}-\frac{3}{4}+\frac{1}{2}\right)=\frac{P^2L^3}{192EI}+\frac{P^2L^3}{192EI}=\frac{P^2L^3}{96EI}$$

はり中央のたわみを v とすれば，カスティリアーノの第 2 定理より，

$$v=\frac{\partial U}{\partial P}=\frac{\partial}{\partial P}\left(\frac{P^2L^3}{96EI}\right)=\frac{PL^3}{48EI}$$

別解

$U=\int\frac{M^2}{2EI}\,\mathrm{d}x$ であり，最終的には，$\frac{\partial U}{\partial P}$ を計算するので，あらかじめ $\frac{\partial U}{\partial P}$ を計算すると，

$$\frac{\partial U}{\partial P}=\frac{1}{EI}\int M\frac{\partial M}{\partial P}\,\mathrm{d}x$$

つまり，

$$M(x)=\begin{cases}\dfrac{P}{2}x & \left(0\leqq x\leqq\dfrac{L}{2}\right)\\ -\dfrac{P}{2}x+\dfrac{1}{2}PL & \left(\dfrac{L}{2}\leqq x\leqq L\right)\end{cases}$$

$$\frac{\partial}{\partial P}\{M(x)\}=\begin{cases}\dfrac{1}{2}x & \left(0\leqq x\leqq\dfrac{L}{2}\right)\\ -\dfrac{1}{2}x+\dfrac{1}{2}L & \left(\dfrac{L}{2}\leqq x\leqq L\right)\end{cases}$$

$$\begin{aligned}v&=\frac{\partial U}{\partial P}=\frac{1}{EI}\int_0^L M(x)\frac{\partial M(x)}{\partial P}\,\mathrm{d}x\\&=\frac{1}{EI}\int_0^{L/2}\frac{Px}{2}\cdot\frac{1}{2}x\,\mathrm{d}x+\frac{1}{EI}\int_{L/2}^{L}\left(-\frac{P}{2}x+\frac{PL}{2}\right)\left(-\frac{1}{2}x+\frac{L}{2}\right)\mathrm{d}x\\&=\frac{P}{4EI}\int_0^{L/2}x^2\,\mathrm{d}x+\frac{P}{4EI}\int_{L/2}^{L}(x^2-2Lx+L^2)\,\mathrm{d}x\\&=\frac{P}{4EI}\frac{1}{3}\frac{L^3}{8}+\frac{P}{4EI}\left\{\frac{1}{3}\left(L^3-\frac{L^3}{8}\right)-2L\frac{1}{2}\left(L^2-\frac{L^2}{4}\right)+L^2\left(L-\frac{L}{2}\right)\right\}\\&=\frac{PL^3}{96EI}+\frac{PL^3}{4EI}\left(\frac{7}{24}-\frac{3}{4}+\frac{1}{2}\right)=\frac{PL^3}{96EI}+\frac{PL^3}{96EI}=\frac{PL^3}{48EI}\end{aligned}$$

基本問題 2

図 14−3 に示すように，片持ちばり AB（長さ L，曲げ剛性 EI）の自由端 A にモーメント M_A が作用するとき，点 A のたわみとたわみ角を求めなさい．

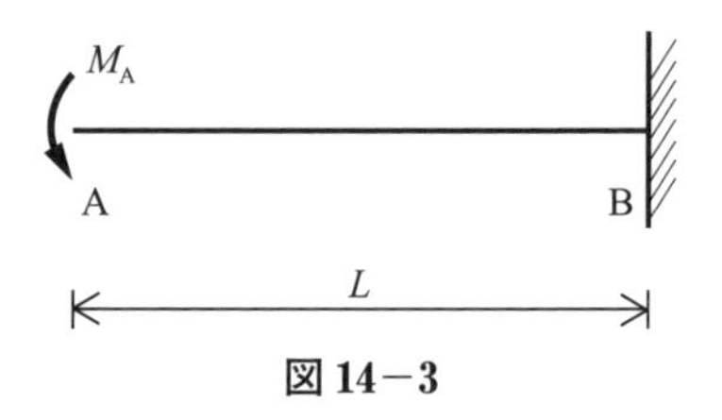

図 14−3

解き方

たわみを求めるには荷重が必要なので，仮想的に点Aに鉛直下向きに集中荷重 X_A を作用させ，カスティリアーノの第2定理を適用し，最後に $X_A=0$ としてたわみを求める．

与えられた構造物に作用する曲げモーメントは，自由端からの距離を x とすると，

$M(x)=-M_A-X_Ax$

（注：仮想的に載荷した集中荷重を忘れないように）

点Aのたわみを求めるための式は $v_A=\dfrac{1}{EI}\int M\dfrac{\partial M}{\partial X_A}\,\mathrm{d}x$ であり，$\dfrac{\partial M}{\partial X_A}=-x$ なので

$$v_A=\frac{1}{EI}\int M\frac{\partial M}{\partial X_A}\,\mathrm{d}x=\frac{1}{EI}\int_0^L(-M_A-X_Ax)(-x)\,\mathrm{d}x$$

$$=\frac{1}{EI}\left\{M_A\frac{1}{2}L^2+X_A\frac{1}{3}L^3\right\}$$

ここで，$X_A=0$ を代入し，

$$v_A=\frac{1}{EI}\left\{M_A\frac{1}{2}L^2+X_A\frac{1}{3}L^3\right\}=\frac{M_AL^2}{2EI}$$

次に自由端でのたわみ角を求めるには，$\theta_A=\dfrac{1}{EI}\int M\dfrac{\partial M}{\partial M_A}\,\mathrm{d}x$ であり，$\dfrac{\partial M}{\partial M_A}=-1$ なので

$$\theta_A=\frac{1}{EI}\int M\frac{\partial M}{\partial M_A}\,\mathrm{d}x=\frac{1}{EI}\int_0^L(-M_A-X_Ax)(-1)\,\mathrm{d}x$$

$$=\frac{1}{EI}\left\{M_AL+X_A\frac{1}{2}L^2\right\}$$

ここで，$X_A=0$ を代入し，$\theta_A=\dfrac{M_AL}{EI}$

基本問題 3

基本問題 1 と同じく，長さ L，曲げ剛性 EI の単純ばりの中央に集中荷重 P を作用させたとき，左側の支点（点 A）でのたわみ角を求めなさい．

解き方

表 11−2 より，点 A でのたわみ角は $\theta_A = \dfrac{PL^2}{16EI}$ となる．たわみ角を求めるには集中モーメントが必要なので，点 A に集中モーメント M_A（時計回り）を仮想的に作用させ，カスティリアーノの定理を適用し，最後に $M_A=0$ を代入してたわみ角を求める．

点 A，点 B の支点反力は，支点 A に作用させたモーメント M_A を考慮して，

$$V_A = \frac{P}{2} - \frac{M_A}{L} \qquad V_B = \frac{P}{2} + \frac{M_A}{L}$$

曲げモーメントの式は，

$$M(x) = \begin{cases} \left(\dfrac{P}{2} - \dfrac{M_A}{L}\right)x + M_A & \left(0 \leqq x \leqq \dfrac{L}{2}\right) \\ \left(-\dfrac{P}{2} - \dfrac{M_A}{L}\right)x + M_A + \dfrac{PL}{2} & \left(\dfrac{L}{2} \leqq x \leqq L\right) \end{cases}$$

$$\frac{\partial}{\partial M_A}\{M(x)\} = \begin{cases} -\dfrac{x}{L} + 1 & \left(0 \leqq x \leqq \dfrac{L}{2}\right) \\ -\dfrac{x}{L} + 1 & \left(\dfrac{L}{2} \leqq x \leqq L\right) \end{cases}$$

$$\theta_A = \frac{\partial U}{\partial M_A} = \frac{1}{EI}\int_0^L M(x)\frac{\partial M(x)}{\partial M_A}\,\mathrm{d}x$$

$$= \frac{1}{EI}\int_0^{L/2}\left\{\left(\frac{P}{2} - \frac{M_A}{L}\right)x + M_A\right\}\cdot\left(-\frac{1}{L}x + 1\right)\mathrm{d}x$$

$$+ \frac{1}{EI}\int_{L/2}^{L}\left\{\left(-\frac{P}{2} - \frac{M_A}{L}\right)x + M_A + \frac{PL}{2}\right\}\cdot\left(-\frac{1}{L}x + 1\right)\mathrm{d}x$$

$$= \frac{1}{EI}\int_0^{L/2}\left\{\left(-\frac{P}{2L} - \frac{M_A}{L^2}\right)x^2 + \left(\frac{P}{2} - \frac{2M_A}{L}\right)x + M_A\right\}\mathrm{d}x$$

$$+ \frac{1}{EI}\int_{L/2}^{L}\left\{\left(\frac{P}{2L} + \frac{M_A}{L^2}\right)x^2 + \left(-P - \frac{2M_A}{L}\right)x + M_A + \frac{PL}{2}\right\}\mathrm{d}x$$

$$= \frac{1}{EI}\left\{\left(-\frac{P}{2L} - \frac{M_A}{L^2}\right)\frac{L^3}{24} + \left(\frac{P}{2} - \frac{2M_A}{L}\right)\frac{L^2}{8} + M_A\frac{L}{2}\right\}$$

$$+ \frac{1}{EI}\left\{\left(\frac{P}{2L} + \frac{M_A}{L^2}\right)\frac{7L^3}{24} + \left(-P - \frac{2M_A}{L}\right)\frac{3L^2}{8} + M_A\frac{L}{2} + \frac{PL^2}{4}\right\}$$

ここで，$M_A=0$ を代入すると

$$\theta_A=\frac{1}{EI}\left\{-\frac{PL^2}{48}+\frac{PL^2}{16}\right\}+\frac{1}{EI}\left\{\frac{7PL^2}{48}-\frac{3PL^2}{8}+\frac{PL^2}{4}\right\}$$

$$=\frac{PL^2}{EI}\left(\frac{-1+3+7-18+12}{48}\right)=\frac{PL^2}{EI}\frac{3}{48}=\frac{PL^2}{16EI}$$

基本問題 4

図 14−4 に示すトラスの，載荷点 C の鉛直方向たわみ v_C を求めなさい．部材 AC，BC ともに断面積は A，ヤング率は E とする．

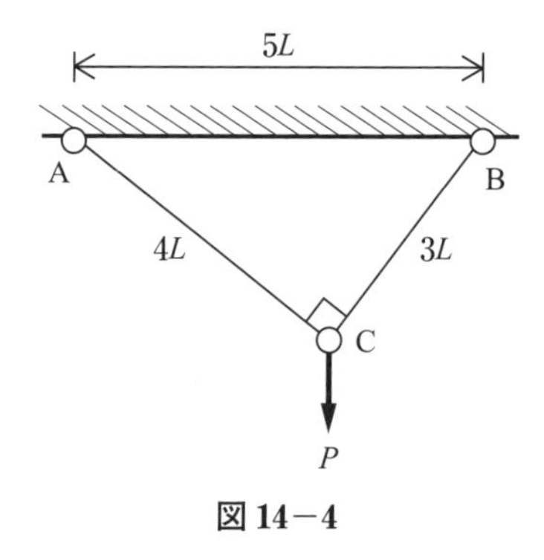

図 14−4

部材 AC の断面力は $N_{AC}=\dfrac{3}{5}P$

部材 BC の断面力は $N_{BC}=\dfrac{4}{5}P$

$$U=\sum\frac{N^2L}{2EA}\qquad \frac{\partial U}{\partial P}=\sum\left(\frac{NL}{EA}\cdot\frac{\partial N}{\partial P}\right)$$

$$v_C=\frac{\partial U}{\partial P}=\frac{N_{AC}4L}{EA}\cdot\frac{\partial N_{AC}}{\partial P}+\frac{N_{BC}3L}{EA}\cdot\frac{\partial N_{BC}}{\partial P}$$

$$=\frac{3}{5}P\frac{4L}{EA}\frac{3}{5}+\frac{4}{5}P\frac{3L}{EA}\frac{4}{5}$$

$$=\frac{36PL}{25EA}+\frac{48PL}{25EA}$$

$$=\frac{84PL}{25EA}$$

第 15 章　エネルギー原理の応用（その 2）

～最小仕事の原理と変位の適合条件～

エネルギー原理の締めくくりとして，少し複雑な構造物を解く方法を学習していきましょう．これまでは力のつり合い式だけで支点反力の求まる静定構造物の演習を行ってきました．本章では，力のつり合い式だけでは支点反力や断面力が求められない構造物の支点反力や断面力などを考えていきましょう．

●基本的な考え方

1　最小仕事の原理

最小仕事の原理とは,「構造物を支える支点反力（V）は, 構造物に蓄えられるひずみエネルギー（U）が最小になるように働く」という原理である. これは言い換えると「構造物のひずみエネルギー（U）を支点反力 V で微分するとゼロになる」という原理であり, 式 (15−1) のように表すことができる. トラス構造物の場合, 支点反力だけでなくトラスの断面力も, 構造物に蓄えられるひずみエネルギーが最小になるように働くので,「構造物のひずみエネルギー（U）をトラスの断面力（X）で微分するとゼロになる」といえ, 式 (15−2) に示すように表すことができる.

$$\frac{\partial U}{\partial V}=\frac{1}{EI}\int M\frac{\partial M}{\partial R}\,\mathrm{d}x+\frac{1}{EA}\int N\frac{\partial N}{\partial R}\,\mathrm{d}x=0 \qquad (15-1)$$

$$\frac{\partial U}{\partial X}=\frac{1}{EA}\int N\frac{\partial N}{\partial X}\,\mathrm{d}x=0 \qquad (15-2)$$

基 本 問 題

基本問題 1

図 15−1 に示すように，長さ L，曲げ剛性 EI の片持ちばりがあり，自由端から a だけ離れた位置に集中荷重 P が作用している．この構造物に対して図 15−2 に示すように自由端に支点を設置した場合，その支点の支点反力の大きさを最小仕事の原理を用いて求めなさい．

P

A B

a L−a

図 15−1

P

A B

a L−a

図 15−2

解き方

図 15−2 において，支点反力の大きさを V_{A} とする．点 A からの距離を x とすると，はりの曲げモーメントの式は，

$$M(x)=\begin{cases} V_{\mathrm{A}}x & (0\leqq x\leqq L-a) \\ (V_{\mathrm{A}}-P)x+P(L-a) & (L-a\leqq x\leqq L) \end{cases}$$

$$\frac{\partial}{\partial V_{\mathrm{A}}}\{M(x)\}=\begin{cases} x & (0\leqq x\leqq L-a) \\ x & (L-a\leqq x\leqq L) \end{cases}$$

$$\frac{\partial U}{\partial V_{\mathrm{A}}}=\frac{1}{EI}\int_0^L M(x)\frac{\partial}{\partial V_{\mathrm{A}}}\{M(x)\}\,\mathrm{d}x$$

$$=\frac{1}{EI}\int_0^{L-a} V_{\mathrm{A}}x\cdot x\,\mathrm{d}x+\frac{1}{EI}\int_{L-a}^{L}\{(V_{\mathrm{A}}-P)x+P(L-a)\}\cdot x\,\mathrm{d}x$$

$$=\frac{V_{\mathrm{A}}}{EI}\frac{1}{3}(L-a)^3+\frac{1}{EI}(V_{\mathrm{A}}-P)\frac{1}{3}\{L^3-(L-a)^3\}$$

$$+\frac{1}{EI}P(L-a)\frac{1}{2}\{L^2-(L-a)^2\}$$

$$=\frac{1}{EI}V_{\mathrm{A}}\left(\frac{1}{3}(L-a)^3+\frac{1}{3}L^3-\frac{1}{3}(L-a)^3\right)$$

$$+\frac{1}{EI}P\left(-\frac{1}{3}L^3+\frac{1}{3}(L-a)^3+\frac{1}{2}L^2(L-a)-\frac{1}{2}(L-a)^3\right)$$

$$=\frac{1}{EI}\left\{V_{\mathrm{A}}\frac{1}{3}L^3+P\left(\frac{1}{6}L^3-\frac{1}{2}L^2a-\frac{1}{6}(L-a)^3\right)\right\}$$

$$=\frac{1}{EI}\left\{V_{\mathrm{A}}\frac{1}{3}L^3+P\left(\frac{1}{6}L^3-\frac{1}{2}L^2a-\frac{1}{6}L^3+\frac{1}{2}L^2a-\frac{1}{2}La^2+\frac{1}{6}a^3\right)\right\}$$

$$=\frac{1}{EI}\left\{V_A\frac{1}{3}L^3+P\left(-\frac{1}{2}La^2+\frac{1}{6}a^3\right)\right\}$$

最小仕事の原理より，$\dfrac{\partial U}{\partial V_A}=0$

$$V_A=\frac{-3}{L^3}\cdot P\left(-\frac{1}{2}La^2+\frac{1}{6}a^3\right)$$

$$=P\left(\frac{3a^2}{2L^2}-\frac{a^3}{2L^3}\right)$$

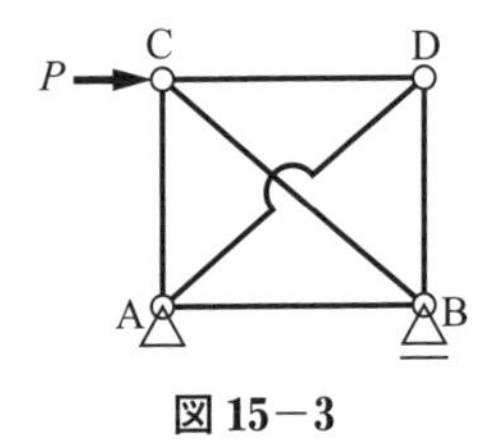

図 15−3

基本問題 2

第 13 章の基本問題 4 で解いた 5 部材トラスにさらに 1 部材加わった 6 部材トラスを考える（図 15−3）．最小仕事の原理を用いて，このトラスの断面力を求めなさい．

解き方

追加した部材 DA に発生する断面力を $N_{DA}=X$ とし，断面力 X が作用しているトラスで考えると次表のとおりになる．

部材名	N	$\dfrac{\partial N}{\partial X}$	$\dfrac{L}{EA}$	$\dfrac{L}{EA}N\dfrac{\partial N}{\partial X}$
CD	$-\dfrac{X}{\sqrt{2}}$	$-\dfrac{1}{\sqrt{2}}$	$\dfrac{L}{EA}$	$\dfrac{L}{EA}\left(\dfrac{1}{2}X\right)$
CA	$P-\dfrac{X}{\sqrt{2}}$	$-\dfrac{1}{\sqrt{2}}$	$\dfrac{L}{EA}$	$\dfrac{L}{EA}\left(\dfrac{1}{2}X-\dfrac{1}{\sqrt{2}}P\right)$
CB	$X-\dfrac{P}{\sqrt{2}}$	1	$\dfrac{\sqrt{2}L}{EA}$	$\dfrac{L}{EA}(\sqrt{2}X-P)$
DA	X	1	$\dfrac{\sqrt{2}L}{EA}$	$\dfrac{L}{EA}(\sqrt{2}X)$
DB	$\dfrac{X}{\sqrt{2}}$	$\dfrac{1}{\sqrt{2}}$	$\dfrac{L}{EA}$	$\dfrac{L}{EA}\left(\dfrac{1}{2}X\right)$
AB	$P-\dfrac{X}{\sqrt{2}}$	$-\dfrac{1}{\sqrt{2}}$	$\dfrac{L}{EA}$	$\dfrac{L}{EA}\left(\dfrac{1}{2}X-\dfrac{1}{\sqrt{2}}P\right)$
合計				$\dfrac{L}{EA}\{(2+2\sqrt{2})X-(1+\sqrt{2})P\}$

最小仕事の原理より，$\sum \frac{L}{EA}N\frac{\partial N}{\partial X}=\frac{L}{EA}\{(2+2\sqrt{2})X-(1+\sqrt{2})P\}=0$

$X=\frac{1}{2}P$

よって，挿入した部材 DA の断面力は $\frac{1}{2}P$ であり，その他の部材の断面力は次のとおりである．

部材 CD　$-\frac{\sqrt{2}}{4}$，部材 CA　$\frac{4-\sqrt{2}}{4}P$，部材 CB　$\frac{1-\sqrt{2}}{2}P$

部材 DB　$\frac{\sqrt{2}}{4}$，部材 AB　$\frac{4-\sqrt{2}}{4}P$

基本問題 3

基本問題 1 で解いた片持ちばりの自由端に支点を設置した構造物（図 15−2）の支点反力を変位の適合条件を用いて求めなさい．

解き方

図 15−4 に示すように，図 15−2 を静定基本系（自由端に支点を設置する前の状態）と第 1 系（外力を除いた基本系の構造物に支点反力を作用させた状態）とに分ける．基本系と第 1 系を重ね合わせれば，与系（問題で与えられた構造物）になることを確認する．

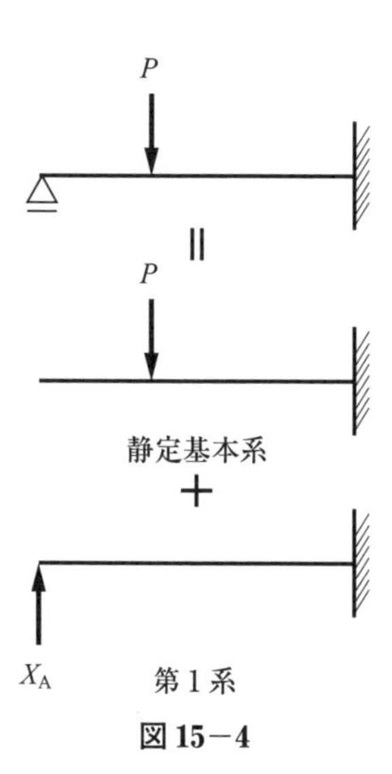

図 15−4

静定基本系での自由端の変位を求める．第 11 章の基本問題 4 より，静定基本系の自由端の変位は下向きに

$$v_0=\frac{a^2P}{6EI}(3L-a)$$

さて，第 1 系は，片持ちばりの自由端に対して，下から上向きに集中荷重 X_A が作用しており，そのときの自由端のたわみは上向きに

$$v_1=\frac{X_AL^3}{3EI}$$

（上で解いた v_0 の式に $a=L$ を代入し，P を X_A にすればよい）

基本系と第 1 系を足し合わせると与系になり，与系における点 A の変位はゼロで

ある．この条件のことを変位の適合条件という．変位の向きに注意して考え，変位適合条件をあてはめれば，

$v_0=v_1$

$$\frac{a^2P}{6EI}(3L-a)=\frac{X_AL^3}{3EI}$$

よって，$X_A=\frac{3EI}{L^3}\cdot\frac{a^2P}{6EI}(3L-a)=P\left(\frac{3a^2}{2L^2}-\frac{a^3}{2L^3}\right)$ となり，最小仕事の原理を用いて解いた基本問題 1 と同じ答えになる．

基本問題 4

図 15−5 に示すように，長さ $2L$，曲げ剛性 EI の連続ばりがある．このはりに等分布荷重 q が作用しているとき，点 C の支点の反力を最小仕事の原理を用いる方法と，変位の適合条件を用いる方法のそれぞれで求めなさい．

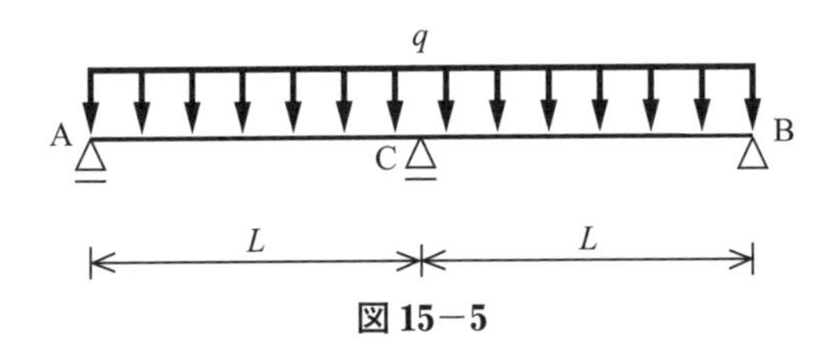

図 15−5

解き方

最小仕事の原理，変位の適合条件，どちらの方法でも力のつり合い式は必要なので，まずは，力のつり合い式を考える．3 つの支点反力を X_A，X_B，X_C とおくと

鉛直方向の力のつり合いから，$X_A+X_B+X_C-2qL=0$

回転方向の力のつり合い（モーメントのつり合い）を点 A で考えると，反時計回りを正として，

$LX_C+2LX_B-2qL^2=0$

これ以上，つり合い方程式は作れないので，このままでは X_C を求めることができない．そこで最小仕事の原理を用いる方法と変位の適合条件を用いる方法の出番である．

(a)　最小仕事の原理を適用した場合

この構造物は静止しているので，X_C を残した状態で，他の 2 つの支点反力の大き

さを考えると，

$$X_A = -\frac{1}{2}X_C + qL$$

$$X_B = -\frac{1}{2}X_C + qL$$

曲げモーメントの式は，点 A から右方向に x として，区間 AC だけを考えると，

$$M(x) = -\frac{1}{2}qx^2 + X_A x = -\frac{1}{2}qx^2 - \frac{1}{2}X_C x + qLx \quad (0 \leqq x \leqq L)$$

$$\frac{\partial}{\partial X_C}M(x) = -\frac{1}{2}x$$

与えられた構造物と荷重の載荷状態を考えると，点 C において左右対称であるので，連続ばりに蓄えられるひずみエネルギーは，区間 AC だけで蓄えられるひずみエネルギーの 2 倍になる．

$$U = \int_0^{2L} \frac{M^2}{2EI}\,\mathrm{d}x = 2\int_0^{L} \frac{M^2}{2EI}\,\mathrm{d}x = \int_0^{L} \frac{M^2}{EI}\,\mathrm{d}x$$

$$\begin{aligned}
\frac{\partial U}{\partial X_C} &= \frac{\partial}{\partial X_C}\left(\int_0^{L} \frac{M^2}{EI}\,\mathrm{d}x\right) \\
&= \frac{2}{EI}\int_0^{L} M \frac{\partial M}{\partial X_C}\,\mathrm{d}x \\
&= \frac{2}{EI}\int_0^{L}\left(-\frac{1}{2}qx^2 - \frac{1}{2}X_C x + qLx\right)\left(-\frac{1}{2}x\right)\mathrm{d}x \\
&= \frac{2}{EI}\int_0^{L}\left(\frac{1}{4}qx^3 + \frac{1}{4}X_C x^2 - \frac{1}{2}qLx^2\right)\mathrm{d}x \\
&= \frac{2}{EI}\left\{\frac{1}{4}q\frac{1}{4}L^4 + \frac{1}{4}X_C\frac{1}{3}L^3 - \frac{1}{2}qL\frac{1}{3}L^3\right\} \\
&= \frac{2}{EI}L^3\left(-\frac{5}{48}qL + \frac{1}{12}X_C\right)
\end{aligned}$$

最小仕事の原理より，$\dfrac{\partial U}{\partial X_C} = 0$ だから，

$$-\frac{5}{48}qL + \frac{1}{12}X_C = 0 \qquad \text{よって，} X_C = \frac{5}{4}qL$$

(b) 変位の適合条件を適用した場合

与系（図 15−5 ）は図 15−6 に示すように，長さ $2L$ の単純ばりに等分布荷重 q が働いているはり（静定基本系）と長さ $2L$ の単純ばりのはり中央に上向きの集中荷重

X_C が作用しているはり（第 1 系）に分けることができる．

静的基本系である単純ばりのはり中央の下向きのたわみは，第 11 章の表 11−2 から

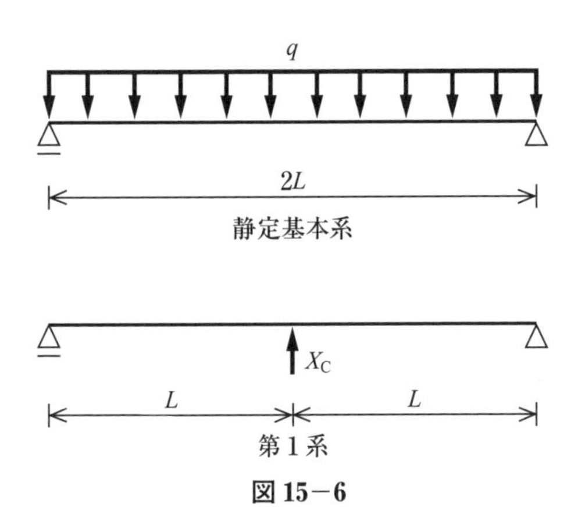

図 15−6

$$v_{C0}=\frac{5q(2L)^4}{384EI}=\frac{5qL^4}{24EI}$$

一方，第 1 系である長さ $2L$ の単純ばりの中央に上向きに集中荷重 X_C が作用したとき，この単純ばりの中央の上向きのたわみは，第 11 章の表 11−2 から，

$$v_{C1}=\frac{X_C(2L)^3}{48EI}=\frac{X_CL^3}{6EI}$$

与えられた構造物では，点 C は支点であり，たわみはゼロのはずだから，変位の適合条件より，

$$v_{C0}=v_{C1}$$

$$\frac{5qL^4}{24EI}=\frac{X_CL^3}{6EI}$$

よって，$X_C=\dfrac{5}{4}qL$

Point

表 11−2 に記載されている代表的な例を覚えておくと，不静定構造物についても簡単に解ける場合が多いことを覚えておこう．

第16章　柱

柱は鉛直方向下向きに作用する荷重を支え，圧縮力を受ける部材です．圧縮力が柱断面の図心位置に作用する場合には断面に一様な圧縮応力が作用しますが，圧縮力が図心位置からずれ，偏心して作用する場合には圧縮応力に加え曲げ応力も生じます．また，細長い柱では圧縮力が大きくなると座屈が生じます．

●基本的な考え方

断面積に比べ部材長が比較的長い柱（長柱）では，圧縮荷重 P が降伏荷重 P_y（$=\sigma_y \cdot A$, σ_y：降伏応力，A：断面積）より小さい場合にも，荷重の作用方向と直交する方向に変形し急激に耐力を失う座屈が生じる．一方，断面積に比べ，部材長が比較的短い柱（短柱）では，断面の降伏により柱の耐荷力が決定される．

1　短柱

図 16−1 に示すように，四角柱（断面 $b \times h$）の圧縮力 N が x 軸方向に断面の図心から e_x だけずれた位置に作用する場合を考える．このとき，断面に生じる応力 σ は，圧縮力 N により生じる応力 σ_c と圧縮力の偏心による y 軸まわりの曲げモーメント M（$=Ne_x$）により生じる応力 σ_b を重ね合わせて，次式のとおり計算できる．ただし，本章では，圧縮力を受ける柱をとり扱うことから，圧縮応力を正とする．

$$\sigma = \sigma_c \pm \sigma_b = \frac{N}{A} \pm \frac{M}{I_y} x \qquad (16-1)$$

x は y 軸からの距離であり，I_y は y 軸まわりの断面二次モーメントで $I_y = \dfrac{hb^3}{12}$ である．

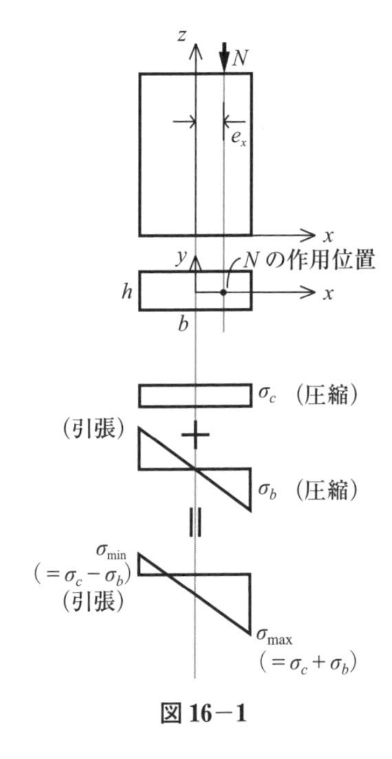

図 16−1

最大値 σ_{max} は荷重の作用位置に近い断面の縁 $\left(x = +\dfrac{b}{2}\right)$ に，

$$\sigma_{max} = \frac{N}{A} + \frac{M}{I_y}\left(\frac{b}{2}\right) = \frac{N}{bh} + \frac{6Ne_x}{hb^2} = \sigma_c\left(1 + 6\frac{e_x}{b}\right)$$

最小値 σ_{min} は σ_{max} と反対側の断面の縁 $\left(x = -\dfrac{b}{2}\right)$ に発生する．

$$\sigma_{min} = \sigma_c\left(1 - 6\frac{e_x}{b}\right)$$

σ_{min} が負，つまり $1-6\dfrac{e_x}{b}<0$ のとき，断面に圧縮力を作用させたとしても荷重の作用位置から遠い断面の縁には引張応力が生じることがある．

基 本 問 題

基本問題 1

図 16−2 に示す鉄筋コンクリート柱に軸方向圧縮力 $N=400$ kN が作用するとき，RC 柱の縮み量 Δl，鉄筋とコンクリートの発生応力（σ_s と σ_c）を求めなさい．

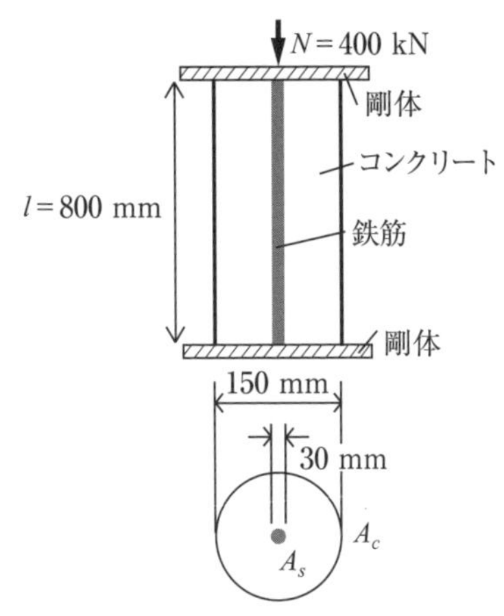

A_s : 706.5 mm^2
A_c : 16956 mm^2
E_s : 2×10^5 N/mm^2
E_c : 2×10^4 N/mm^2
（n : $E_s/E_c=10$）
σ_{sy} : 235 N/mm^2
σ_{cy} : 20 N/mm^2

図 16−2

解き方

鉄筋への作用力を N_s，コンクリートへの作用力を N_c とすると，$N=N_s+N_c$ であり，両者の縮み量 Δl は等しいことから，

$$\Delta l=\frac{N_s l}{E_s A_s}=\frac{N_c l}{E_c A_c},\quad \varepsilon=\frac{\sigma_s}{E_s}=\frac{\sigma_c}{E_c}$$ なので，

$$\sigma_s=\frac{E_s}{E_c}\sigma_c=n\sigma_c\quad\left(n=\frac{E_s}{E_c}\text{：ヤング係数比}\right)$$ を

用いると，

$$N=N_s+N_c=\sigma_s A_s+\sigma_c A_c=\sigma_c(nA_s+A_c)$$

すると，Δl，σ_s，σ_c は次のとおり求められる．

$$\sigma_c=\frac{N}{nA_s+A_c}=\frac{400000}{10\times706.5+16956}$$

$$=16.65\ \text{N/mm}^2$$

$$\sigma_s=n\sigma_c=166.5\ \text{N/mm}^2$$

$$\Delta l=\frac{N_s l}{E_s A_s}=\frac{\sigma_s l}{E_s}=\frac{166.5\times800}{2\times10^5}=0.667\ \text{mm}$$

基本問題 2

図 16−3 に示す四角形断面柱に $N=500$ kN が作用するとき，断面の角部（1～4）に発生する応力を求めなさい．なお，荷重の重心位置の断面図心からの偏心量は $e_x=75$ mm，$e_y=100$ mm とする．

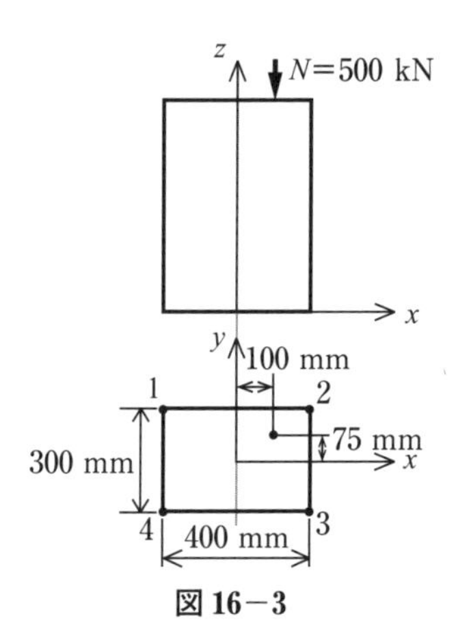

図 16−3

解き方

まず，断面諸量を算出する．

$$A=400\times300=1.2\times10^5\ \mathrm{mm}^2,\ \ I_x=\frac{400(300)^3}{12}=9\times10^8\ \mathrm{mm}^4,$$

$$I_y=\frac{300(400)^3}{12}=1.6\times10^9\ \mathrm{mm}^4$$

$$M_x=P\cdot e_x=500000\times75=3.75\times10^7\ \mathrm{N\cdot mm}$$

$$M_y=P\cdot e_y=500000\times100=5\times10^7\ \mathrm{N\cdot mm}$$

このとき，

$$\sigma_c=\frac{N}{A}=\frac{500000}{1.2\times10^5}=4.17\ \mathrm{N/mm^2}$$

$$\sigma_{b(x=+200)}=-\sigma_{b(x=-200)}=\frac{M_y}{I_y}x=\frac{5\times10^7}{1.6\times10^9}\times200=6.25\ \mathrm{N/mm^2}$$

$$\sigma_{b(y=+150)}=-\sigma_{b(y=-150)}=\frac{M_x}{I_x}y=\frac{5\times10^7}{9\times10^8}\times150=8.33\ \mathrm{N/mm^2}$$

したがって，角部 1 ～角部 4 の作用応力は，

$$\sigma_1=\sigma_c+\sigma_{b(x=-200)}+\sigma_{b(y=+150)}=+4.17-6.25+8.33=+6.25\ \mathrm{N/mm^2}\ （圧縮）$$

$$\sigma_2=\sigma_c+\sigma_{b(x=+200)}+\sigma_{b(y=+150)}=+4.17+6.25+8.33=+18.75\ \mathrm{N/mm^2}\ （圧縮）$$

$$\sigma_3=\sigma_c+\sigma_{b(x=+200)}+\sigma_{b(y=-150)}=+4.17+6.25-8.33=+2.09\ \mathrm{N/mm^2}\ （圧縮）$$

$$\sigma_4=\sigma_c+\sigma_{b(x=-200)}+\sigma_{b(y=-150)}=+4.17-6.25-8.33=-10.41\ \mathrm{N/mm^2}\ （引張）$$

これらを図示すると，図 16−4 のとおりである．

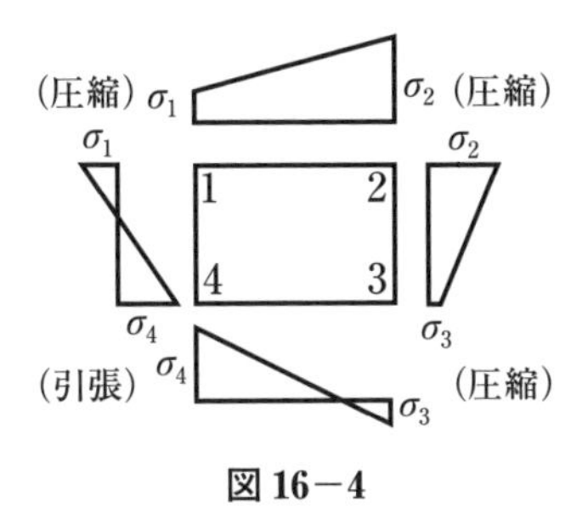

図 16−4

Point

x 軸方向の偏心量 e_x に加え，y 軸方向にも偏心量 e_y を考え，$\sigma_{\min}>0$（引張応力は生じない）とすると，

$$\sigma_{\min}=\sigma_c\left(1-6\frac{e_x}{h}-6\frac{e_y}{b}\right)\geqq 0 \qquad \therefore\ \frac{e_x}{h}+\frac{e_y}{b}\leqq\frac{1}{6}$$

となります．この式から，図 16−5 の斜線範囲内に圧縮荷重の重心が存在する場合には，断面内のどの部分にも引張応力度は生じないことがわかります．この引張応力度が作用しない断面の範囲を核と呼びます．

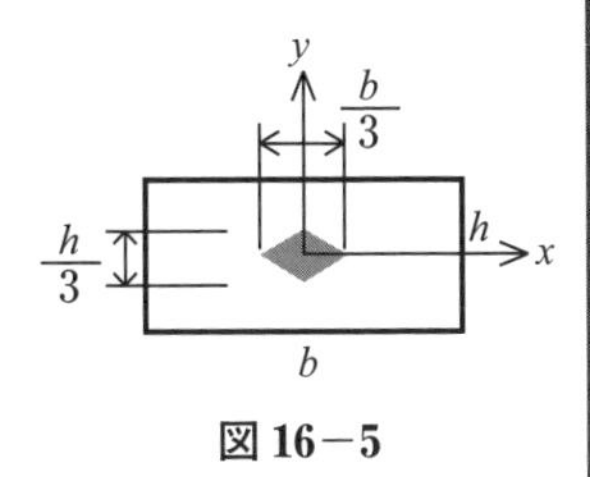

図 16−5

●基本的な考え方

2　長柱

細長い柱では圧縮力が大きくなると，材料の降伏応力 σ_y から求まる降伏荷重 P_y よりも小さい荷重で座屈し，急激に耐力を失う．このときの荷重を座屈荷重 P_{cr} といい，オイラーの座屈公式として次式で与えられる．

$$P_{cr}=\frac{\pi^2 EI}{{l_e}^2} \qquad (16-2)$$

ここで，k を座屈係数，l_e（$=\beta\cdot L$）を有効座屈長と呼び，図16−6に示すように，柱両端の支持条件によって異なる値をとる．

柱の断面積を A とすると，座屈応力 σ_{cr} は，次式で求まる．

$$\sigma_{cr}=\frac{P_{cr}}{A}=\frac{\pi^2 E}{\left(\dfrac{l_e}{r}\right)^2}$$

この，$\dfrac{l_e}{r}$ を細長比とよび，$r\left(=\sqrt{\dfrac{I}{A}}\right)$ を断面二次半径という．

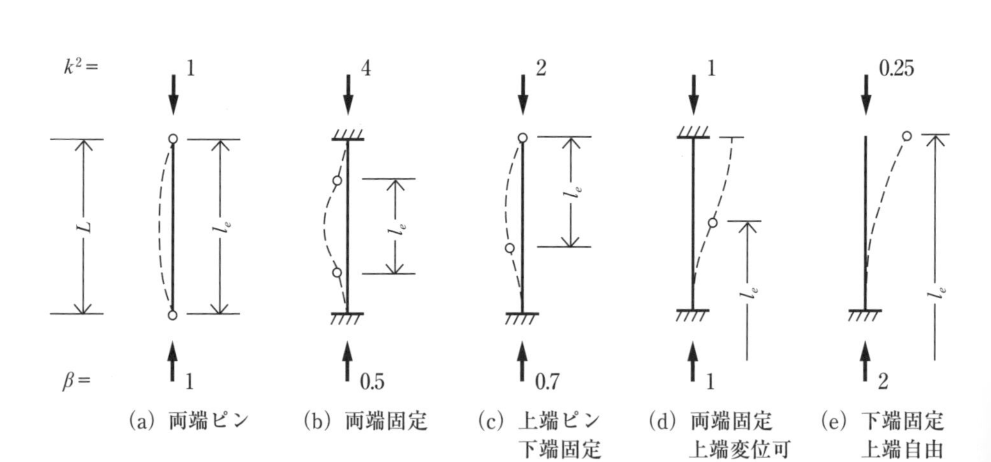

図16−6

基本問題 3

両端が回転支持された柱の座屈荷重 P_{cr} を求めなさい（図 16−7）.

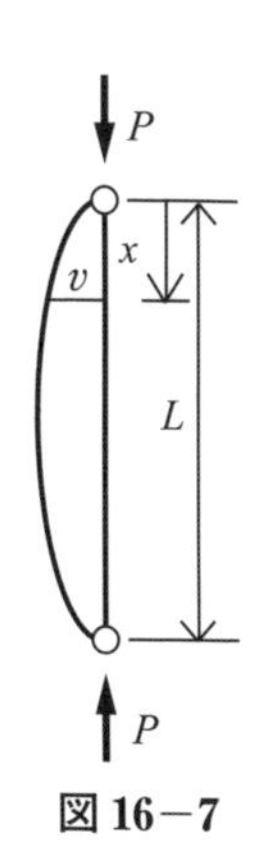

図 16−7

解き方

位置 x のたわみを v とすると，たわみと曲げモーメントの関係より，$\frac{d^2v}{dx^2}=-\frac{M_x}{EI}$，位置 x における外力による曲げモーメント $M_x=Pv$ の関係から，$\frac{d^2v}{dx^2}+\frac{P}{EI}v=0$

計算を容易にするため，$k^2=\frac{P}{EI}$ とおくと，

$$\frac{d^2v}{dx^2}+k^2v=0$$

解を $v=Ae^{\lambda x}$ とおくと，$v'=A\lambda e^{\lambda x}$，$v''=A\lambda^2e^{\lambda x}$ なので，

$$A\lambda^2e^{\lambda x}+k^2Ae^{\lambda x}=0$$

$$Ae^{\lambda x}(\lambda^2+k^2)=0$$

上式より，$\lambda=\pm ki$

したがって，解は $v=Ae^{kix}+Be^{-kix}$ で表せます.

$e^{ix}=\cos x+i\sin x$，$e^{-ix}=\cos x-i\sin x$

の関係を利用すると，一般解は，

$$\begin{aligned} v&=A(\cos kx+i\sin kx)+B(\cos kx-i\sin kx)\\ &=(A+B)\cos kx+i(A-B)\sin kx\\ &=C\cos kx+D\sin kx \end{aligned}$$

これに境界条件，$x=0$ のとき $v=0$，$x=L$ のとき $v=0$ を考慮すると，

$C=0$，$D\sin kL=0$

したがって，$kL=n\pi$（$n=1, 2, 3, \cdots$），すなわち $k=\frac{n\pi}{L}$（$n=1, 2, 3, \cdots$）のとき式を満足する.

n の最小値（$n=1$）に着目して，座屈荷重 P_{cr} は，

$$P_{cr}=k^2EI=\frac{\pi^2EI}{L^2}$$

このとき，たわみ v は

$$v=D\sin\left(\frac{n\pi}{L}x\right)$$

と得られ，これは座屈モード（座屈波形）を表している．

基本問題 4

1 端自由，他端固定支持された柱（片持形式）の座屈荷重 P_{cr} を求めなさい（図 16−8）．

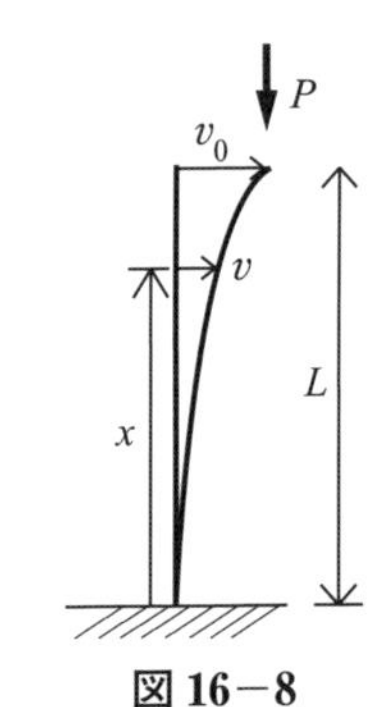

図 16−8

解き方

前問と同様に，位置 x のたわみを v とすると，$\frac{d^2v}{dx^2}=-\frac{M_x}{EI}$，位置 x の外力による曲げモーメント，$M_x=-(Pv_0-Pv)$ の関係から，$k^2=\frac{P}{EI}$ とおいて，

$$\frac{d^2v}{dx^2}-k^2v_0+k^2v=0$$

一般解 $v=C\cos kx+D\sin kx+v_0$，$v'=Ck\sin kx+Dk\cos kx$ に境界条件，$x=0$ のとき $v=0$，$\frac{dv}{dx}=0$，$x=L$ のとき $v=v_0$ を考慮すると，

$$C=-v_0,\quad 0=-Ck\sin 0+D\cos 0\quad \therefore D=0$$

よって，座屈モードは

$$v=v_0(1-\cos kx)$$

$x=L$ のとき $v=v_0$ となる条件より，$\cos kL=0$

$\cos kL=0$ を満たす最小値に着目して，たわみ v は，$v=v_0\left(1-\cos\frac{\pi}{2L}x\right)$，$kL=\frac{\pi}{2}$

したがって座屈荷重 P_{cr} は，

$$P_{cr}=k^2EI=\frac{\pi^2EI}{(2L)^2}$$

応 用 問 題

応用問題 1

両端が固定支持された柱の座屈荷重 P_{cr} を，4 回の微分方程式を用いて求めなさい（図 16−9）.

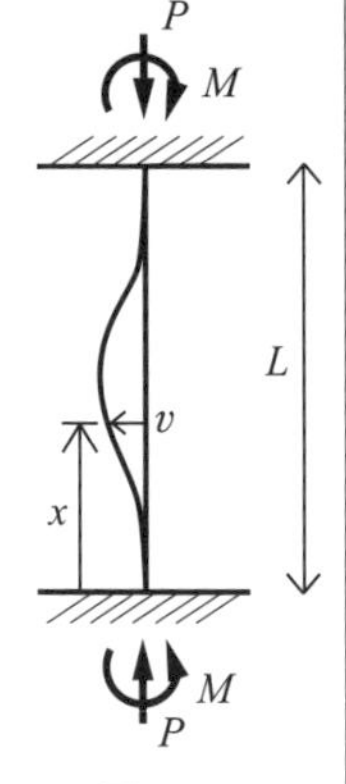

図 16−9

解き方

$\dfrac{\mathrm{d}^2v}{\mathrm{d}x^2}=-\dfrac{M_x}{EI}$ を 2 回微分すると $\dfrac{\mathrm{d}^4v}{\mathrm{d}x^4}=-\dfrac{1}{EI}\dfrac{\mathrm{d}^2M_x}{\mathrm{d}x^2}$，固定端モーメントを M とすると，$M_x=-M+Pv$ の関係から，$k^2=\dfrac{P}{EI}$ とおくと，4 回の微分方程式は，$\dfrac{\mathrm{d}^4v}{\mathrm{d}x^4}+\dfrac{P}{EI}\dfrac{\mathrm{d}^2v}{\mathrm{d}x^2}=\dfrac{\mathrm{d}^4v}{\mathrm{d}x^4}+k^2\dfrac{\mathrm{d}^2v}{\mathrm{d}x^2}=0$

この一般解は，$v=C_1\sin kx+C_2\cos kx+C_3x+C_4$

これに境界条件，$x=0$，L のとき，$v=0$，$\dfrac{\mathrm{d}v}{\mathrm{d}x}=0$ より，

$C_2+C_4=0$

$C_1k+C_3=0$

$C_1\sin kL+C_2\cos kL+C_3L+C_4=0$

$C_1k\cos kL-C_2k\sin kL+C_3=0$

まとめると，

$C_1(\sin kL-kL)+C_2(\cos kL-1)=0$

$C_1(k\cos kL-k)+C_2(-k\sin kL)=0$

各係数がともにゼロではなく，上の式が成り立つためには，係数行列式がゼロであればよいので，

$-k\sin kL(\sin kL-kL)-k(\cos kL-1)^2=0$

さらに，$\sin^2kL+\cos^2kL=1$，$\sin kL=2\sin\dfrac{kL}{2}\cos\dfrac{kL}{2}$，

$\cos kL=1-2\sin^2\dfrac{kL}{2}$ を用いると，

$$\sin\frac{kL}{2}\left(\frac{kL}{2}\cos\frac{kL}{2}-\sin\frac{kL}{2}\right)=0$$

上式が成り立つ条件，すなわち，

$\sin\left(\dfrac{kL}{2}\right)=0$ あるいは $\tan\left(\dfrac{kL}{2}\right)=\dfrac{kL}{2}$ を満たす $\dfrac{kL}{2}$ の最小値を求めると，$\dfrac{kL}{2}=\pi$

したがって，座屈荷重は，

$$P_{cr}=k^2EI=\frac{\pi^2EI}{\left(\frac{L}{2}\right)^2}$$

参考　2回の微分方程式を用いて座屈荷重 P_{cr} を求める．固定端モーメントを M とすると，

$\dfrac{d^2v}{dx^2}=-\dfrac{M_x}{EI}$，$M_x=Pv-M$ の関係から，$k^2=\dfrac{P}{EI}$ とおいて，

$$\frac{d^2v}{dx^2}+k^2v=k^2\frac{M}{P}$$

前問と同様の解法を用いて，一般解を導くと，

$$v=C\cos kx+D\sin kx+\frac{M}{P},\quad v'=Ck\sin kx+Dk\cos kx$$

これに境界条件，$x=0$ のとき $v=0$，$\dfrac{dv}{dx}=0$，$x=L$ のとき $v=0$，$\dfrac{dv}{dx}=0$ を考慮すると，

$$C=-\frac{M}{P},\quad \frac{M}{P}\sin 0+Dk\cos 0=0\quad \therefore D=0$$

よって，座屈モードは，

$$v=\frac{M}{P}(1-\cos kx)$$

また，$1-\cos kL=0$ を満たす最小値，

$kL=2\pi$ より．座屈荷重 P_{cr} は，

$$P_{cr}=k^2EI=\frac{\pi^2EI}{\left(\frac{L}{2}\right)^2}$$

発展問題

発展問題 1

両端にピンを配した長さ l の柱がある．この柱の座屈波形 v を次式で仮定できるとき，柱の座屈荷重 P_{cr} と有効座屈長 l_e を求めなさい．ただし，柱の断面積は A，断面二次モーメントは I，材料の弾性係数は E とする．

$v = v_0 \sin \frac{\pi}{l} x$（$v_0$ は柱中央の座屈たわみ，x 軸は部材軸方向）

発展問題 2

一端が固定支持，他端が自由の矩形断面を有する長さ l の鋼製柱がある．この柱の図心位置に圧縮荷重が作用するとき，この柱の座屈荷重 P_{cr} および座屈応力 σ_{cr} を求めなさい．なお，柱の断面は 50 mm×30 mm，柱の長さ l は 2 m であり，鋼材の弾性係数 E は 2.0×10^5 N/mm^2，降伏応力 σ_y は 235 N/mm^2 とする．また，座屈させないための l の条件を示しなさい．

発展問題解答

1章　発展問題●解答

発展問題 1

(1)

右向きを正として図 1−18 に示す力 P_1, P_2, P_3, P_4 の x 方向の分力を総和する.

$H_1 = P_1 \cos 45°$, $H_2 = -P_2 \cos 45°$,

$H_3 = -P_3 \cos 30°$, $H_4 = P_4 \cos 60°$

$\Sigma H = H_1 + H_2 + H_3 + H_4$

$\Sigma H = 25\sqrt{2} - 15\sqrt{2} - 10\sqrt{3} + 25 = 21.8\ \text{kN}$

図 1−18

上向きを正として図 1−18 に示す力 P_1, P_2, P_3, P_4 の y 方向の分力を総和する.

$V_1 = P_1 \sin 45°$, $V_2 = P_2 \sin 45°$,

$V_3 = -P_3 \sin 30°$, $V_4 = -P_4 \sin 60°$

$\Sigma V = V_1 + V_2 + V_3 + V_4$

$\Sigma V = 25\sqrt{2} + 15\sqrt{2} - 10 - 25\sqrt{3} = 3.3\ \text{kN}$

合力　$R = \sqrt{(\Sigma H)^2 + (\Sigma V)^2} = \sqrt{(21.8)^2 + (3.3)^2} = 22.0\ \text{kN}$

$$\alpha = \tan^{-1} \frac{\Sigma V}{\Sigma H} = \tan^{-1} \frac{3.3}{21.8} = 8.6°$$

(2)

右向きを正として図 1−19 に示す力 P_1, P_2, P_3, P_4 の x 方向の分力を総和する.

$H_1 = P_1 \cos 30°$, $H_2 = P_2 \cos 60°$,

$H_3 = -P_3$, $H_4 = -P_4 \cos 60°$

$\Sigma H = H_1 + H_2 + H_3 + H_4$

$\Sigma H = 5\sqrt{3} + 2.5 - 50 - 10 = -48.8\ \text{kN}$

上向きを正として図 1−19 に示す力 P_1, P_2, P_3, P_4 の y 方向の分力を総和する.

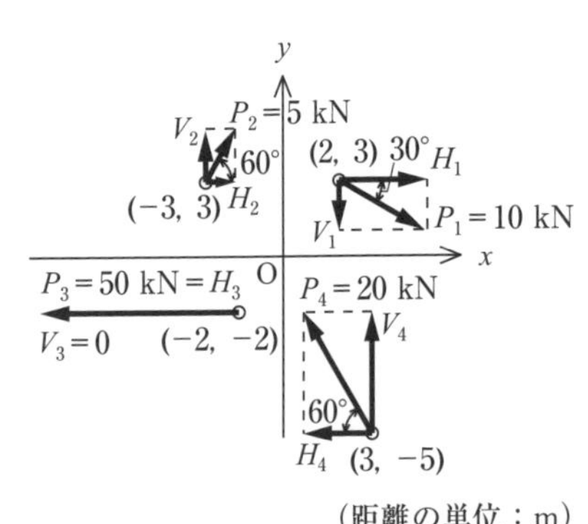

図 1−19

$V_1 = -P_1 \sin 30°$,　$V_2 = P_2 \sin 60°$,

$V_3 = 0$,　$V_4 = P_4 \sin 60°$

$\Sigma V = V_1 + V_2 + V_3 + V_4$

$\Sigma V = -5 + \dfrac{5\sqrt{3}}{2} + 10\sqrt{3} = 16.7 \text{ kN}$

合力　$R = \sqrt{(\Sigma H)^2 + (\Sigma V)^2} = \sqrt{(-48.8)^2 + (16.7)^2} = 51.6 \text{ kN}$

$\alpha = \tan^{-1} \dfrac{\Sigma V}{\Sigma H} = \tan^{-1} \dfrac{16.7}{-48.8} = -18.9°$

作用点の位置

$\Sigma(H \cdot y) = 5\sqrt{3} \times 3 + 2.5 \times 3 + 50 \times 2 + 10 \times 5 = 183.5 \text{ kN·m}$

$\Sigma(V \cdot x) = 5 \times 2 + \dfrac{5\sqrt{3}}{2} \times 3 - 10\sqrt{3} \times 3 = -29.0 \text{ kN·m}$

$x = \dfrac{\Sigma(V \cdot x)}{\Sigma V} = \dfrac{-29.0}{16.7} = -1.74 \text{ m}$

$y = \dfrac{\Sigma(H \cdot y)}{\Sigma H} = \dfrac{183.5}{-48.8} = -3.76 \text{ m}$

したがって，作用点の位置は（-1.74 m，-3.76 m）となる．（図 1−20）

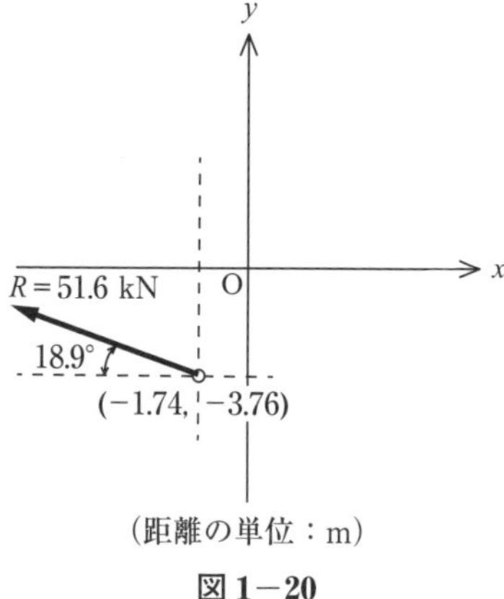

図 1−20

2章　発展問題●解答

発展問題 1

$\Sigma H=0$　右向きを正として水平方向の力のつり合い式を立てる．

$H_A+10=0$　　(A2−1)

$\Sigma V=0$　上向きを正として鉛直方向の力のつり合い式を立てる．

$V_A+V_B=0$　　(A2−2)

$\Sigma M_{(A)}=0$　時計まわりを正として点 A まわりのモーメントのつり合い式を立てる．

$10\times 2-8V_B=0$　　(A2−3)

式 (A2−1) より，$H_A=-10$ kN

式 (A2−3) より，$V_B=2.5$ kN となる．

式 (A2−2) へ V_B を代入すると，$V_A=-2.5$ kNとなる．

発展問題 2

$\Sigma H=0$　右向きを正として水平方向の力のつり合い式を立てる．

$H_A+100\cos 45°-200\cos 30°=0$　　(A2−4)

$\Sigma V=0$　上向きを正として鉛直方向の力のつり合い式を立てる．

$V_A+V_B-100\sin 45°-200\sin 30°=0$　　(A2−5)

$\Sigma M_{(A)}=0$　時計まわりを正として点 A まわりのモーメントのつり合い式を立てる．

$100\sin 45°\cdot 5+200\sin 30°\cdot 15-20V_B=0$　　(A2−6)

式 (A2−4) より，$H_A=102.5$ kN となる．

式 (A2−6) より，$V_B=92.7$ kN となる．

式 (A2−5) へ V_B を代入すると，$V_A=78.0$ kN となる．

3章　発展問題●解答

発展問題 1

(1)

支点を取り除き，支点反力を記入し，図 3−22 に示すような自由物体図を描く．

$\Sigma H=0$　右向きを正として水平方向の力のつり合い式を立てる．

$H_A=0$

$\Sigma V=0$　上向きを正として鉛直方向の力のつり合い式を立てる．

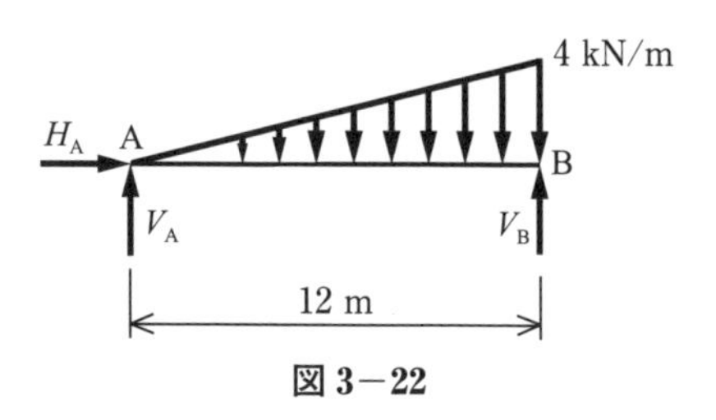

図 3−22

三角形分布荷重の場合，集中荷重に置き換えて載荷範囲の重心位置に作用させると簡単に解くことができる．すなわち，三角形分布荷重を集中荷重に置き換えて三角形分布荷重の重心位置に作用させて計算する(図 3−23)．

$$V_A+V_B-4\times12\times\frac{1}{2}=0 \qquad \text{(A3−1)}$$

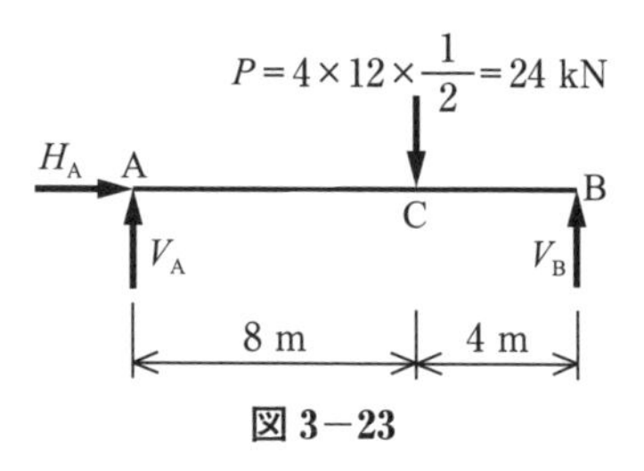

図 3−23

$\Sigma M_{(A)}=0$　時計まわりを正として点 A まわりのモーメントのつり合い式を立てる．

$$4\times12\times\frac{1}{2}\times8-12V_B=0 \qquad \text{(A3−2)}$$

式 (A3−2) より，$V_B=16$ kN となる．

式 (A3−1) より，$V_A=8$ kN となる．

(2)

支点を取り除き，支点反力を記入し，図 3−24 に示すような自由物体図を描く．

$\Sigma H=0$　右向きを正として，水平方向の力のつり合い式を立てる．

$H_A=0$

$\Sigma V=0$　上向きを正としてつり合いの式を立てる．

$$V_A+V_B+10=0 \qquad \text{(A3−3)}$$

$\Sigma M_{(A)}=0$　時計回りを正としてつり合いの式を立てる．モーメント中心を点 A とする．

$$20-10\times7-10-10V_B=0 \qquad \text{(A3−4)}$$

$\Sigma V=0$，$\Sigma M_{(A)}=0$ のつり合い式より，$V_B=-6$ kN，$V_A=-4$ kN となる．

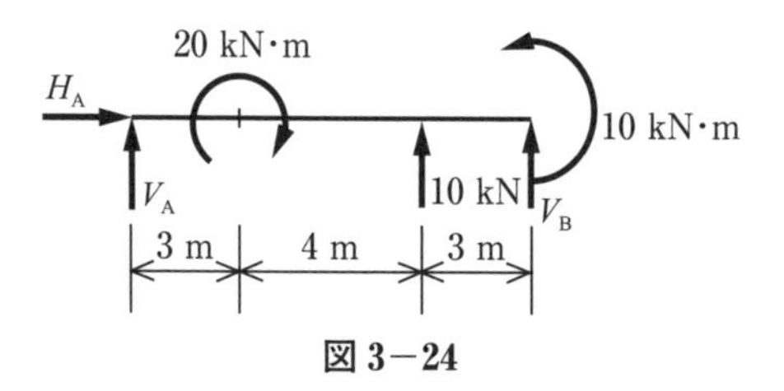

図 3−24

4章　発展問題●解答

発展問題 1

支点反力は，$H_A = -10\sqrt{3}$ kN，$H_B = 10\sqrt{3}$ kN，$V_C = 10$ kN である．

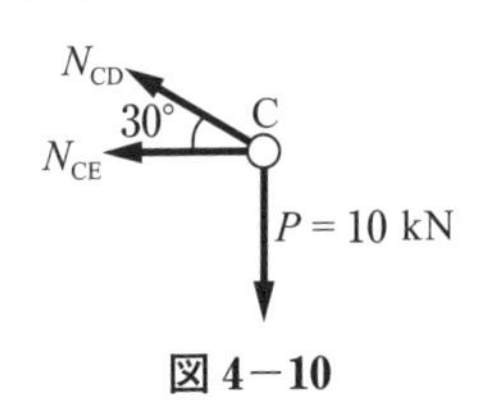

図 4−10

節点 C における水平方向の力のつり合い $\Sigma H = 0$ より

$-N_{CD}\cos 30° - N_{CE} = 0$

節点 C における鉛直方向の力のつり合い $\Sigma V = 0$ より

$N_{CD}\sin 30° - P = 0$

以上より，$N_{CD} = 20$ kN，$N_{CE} = -10\sqrt{3}$ kN

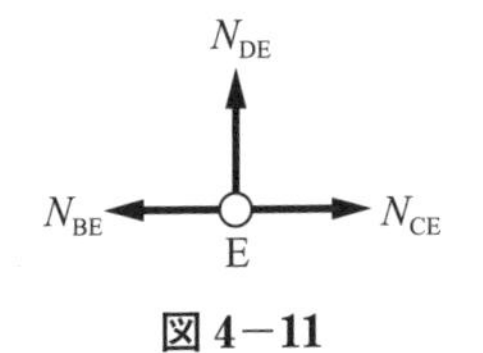

図 4−11

節点 E における水平方向の力のつり合い $\Sigma H = 0$ より

$N_{BE} = N_{CE} = -10\sqrt{3}$ kN

節点 E における鉛直方向の力のつり合い $\Sigma V = 0$ より

$N_{DE} = 0$ kN

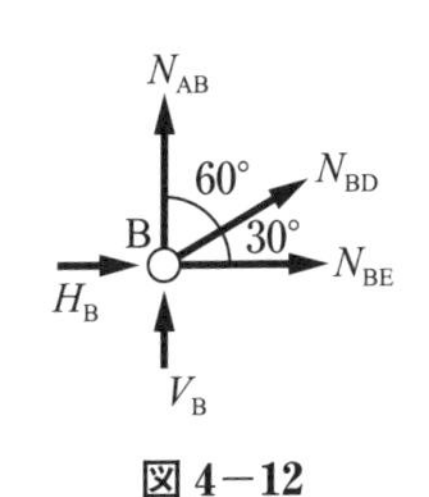

図 4−12

節点 B における水平方向の力のつり合い $\Sigma H = 0$ より

$N_{BE} + N_{BD}\cos 30° + H_B = 0$

したがって，$N_{BD} = \dfrac{1}{\cos 30°}(-N_{BE} - H_B) = 0$ kN

節点 B における鉛直方向の力のつり合い $\Sigma V = 0$ より

$N_{AB} + N_{BD}\sin 30° + V_B = 0$

したがって，$N_{AB} = -V_B = -10$ kN

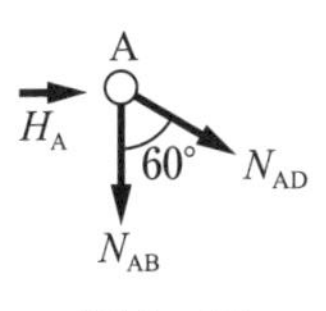

図 4−13

節点 A における水平方向の力のつり合い $\Sigma H = 0$ より

$N_{AD}\sin 60° + H_A = 0$

したがって，$N_{AD} = \dfrac{-H_A}{\sin 60°} = \dfrac{10\sqrt{3}}{\sin 60°} = 20$ kN

以上より，断面力は以下のように求まった．

$N_{AB} = -10$ kN，$N_{AD} = 20$ kN，$N_{BD} = 0$ kN，$N_{BE} = -17.3$ kN，$N_{DE} = 0$ kN，

$N_{CD} = 20$ kN，$N_{CE} = 17.3$ kN

発展問題 2

支点反力は，$V_A = 5$ kN，$V_B = 5$ kN，$H_B = 0$ kN である．

節点 A における水平方向の力のつり合い $\Sigma H = 0$ より

$N_{AE}\cos 60° + N_{AC} = 0$

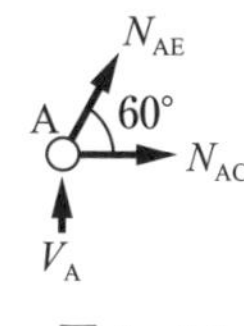

図 4−14

節点 A における鉛直方向の力のつり合い $\Sigma V = 0$ より

$V_A + N_{AE}\sin 60° = 0$

以上より，$N_{AE} = -\dfrac{10\sqrt{3}}{3}$ kN，$N_{AC} = \dfrac{5\sqrt{3}}{3}$ kN

節点 E における水平方向の力のつり合い $\Sigma H = 0$ より

$-N_{AE}\cos 60° + N_{CE}\cos 60° + N_{EF} = 0$

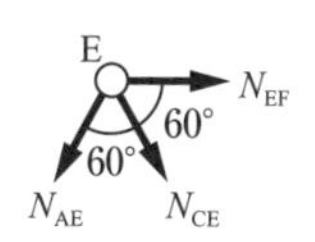

図 4−15

節点 E における鉛直方向の力のつり合い $\Sigma V = 0$ より

$-N_{AE}\sin 60° - N_{CE}\sin 60° = 0$

以上より，$N_{CE} = \dfrac{10\sqrt{3}}{3}$ kN，$N_{EF} = -\dfrac{10\sqrt{3}}{3}$ kN

節点 C における水平方向の力のつり合い $\Sigma H = 0$ より

$-N_{AC} - N_{CE}\cos 60° + N_{CF}\cos 60° + N_{CD} = 0$

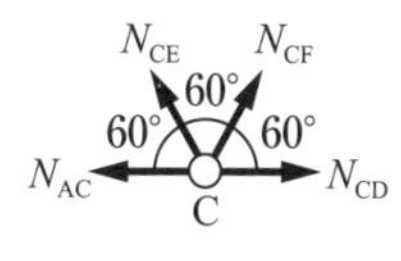

図 4−16

節点 C における鉛直方向の力のつり合い $\Sigma V = 0$ より

$N_{CE}\sin 60° + N_{CF}\sin 60° = 0$

以上より，$N_{CF} = -\dfrac{10\sqrt{3}}{3}$ kN，$N_{CD} = 5\sqrt{3}$ kN

左右対称だから，断面力の大きさは，$N_{AE} = N_{BG}$，$N_{AC} = N_{BD}$，$N_{CE} = N_{DG}$，$N_{EF} = N_{FG}$，$N_{CF} = N_{DF}$ が成り立つ．

以上より，断面力は以下のように求まった．

$N_{AE} = N_{BG} = -5.77$ kN，$N_{AC} = N_{BD} = 2.89$ kN，$N_{CE} = N_{DG} = 5.77$ kN，

$N_{EF} = N_{FG} = -5.77$ kN，$N_{CF} = N_{DF} = -5.77$ kN，$N_{CD} = 8.66$ kN

5 章　発展問題●解答

発展問題 1

支点反力は $V_A = 8$ kN，$V_B = 8$ kN，$H_B = 0$ kN である．

断面力 N_{IJ}，N_{DJ}，N_{DE} を求めるために，波線 t_1-t_1 で切断し，自由物体図の左側を考える．節点 D まわりの力モーメントのつり合い式を立てると，

$\Sigma M_D = V_A \times 6 + N_{IJ} \times 4 = 0$

したがって，$N_{IJ} = -12$ kN

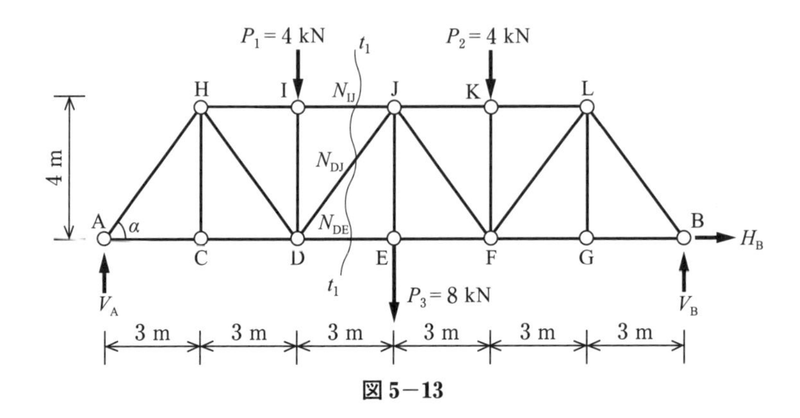

図 5−13

鉛直方向の力のつり合い式を立てると，

$\Sigma V = V_A - P_1 + N_{DJ}\sin\alpha = 0$

したがって，$N_{DJ} = -5$ kN

節点 J まわりの力のモーメントのつり合い式を立てると，

$\Sigma M_J = V_A \times 9 - P_1 \times 3 - N_{DE} \times 4 = 0$

したがって，$N_{DE} = 15$ kN

以上より，断面力は以下のように求まった．

$N_{IJ} = -12$ kN，$N_{DJ} = -5$ kN，$N_{DE} = 15$ kN

発展問題 2

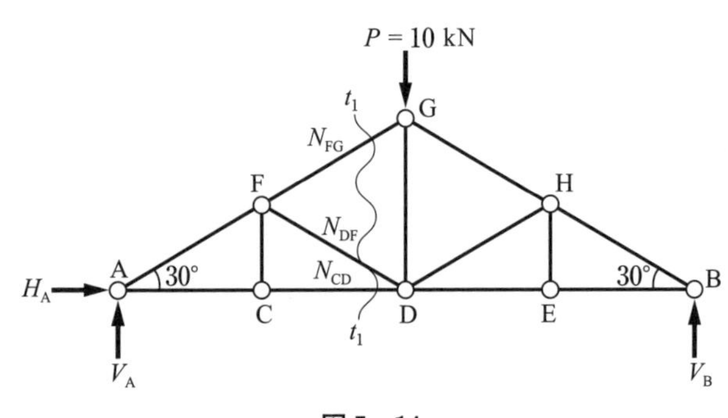

図 5−14

支点反力は，$V_A = 5$ kN，$V_B = 5$ kN，$H_A = 0$ kN

断面力 N_{FG}，N_{DE}，N_{CD} を求めるために，波線 t_1-t_1 で切断し，自由物体図の左側を考える．断面力 N_{FG} を鉛直方向，水平方向に分解し，節点 D まわりの力のモーメントのつり合い式を立てると，

$$\Sigma M_D = -V_A \times 8 - N_{FG} \sin 30° \times 4 - N_{FG} \cos 30° \times \frac{4}{\sqrt{3}} = 0$$

したがって，$N_{FG} = -10$ kN

節点 A まわりの力のモーメントのつり合いを考えると，

$$\Sigma M_A = -N_{DF} \sin 30° \times 4 - N_{DF} \cos 30° \times \frac{4}{\sqrt{3}} = 0$$

したがって，$N_{DF} = 0$ kN

節点 F まわりの力のモーメントのつり合いを考えると，

$$\Sigma M_F = -V_A \times 4 + N_{CD} \times \frac{4}{\sqrt{3}} = 0$$

したがって，$N_{CD} = 5\sqrt{3}$ kN

以上より，断面力は以下のように求まった．

$N_{FG} = -10$ kN，$N_{DF} = 0$ kN，$N_{CD} = 8.66$ kN

6 章　発展問題●解答

発展問題 1

支点 A，B の鉛直反力を V_A，V_B とすると，力および点 A まわりの力のモーメントのつり合いより，

$$V_A + V_B - q \cdot \frac{10}{2} = 0$$

$$q \cdot \frac{10}{2} \times 10 \times \frac{2}{3} - V_B \cdot 10 = 0 \qquad \therefore V_B = 10 \text{ kN}$$

したがって，$V_A = 5$ kN，$V_B = 10$ kN

区間 AB における任意の位置 x [m]$(0 \leqq x < 10)$ ではりを切断したときの自由物体図から力および力のモーメントのつり合いより，

$$V_A - \frac{x}{10} \cdot q \cdot \frac{x}{2} - Q_x = 0$$

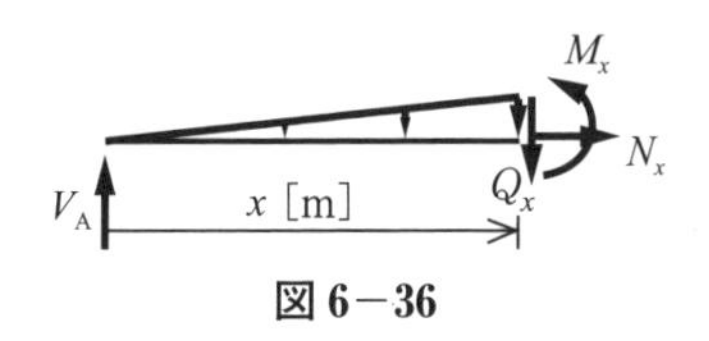

図 6−36

$$\therefore Q_x = 5 - \frac{3}{20}x^2 = 5 - 0.15x^2 \text{ [kN]}$$

$$V_A \cdot x - \frac{x}{10} \cdot q \cdot \frac{x}{2} \cdot \frac{x}{3} - M_x = 0$$

$$\therefore M_x = 10x - \frac{x^3}{20} = 5x - 0.05x^3 \text{ [kN·m]}$$

以下に，せん断力図と曲げモーメント図を示す．

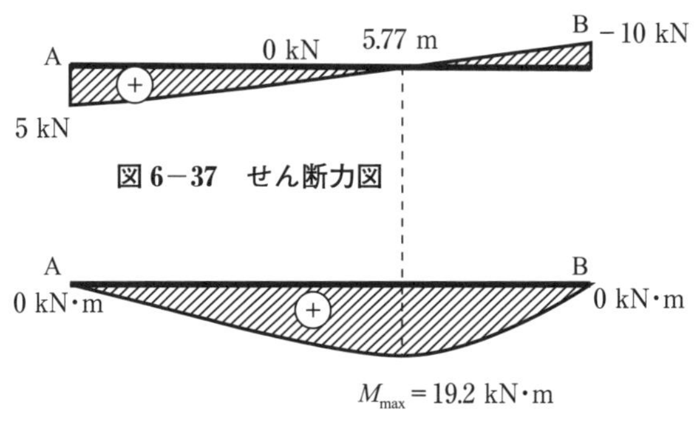

図 6−37　せん断力図

図 6−38　曲げモーメント図

発展問題 2

支点 A，B の鉛直反力を V_A，V_B とすると，力および点 A まわりの力のモーメントのつり合いより，

$V_A + V_B - P = 0$

$P \cdot 2.5 + M_1 + M_2 - V_B \cdot 10 = 0$　　$\therefore V_B = 4$ kN

したがって，$V_A = 6$ kN，$V_B = 4$ kN

区間 AC における任意の位置 x_1 [m]$(0 \leqq x_1 < 2.5)$ ではりを切断したときの自由物体図から力および力のモーメントのつり合いより，

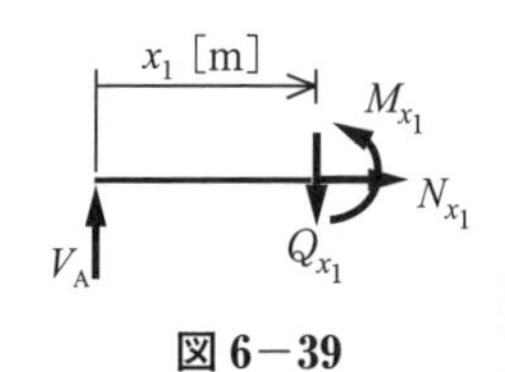

図 6−39

$V_A - Q_{x_1} = 0$　　$\therefore Q_{x_1} = 6$ kN

$V_A \cdot x_1 - M_{x_1} = 0$　　$\therefore M_{x_1} = 6x_1$ [kN·m]

次に区間 CD における任意の位置 x_2 [m]($2.5 \leqq x_2 < 5$) ではりを切断したときの自由物体図から力および力のモーメントのつり合いより，

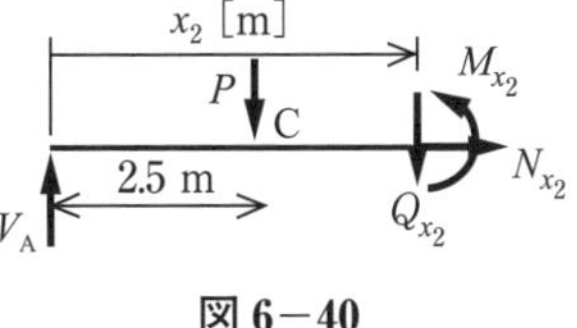

図 6－40

$V_A - P - Q_{x_2} = 0 \qquad \therefore Q_{x_2} = -4\ \mathrm{kN}$

$V_A \cdot x_2 - P(x_2 - 2.5) - M_{x_2} = 0$

$\therefore M_{x_2} = -4x_2 + 25\ \mathrm{kN \cdot m}$

最後に区間 BD における任意の位置 x_3 [m]($5 \leqq x_3 < 10$) ではりを切断したときの自由物体図から力および力のモーメントのつり合いより，

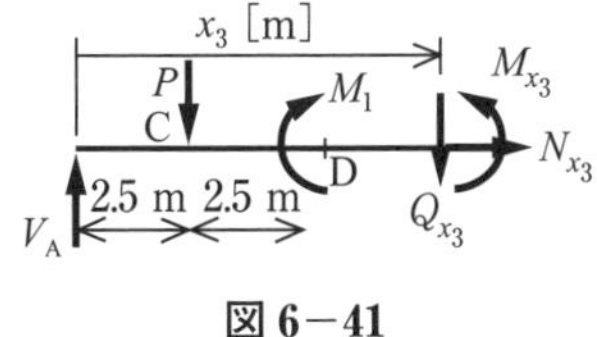

図 6－41

$V_A - P - Q_{x_3} = 0 \qquad \therefore Q_{x_3} = -4\ \mathrm{kN}$

$V_A \cdot x_3 - P(x_3 - 2.5) + M_1 - M_{x_3} = 0$

$\therefore M_{x_3} = -4x_3 + 30\ \mathrm{kN \cdot m}$

図 6－42　せん断力図

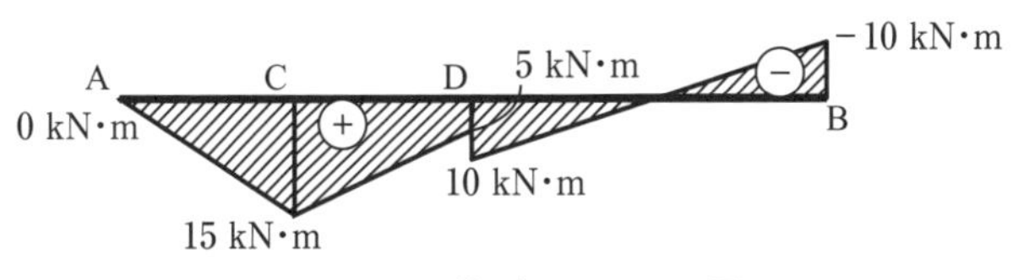

図 6－43　曲げモーメント図

発展問題 3

支点 A の水平反力，鉛直反力，モーメント反力を H_A, V_A, M_A とすると，力および力のモーメントのつり合いより，

$H_A = 0\ \mathrm{kN}$

$V_A - q \cdot 5 = 0 \qquad \therefore V_A = 10\ \mathrm{kN}$

$M_A + q \cdot 5 \times 2.5 + 5 = 0 \qquad \therefore M_A = -30\ \mathrm{kN \cdot m}$

区間 AC における任意の位置 x_1 [m]($0 \leqq x_1 < 5$) ではりを切断したときの自由物体

図から力および力のモーメントのつり合いより，

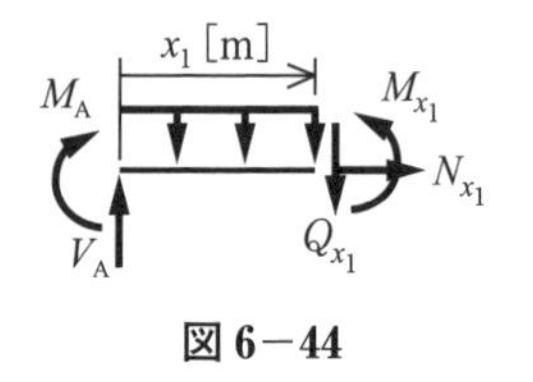

図 6－44

$V_A - q \cdot x_1 - Q_{x_1} = 0$　　$\therefore Q_{x_1} = 10 - 2x_1$ [kN]

$V_A \cdot x_1 - q \cdot x_1 \cdot \dfrac{x_1}{2} + M_A - M_{x_1} = 0$

$\therefore M_{x_1} = -30 + 10x_1 - x_1^2$ [kN·m]

次に区間 BC における任意の位置 x_2 [m]$(0 \leqq x_2 < 5)$ ではりを切断したときの自由物体図から力および力のモーメントのつり合いより，

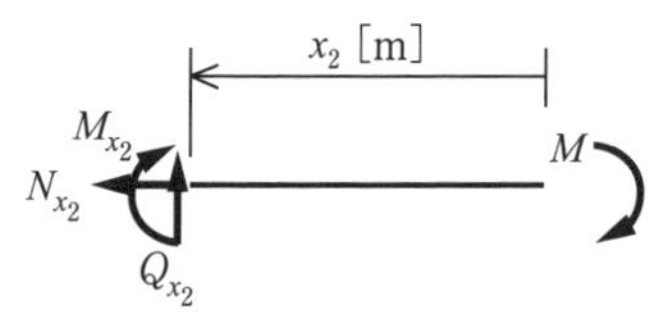

図 6－45

$Q_{x_2} = 0$ kN

$M_{x_2} + M = 0$　　$\therefore M_{x_2} = -5$ kN·m

以下に，せん断力図と曲げモーメント図を示す．

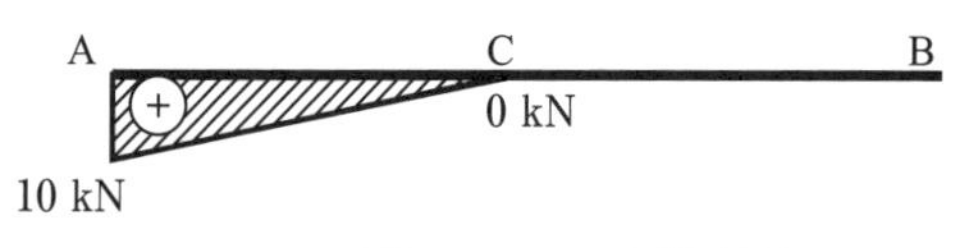

図 6－46　せん断力図

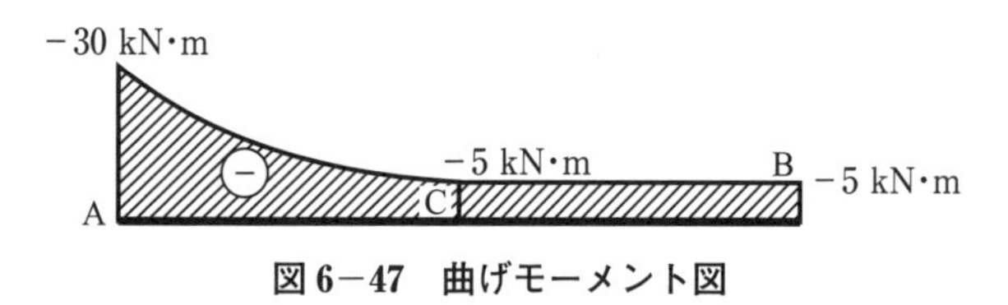

図 6－47　曲げモーメント図

発展問題 4

支点 A の水平反力，鉛直反力，モーメント反力を H_A，V_A，M_A とすると，力および力のモーメントのつり合いより，

$H_A = 0$ kN

$V_A - q\left(5 + \dfrac{5}{\cos 30^\circ}\right) = 0$　　$\therefore V_A = \dfrac{30 + 20\sqrt{3}}{3}$ kN

$M_A + q \cdot 5 \times 2.5 + q \cdot \dfrac{5}{\cos 30^\circ} \times 7.5 = 0$　　$\therefore M_A = -(25 + 50\sqrt{3})$ kN·m

区間 AC における任意の位置 x_1 [m]$(0 \leqq x_1 < 5)$ ではりを切断したときの自由物体図から力および力のモーメントのつり合いより,

図 6−48

$$N_{x_1} = 0 \text{ kN}$$

$$V_A - q \cdot x_1 - Q_{x_1} = 0$$

$$\therefore Q_{x_1} = \frac{30 + 20\sqrt{3}}{3} - 2x_1 \fallingdotseq 21.5 - 2x_1 \text{ [kN]}$$

$$V_A \cdot x_1 - q \cdot x_1 \cdot \frac{x_1}{2} + M_A - M_{x_1} = 0$$

$$\therefore M_{x_1} = -25 - 50\sqrt{3} + \frac{(30 + 20\sqrt{3})x_1}{3} - x_1^2 \fallingdotseq -111.6 + 21.5x_1 - x_1^2 \text{ [kN·m]}$$

次に区間 BC における任意の位置 x_2 [m]$(0 \leqq x_2 < 5)$ ではりを切断したときの自由物体図から力および力のモーメントのつり合いより,

$$-N_{x_2} + q \cdot \frac{x_2}{\cos 30^\circ} \cdot \sin 30^\circ = 0$$

$$\therefore N_{x_2} = -\frac{2\sqrt{3}}{3} x_2 \text{ [kN]} \fallingdotseq -1.15x_2 \text{ [kN]}$$

$$Q_{x_2} - q \cdot \frac{x_2}{\cos 30^\circ} \cdot \cos 30^\circ = 0$$

$$\therefore Q_{x_2} = 2x_2 \text{ [kN]}$$

$$M_{x_2} + q \cdot \frac{x_2}{\cos 30^\circ} \cdot \cos 30^\circ \cdot \frac{x_2/2}{\cos 30^\circ} = 0$$

$$\therefore M_{x_2} = -\frac{2\sqrt{3}}{3} x_2^2 \text{ [kN·m]} \fallingdotseq -1.15x_2^2 \text{ [kN·m]}$$

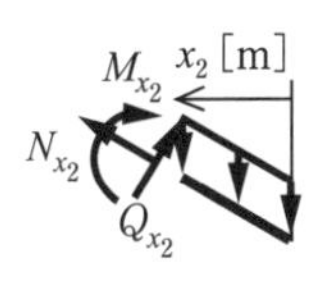

図 6−49

以下に, 軸力図, せん断力図および曲げモーメント図を示す.

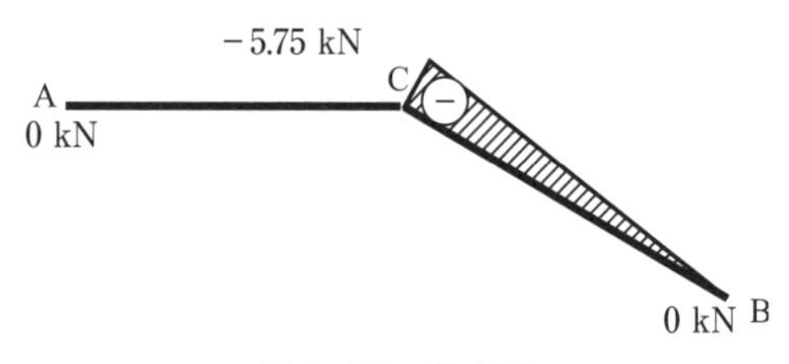

図 6−50　軸力図

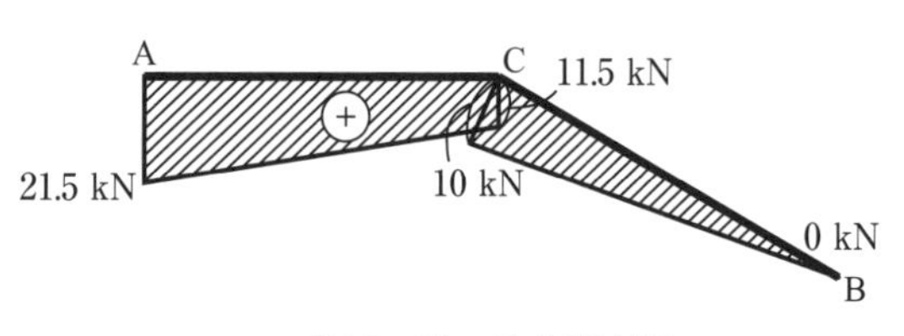

図 6−51　せん断力図

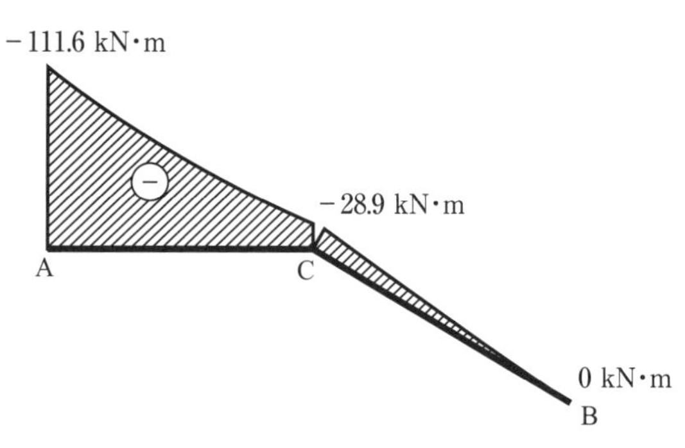

図 6−52　曲げモーメント図

7章　発展問題●解答

発展問題 1

支点 A, B の支点反力を V_A, V_B とすると鉛直方向の力のつり合いより

$V_A + V_B - q \cdot 10 = 0$

点 A まわりの力のモーメントのつり合いより,

$q \cdot 10 \times 5 - V_B \cdot 8 = 0$

したがって, $V_A = 7.5$ kN, $V_B = 12.5$ kN

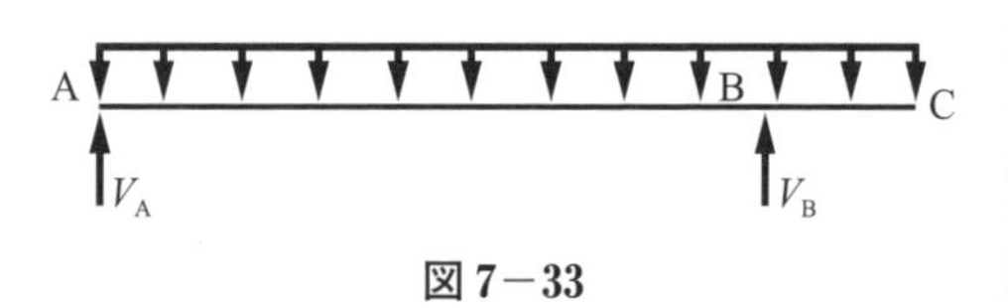

図 7−33

区間AB における任意の位置 x_1 [m]$(0 \leqq x_1 < 8)$ ではりを切断したときの自由物体図から力および力のモーメントのつり合いより，

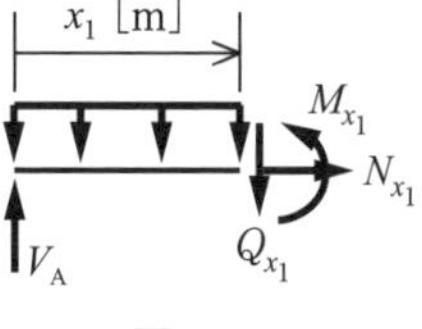

図 7－34

$V_A - q \cdot x_1 - Q_{x_1} = 0$　　$\therefore Q_{x_1} = 7.5 - 2x_1$ [kN]

$V_A \cdot x_1 - q \cdot x_1 \cdot \dfrac{x_1}{2} - M_{x_1} = 0$

$\therefore M_{x_1} = 7.5\,x_1 - x_1^2$ [kN·m]

区間 BC における任意の位置 x_2 [m]$(0 \leqq x_2 < 2)$ ではりを切断したときの自由物体図から力および力のモーメントのつり合いより，

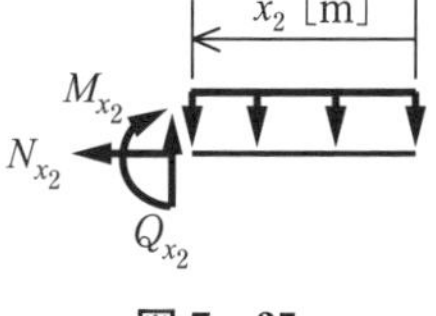

図 7－35

$Q_{x_2} - q \cdot x_2 = 0$　　$\therefore Q_{x_2} = 2x_2$ [kN]

$M_{x_2} + q \cdot x_2 \cdot \dfrac{x_2}{2} = 0$　　$\therefore M_{x_2} = -x_2^2$ [kN·m]

以下に，せん断力図と曲げモーメント図を示す．

なお，せん断力がゼロとなる点で曲げモーメントが最大となるので，

$M_{max} = M(x_1 = 3.75) = 7.5 \times 3.75 - 3.75^2 \fallingdotseq 14.1$ kN·m

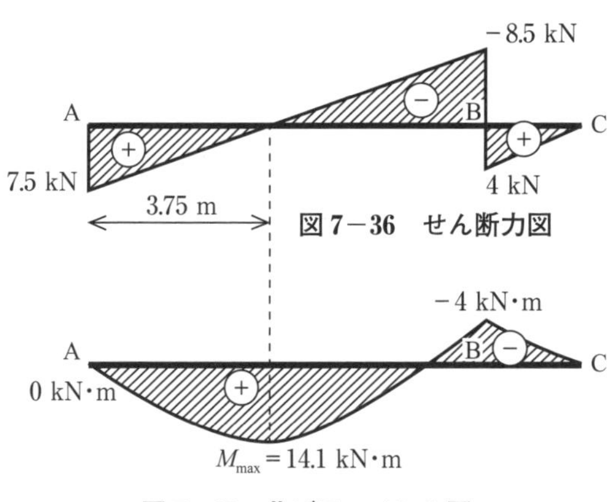

図 7－36　せん断力図

図 7－37　曲げモーメント図

発展問題 2

支点 A，B，C およびヒンジ部での反力を V_A，V_B，V_C，V_E とすると，図 7−38 の鉛直方向の力のつり合いより

図 7−38　　図 7−39

$V_A + V_B - V_E - 10 - q \cdot 2.5 = 0$

点 A まわりの力のモーメントのつり合いより，

$10 \times 2.5 - V_B \cdot 5 + q \cdot 2.5 \times 6.25 + V_E \cdot 7.5 = 0$

図 7−39 の鉛直方向の力のつり合いより，

$V_C + V_E - q \cdot 2.5 = 0$

点 C まわりの力のモーメントのつり合いより，

$V_E \cdot 2.5 - q \cdot 2.5 \times 1.25 = 0$

したがって，$V_A = 2.5$ kN，$V_B = 15$ kN，$V_C = 2.5$ kN，$V_E = 2.5$ kN

区間 AD における任意の位置 x_1 [m]($0 \leqq x_1 < 2.5$) ではりを切断したときの自由物体図から力および力のモーメントのつり合いより，

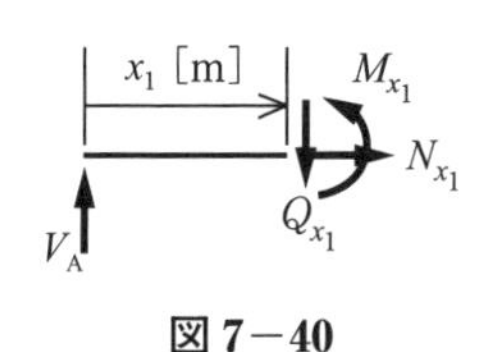

図 7−40

$V_A - Q_{x_1} = 0 \qquad \therefore Q_{x_1} = 2.5$ kN

$V_A \cdot x_1 - M_{x_1} = 0 \qquad \therefore M_{x_1} = 2.5x_1$ [kN·m]

区間 BD における任意の位置 x_2 [m]($2.5 \leqq x_2 < 5$) ではりを切断したときの自由物体図から力および力のモーメントのつり合いより，

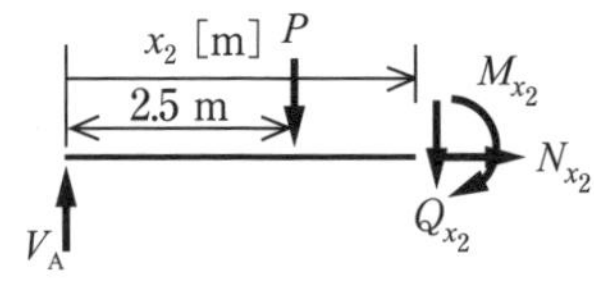

図 7−41

$V_A - P - Q_{x_2} = 0 \qquad \therefore Q_{x_2} = -7.5$ kN

$V_A \cdot x_2 - P(x_2 - 2.5) - M_{x_2} = 0$

$\therefore M_{x_2} = -7.5\,x_2 + 25$ kN·m

区間 BE における任意の位置 x_3 [m]($2.5 \leqq x_3 < 5$) ではりを切断したときの自由物体図から力および力のモーメントのつり合いより，

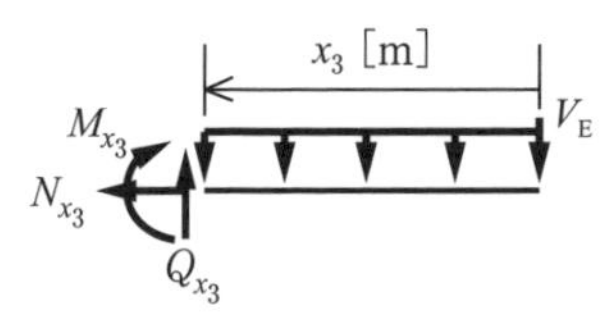

図 7−42

$Q_{x_3} - V_E - q \cdot x_3 = 0 \qquad \therefore Q_{x_3} = 2.5 + 2x_3$ [kN]

$$M_{x_3}+V_{\mathrm{E}}\cdot x_3+q\cdot x_3\cdot\frac{x_3}{2}=0$$

$$\therefore M_{x_3}=-2.5x_3-x_3^2\ [\mathrm{kN\cdot m}]$$

区間 CF における任意の位置 x_4 [m]($0\leqq x_4<2.5$) ではりを切断したときの自由物体図から力および力のモーメントのつり合いより，

$$Q_{x_4}+V_{\mathrm{C}}-q\cdot x_4=0\qquad \therefore Q_{x_4}=-2.5+2x_4\ [\mathrm{kN}]$$

$$M_{x_4}=V_{\mathrm{C}}\cdot x_4-q\cdot x_4\cdot\frac{x_4}{2}=2.5x_4-x_4^2\ [\mathrm{kN\cdot m}]$$

図 7−43

以下に，せん断力図と曲げモーメント図を示す．

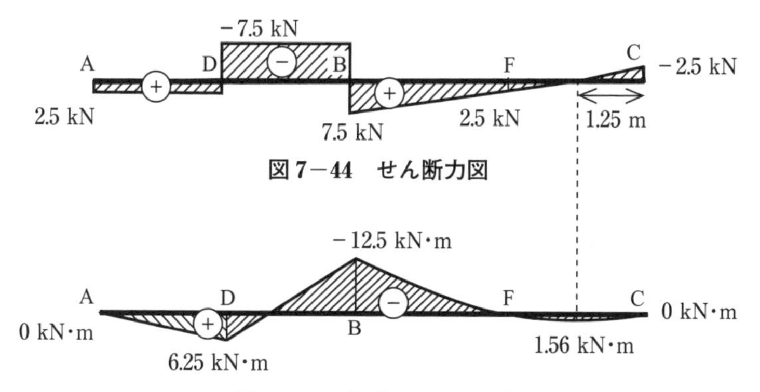

図 7−44　せん断力図

図 7−45　曲げモーメント図

発展問題 3

支点 A，B の水平反力および鉛直反力を V_{A}，H_{A}，V_{B} とすると，水平方向の力のつり合いより，

$$H_{\mathrm{A}}+P=0$$

鉛直方向の力のつり合いより

$$V_{\mathrm{A}}+V_{\mathrm{B}}-q\cdot 10=0$$

点 A まわりの力のモーメントのつり合いより，

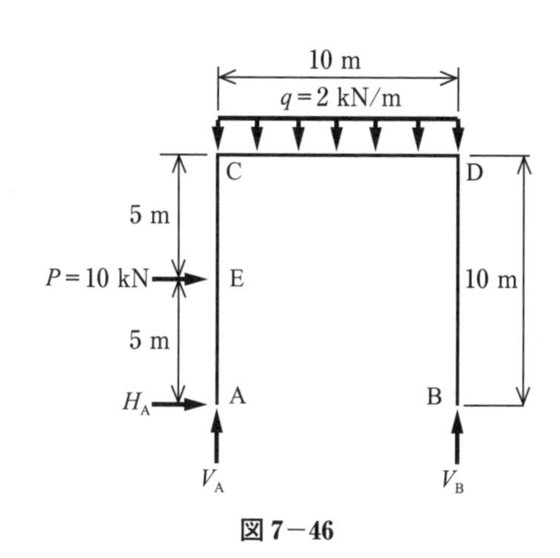

図 7−46

$P \cdot 5 + q \cdot 10 \times 5 - V_B \cdot 10 = 0$

したがって，$H_A = -10$ kN,

$V_A = 5$ kN,　$V_B = 15$ kN

区間 AE における任意の位置 x_1 [m]$(0 \leqq x_1 < 5)$ ではりを切断したときの自由物体図から力および力のモーメントのつり合いより，

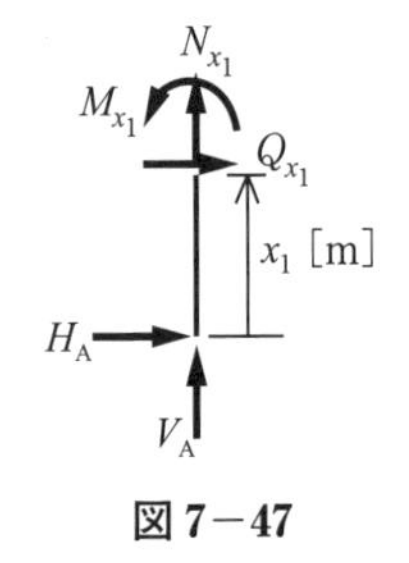

図 7－47

$N_{x_1} + V_A = 0$　　$\therefore N_{x_1} = -5$ kN

$Q_{x_1} + H_A = 0$　　$\therefore Q_{x_1} = 10$ kN

$-M_{x_1} - H_A \cdot x_1 = 0$　　$\therefore M_{x_1} = 10x_1$ [kN·m]

区間 CE における任意の位置 x_2 [m]$(5 \leqq x_2 < 10)$ ではりを切断したときの自由物体図から力および力のモーメントのつり合いより，

$N_{x_2} + V_A = 0$　　$\therefore N_{x_2} = -5$ kN

$Q_{x_2} + H_A + P = 0$　　$\therefore Q_{x_2} = 0$ kN

$-H_A \cdot x_2 - P(x_2 - 5) - M_{x_2} = 0$

$\therefore M_{x_2} = 50$ kN·m

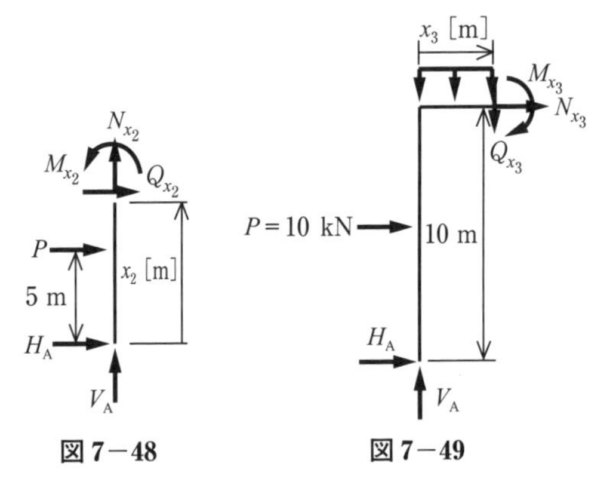

図 7－48　　図 7－49

区間 CD における任意の位置 x_3 [m]$(0 \leqq x_3 < 10)$ ではりを切断したときの自由物体図から力および力のモーメントのつり合いより，

$N_{x_3} + P + H_A = 0$　　$\therefore N_{x_3} = 0$ kN

$V_A - q \cdot x_3 - Q_{x_3} = 0$

$\therefore Q_{x_3} = 5 - 2x_3$ [kN]

$-H_A \cdot 10 + V_A \cdot x_3 - P \cdot 5 - q \cdot x_3 \cdot \frac{x_3}{2} - M_{x_3} = 0$

$\therefore M_{x_3} = 50 + 5x_3 - x_3^2$ [kN·m]

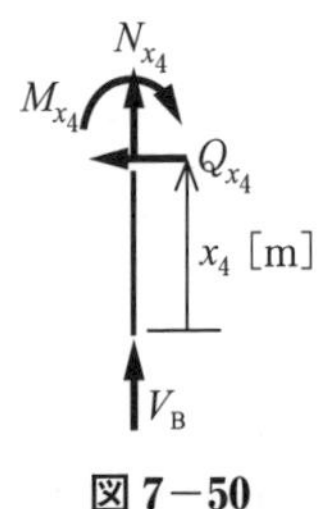

図 7－50

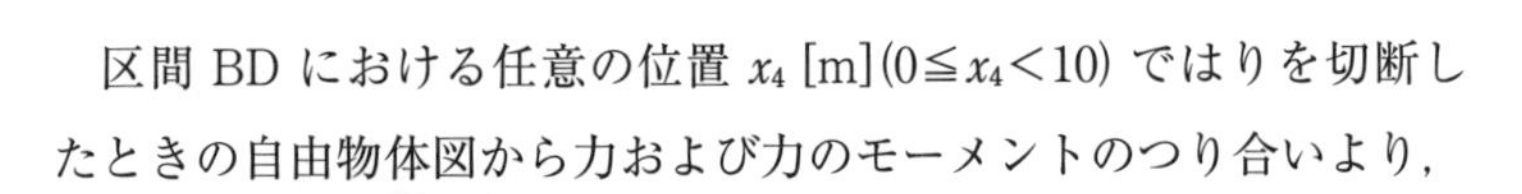

区間 BD における任意の位置 x_4 [m]$(0 \leqq x_4 < 10)$ ではりを切断したときの自由物体図から力および力のモーメントのつり合いより，

$-N_{x_4}+V_B=0 \qquad \therefore N_{x_4}=-15\ \text{kN}$

$Q_{x_4}=0\ \text{kN}$

$M_{x_4}=0\ \text{kN·m}$

以下に，せん断力図と曲げモーメント図を示す．

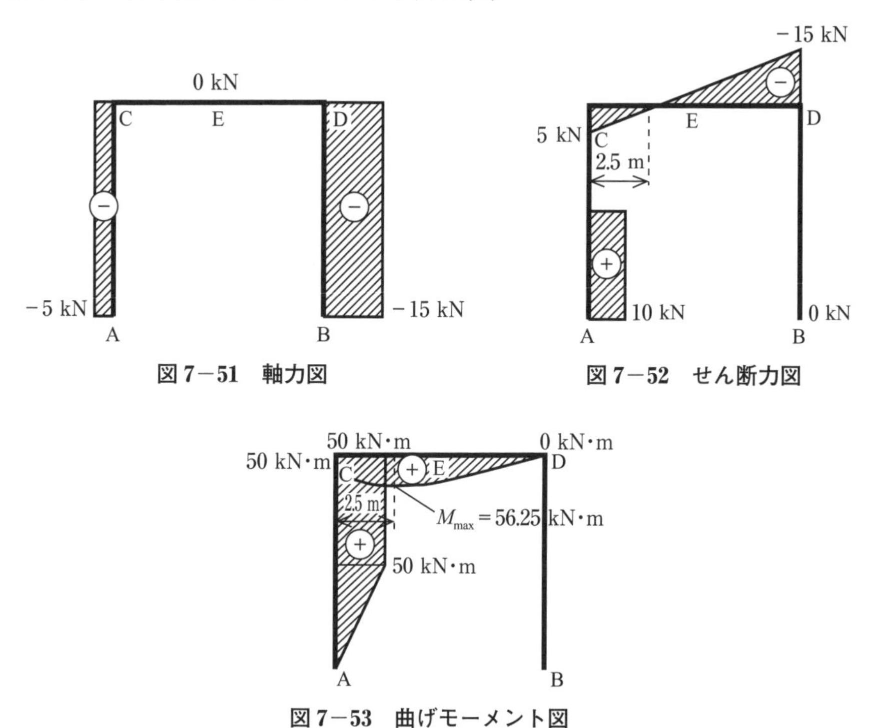

図 7−51　軸力図

図 7−52　せん断力図

図 7−53　曲げモーメント図

8章　発展問題●解答

発展問題 1

単純ばりの点 C の曲げモーメントとせん断力の影響線は基本問題 2 より以下のようになる．

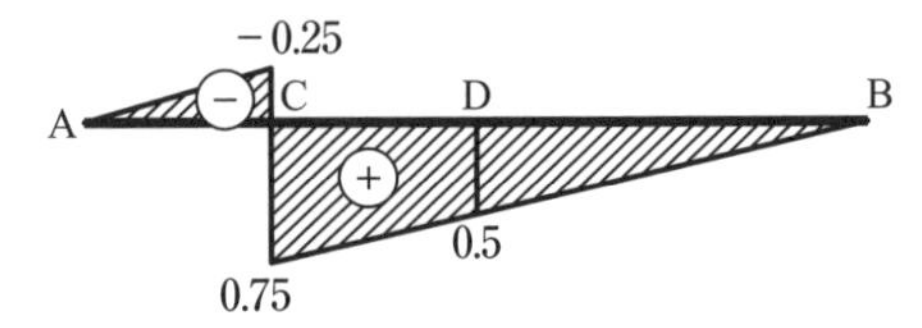

図 8−36　点 C におけるせん断力の影響線

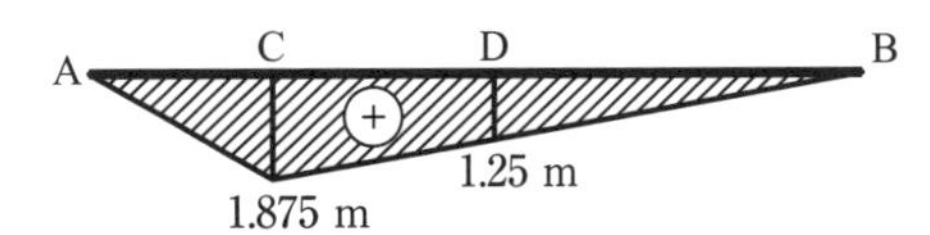

図 8−37　点 C における曲げモーメントの影響線

Point

ここでは，等分布荷重による点 C での断面力を求めるため図 8−36 および図 8−37 の影響線図の等分布荷重が作用する範囲の面積を求める必要があります．

$$Q_C = \frac{10-3.75}{10} \times 10 + 2 \times \frac{1}{2} \times 0.5 \times 5 = 8.75 \text{ kN}$$

$$M_C = \frac{10-3.75}{4} \times 10 + 2 \times \frac{1}{2} \times 1.25 \times 5 = 21.9 \text{ kN}\cdot\text{m}$$

発展問題 2

張り出しばりの点 C の曲げモーメントとせん断力の影響線は，応用問題 2 と同様の方法で求めると以下のようになる．

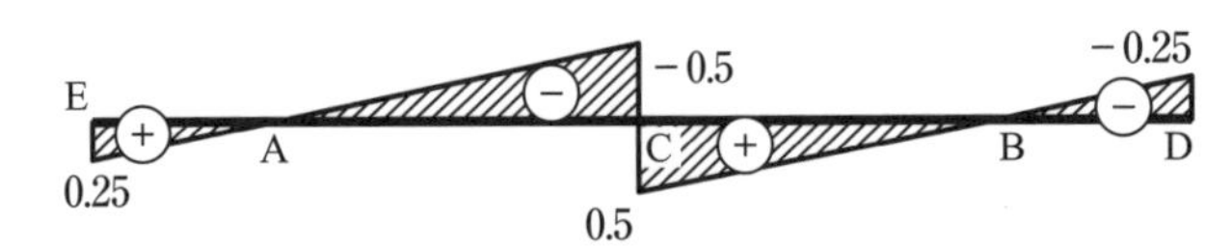

図 8−38　点 C におけるせん断力の影響線

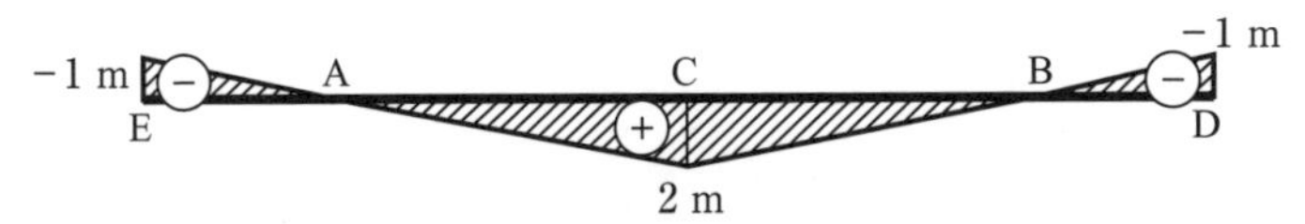

図 8−39　点 C における曲げモーメントの影響線

したがって，

$$Q_C = 0.25 \times 20 - 0.25 \times 10 + \frac{1}{2}(-0.5 \times 4) \times 2 + \frac{1}{2}(0.5 \times 4) \times 2$$

$$= 2.5 \text{ kN}$$

$$M_C = -1 \times 20 - 1 \times 10 + \frac{1}{2}(2 \times 8) \times 2$$

$$= -14 \text{ kN·m}$$

Point

影響線図の断面力がマイナスとなっていることに注意して計算しよう．

発展問題 3

このはりの点 E におけるせん断力および曲げモーメントの影響線は演習問題 2 や 3 と同様の方法で解くことができ，以下のようになる．

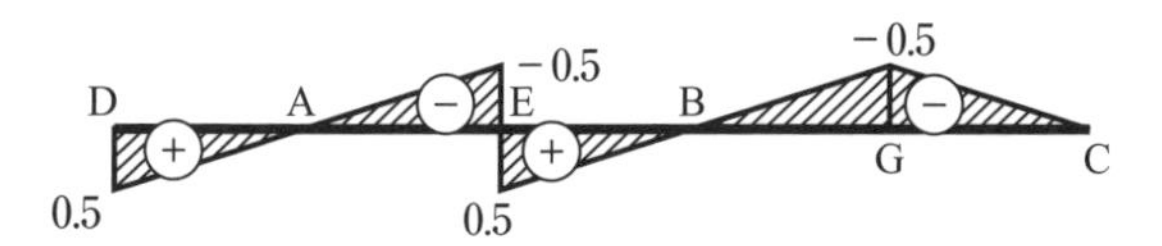

図 8−40　点 E におけるせん断力の影響線

図 8−41　点 E における曲げモーメントの影響線

したがって，

$$Q_E = 0.5 \times 10 + \frac{1}{2}(-0.5 \times 2.5) \times 2 + \frac{1}{2}(0.5 \times 2.5) \times 2$$

$$= 5 \text{ kN}$$

$$M_E = -1.25 \times 10 + \frac{1}{2}(1.25 \times 5) \times 2$$

$$= -6.25 \text{ kN·m}$$

9章 発展問題●解答

発展問題 1

材料①の伸び ΔL_1 と材料②の伸び ΔL_2 の合計はゼロであること，材料①と②に作用する力を P_1，P_2 とすると，$-P_1+P+P_2=0$ であることに着目する．

材料①のひずみ ε_1 は，$\varepsilon_1=\dfrac{P_1}{E_1A_1}$

材料①の伸び ΔL_1 は，$\Delta L_1=\varepsilon_1L_1=\dfrac{P_1L_1}{E_1A_1}=\dfrac{P_1\cdot 1000}{200000\times 10000}=P_1\cdot 5\times 10^{-7}$

材料②のひずみ ε_2 は，$\varepsilon_2=\dfrac{P_2}{E_2A_2}$

材料②の伸び ΔL_2 は，$\Delta L_2=\varepsilon_2L_2=\dfrac{P_2L_2}{E_2A_2}=\dfrac{P_2\cdot 2000}{20000\times 20000}=P_2\cdot 5\times 10^{-6}$

全体の伸びはゼロ（$\Delta L_1+\Delta L_2=0$）と，$-P_1+P+P_2=0$ から，

$P_1\cdot 5\times 10^{-7}=(P-P_1)5\times 10^{-6}$

したがって，

$P\cdot 5\times 10^{-6}=P_1\cdot 5.5\times 10^{-6}$ から，$P_1=9.09$ kN

材料①の縮み ΔL_1 は，$\Delta L_1=9090\times 5\times 10^{-7}=4.5\times 10^{-3}$ mm

ちなみに，材料②の伸び ΔL_2 は，$P_2=9.09-10=-0.91$ kN なので，$\Delta L_2=P_2\cdot 5\times 10^{-6}=-910\times 5\times 10^{-6}=-4.5\times 10^{-3}$ mm と求まり，$|\Delta L_1|=|\Delta L_2|$ である．

発展問題 2

応用問題 2 を参考に解くことができる．ただし，断面が異なる材料から構成されているため，T 形断面の中立軸の位置，断面二次モーメントの算出に工夫が必要である．

材料②を材料①に換算した T 形断面について，中立軸の位置，断面二次モーメントを求める．換算した値であることを示すため，′（ダッシュ）を付している．

はりの下端から，異なる材料で構成される T 形断面の図心までの距離 y_1 を求めると，第 10 章の応用問題 1 で算出するとおり，

$y_1=106.6$ mm すると，$y_2=118.4$ mm

中立軸に関する断面二次モーメントは $I'=1.632\times 10^7$ mm^4

$M=\dfrac{PL}{4}=15$ kN·m が作用すると中立軸より上方が圧縮，下方が引張を受け，最大応力は上縁・下縁に生じる．

$\sigma_u = -\dfrac{M}{I'} y_2 = -108.8\ \mathrm{N/mm^2}$

$\sigma_l = \dfrac{M}{I'} y_1 = 98.0\ \mathrm{N/mm^2}$

10章　発展問題●解答

発展問題 1

鋼断面について

	A_i ($\mathrm{mm^2}$)	Y_i (mm)	A_iY_i ($\mathrm{mm^3}$)	$A_iY_i^2$ ($\mathrm{mm^4}$)	I_{0i} ($\mathrm{mm^4}$)
100×10	1000	490	4900000	2.401×10^8	8.333×10^3
970×10	9700	0	0	0	7.606×10^8
300×20	6000	−495	−2970000	1.470×10^9	2.000×10^5
計	16700	−5	−2480000		2.4710×10^9

Y_i は，ウェブの中央（下縁から，$20+\dfrac{970}{2}=505$ mm）を基準（仮の位置）としている．

図心の位置は，$Y_0=\dfrac{\sum A_i Y_i}{\sum A_i}=-148.5$ mm（基準から y 軸の負方向）

図心を通る水平軸に関する断面二次モーメントは，

$I_x=\sum I_{Xi}-Y_0{}^2A=2.103\times10^9\ \mathrm{mm^4}$

合成断面（ヤング係数比 $n=10$）について

	A_i ($\mathrm{mm^2}$)	Y_i (mm)	A_iY_i ($\mathrm{mm^3}$)	$A_iY_i^2$ ($\mathrm{mm^4}$)	I_{0i} ($\mathrm{mm^4}$)
1500/10×200	30000	595	17850000	1.062×10^{10}	1.000×10^8
100×10	1000	490	4900000	2.401×10^8	8.333×10^3
970×10	9700	0	0	0	7.606×10^8
300×20	6000	−495	−2970000	1.470×10^9	2.000×10^5
計	46700	590	15370000		1.3192×10^{10}

図心の位置は，$Y_0=\dfrac{\sum A_i Y_i}{\sum A_i}=329.1$ mm（基準から y 軸の正方向）

図心を通る水平軸に関する鋼断面に換算した断面二次モーメントは，

$I'_x=\sum I_{Xi}-Y_0{}^2A=8.133\times10^9$ mm^4

発展問題 2

まず，三角形の図心の位置（X_0, Y_0）を XY 座標を基準に求める．

$$X_0=\frac{S_X}{A}=\int_A Y\mathrm{d}A/A=\int_0^b \frac{aY(b-Y)}{b}\mathrm{d}Y/A=\frac{ab^2}{6}\Big/\frac{ab}{2}=\frac{a}{3}$$

$$Y_0=\frac{S_Y}{A}=\int_A X\mathrm{d}A/A=\int_0^a \frac{bX(a-X)}{a}\mathrm{d}X/A=\frac{ba^2}{6}\Big/\frac{ab}{2}=\frac{b}{3}$$

X 軸，Y 軸に関する断面二次モーメントは，

$$I_X=\int_A Y^2\mathrm{d}A=\int_0^b \frac{aY^2(b-Y)}{b}\mathrm{d}Y=\frac{ab^3}{12}$$

$$I_Y=\int_A X^2\mathrm{d}A=\int_0^a \frac{bX^2(a-X)}{a}\mathrm{d}X=\frac{ba^3}{12}$$

したがって，図心軸（xy 座標）に関する断面二次モーメントは，

$$I_x=I_X-Y_0{}^2A=\frac{ab^3}{36},\quad I_y=I_Y-X_0{}^2A=\frac{ba^3}{36}$$

Point

力が断面の図心に作用するとき，物体は力の作用方向のみに移動します．力が図心以外の位置に作用するときには，物体は力の作用方向への移動に加え，回転が加わります．

対称断面では図心は断面の中心点に一致することを利用して，複雑な形状の図心を求めることができます．図心を通る軸に関する断面一次モーメントはゼロであることを利用して，図心の位置を求めます．ちなみに，断面積は断面の 0 次モーメントといえます．

$$A=\int\mathrm{d}A=\iint\mathrm{d}x\mathrm{d}y$$

11章　発展問題●解答

発展問題 1

点 A における反力を H_A, V_A, M_A とすると，

$H_A=0$ kN, $V_A=30$ kN, $M_A=-150$ kN·m

曲げモーメントは，

$$\Sigma M_{(x)}=M_x+M_A-V_A\cdot x+3x\cdot\frac{x}{2}=0$$

$$\therefore M_x=-\frac{3x^2}{2}+30x-150\ \mathrm{kN\cdot m}$$

たわみとモーメントの関係式 $\dfrac{\mathrm{d}^2v}{\mathrm{d}x^2}=-\dfrac{M_x}{EI}$ より，

$$EI\frac{\mathrm{d}v}{\mathrm{d}x}=EI\theta_x=-\int\left(-\frac{3}{2}x^2+30x-150\right)\mathrm{d}x$$

$$=-\left(-\frac{1}{2}x^3+15x^2-150x\right)+C_1$$

$$EIv_x=-\int\left(-\frac{1}{2}x^3+15x^2-150x\right)\mathrm{d}x+\int C_1\mathrm{d}x$$

$$=-\left(-\frac{1}{8}x^4+5x^3-75x^2\right)+C_1x+C_2$$

$x=0$ のとき，$\theta_x=v_x=0$ だから，$C_1=C_2=0$ である．つまり，次の 2 つの式が成り立つ．

$$EI\theta_x=-\frac{1}{2}(-x^3+30x^2-300x)$$

$$EIv_x=-\frac{1}{8}(-x^4+40x^3-600x^2)$$

ここで，与えられた条件より，断面二次モーメント I は，

$$I=\frac{0.4\times0.5^3}{12}=\frac{1}{240}\ \mathrm{m^4}$$

であるため，以上より，

$$\theta_B=-\frac{1}{2EI}(-10^3+30\cdot10^2-300\cdot10)=6.0\times10^{-3}\ \mathrm{rad}\qquad(\because x=10\ \mathrm{m})$$

$$v_B=-\frac{1}{8EI}(-10^4+40\cdot10^3-600\cdot10^2)=4.5\times10^{-2}\ \mathrm{m}\qquad(\because x=10\ \mathrm{m})$$

発展問題 2

点 A における反力を H_A, V_A，点 B における反力を V_B とすると，

$H_A=0$ kN, $V_A=-V_B=1$ kN

区間 AB における曲げモーメント M_x は，$M_x=x$ [kN·m]

たわみと曲げモーメントの関係式 $\dfrac{d^2v}{dx^2}=-\dfrac{M_x}{EI}$ より，

$$EI\frac{dv}{dx}=EI\theta_x=-\int x dx=-\frac{1}{2}x^2+C_1$$

$$EIv_x=-\frac{1}{2}\int x^2 dx+\int C_1 dx=-\frac{1}{6}x^3+C_1x+C_2$$

$x=0$, 10 m のとき，$v_x=0$ だから，$C_1=\dfrac{50}{3}$，$C_2=0$ である．つまり，次の 2 つの式が成り立つ．

$$EI\theta_x=-\frac{1}{2}x^2+\frac{50}{3}$$

$$EIv_x=-\frac{1}{6}x^3+\frac{50}{3}x$$

以上より，

$$\theta_A=\frac{50}{3EI}=2.0\times10^{-4}\text{ rad}\qquad(\because x=0\text{ m})$$

$$\theta_B=-\frac{1}{2EI}\cdot10^2+\frac{50}{3EI}=-4.0\times10^{-4}\text{ rad}\qquad(\because x=10\text{ m})$$

また，$\theta_x=0$ となるときの x の値は，$x=\dfrac{10\sqrt{3}}{3}$ m $(\because 0\leqq x\leqq10)$ である．

このとき，たわみ v は最大たわみ v_{max} となるから，

$$v_{max}=-\frac{1}{6EI}\left(\frac{10}{\sqrt{3}}\right)^3+\frac{50}{3EI}\left(\frac{10}{\sqrt{3}}\right)=7.7\times10^{-4}\text{ m}$$

である．

発展問題 3

点 A における反力を H_A, V_A, M_A とすると,

$H_A=0$, $V_A=P$, $M_A=-PL$

曲げモーメント図は図 11−21 に示すとおりであり, 点 C における曲げモーメントの値は $-Pb$ である.

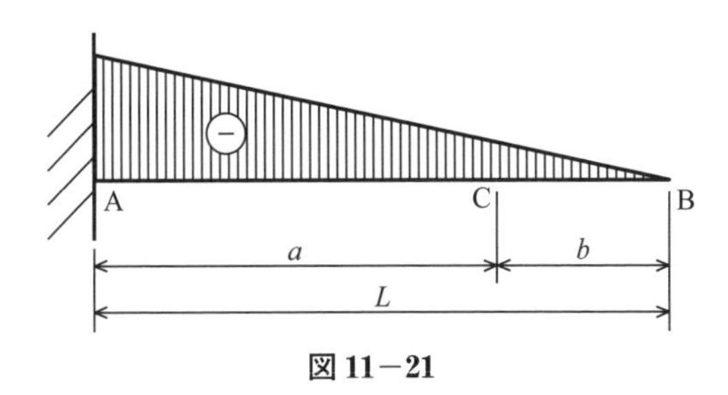

図 11−21

曲げモーメント図を反転させ曲げ剛性で除した分布荷重として作用させ, 固定端と自由端を入れ替えた片持ちばりを考える. 区間 AC, CB の曲げ剛性はそれぞれ EI_a, EI_b であるため, 考えるべき共役ばりは図 11−22 となる.

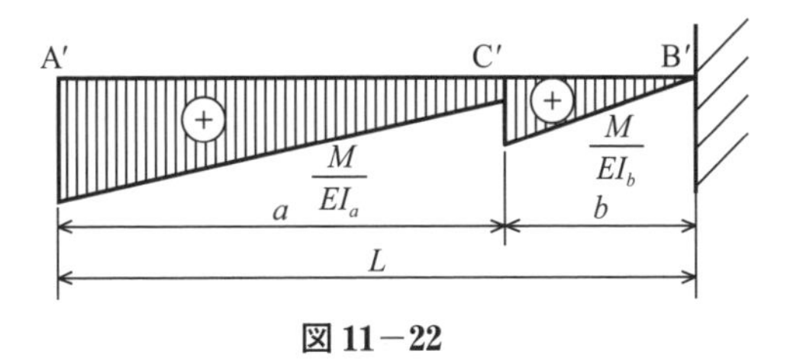

図 11−22

このとき, 点 B′ まわりの力のモーメントのつり合いを考える. ただし, 区間 A′C′ の台形分布荷重は四角形と三角形に分けて考えている.

$$M'_B=\frac{Pb}{EI_b}\times b\times\frac{1}{2}\times\frac{2}{3}b+\frac{Pb}{EI_a}\times a\times\left(\frac{a}{3}+b\right)+\frac{Pa}{EI_a}\times a\times\frac{1}{2}\times\left(\frac{2}{3}a+b\right)$$

$$=\frac{Pb^3}{3EI_b}+\frac{Pa}{3EI_a}(3ab+3b^2+a^2)$$

つまり, 点 B のたわみ v_B は,

$$v_B=\frac{Pb^3}{3EI_b}+\frac{Pa}{3EI_a}(3ab+3b^2+a^2)$$

である.

16章　発展問題●解答

発展問題 1

柱の座屈たわみに関する微分方程式は次のとおりであり，これを解くことによってP_{cr}，l_eを求めることができる．

$$\frac{\mathrm{d}^4 v}{\mathrm{d}x^4}+\frac{P_{cr}}{EI}\frac{\mathrm{d}^2 v}{\mathrm{d}x^2}=0$$

この式に座屈たわみの式を代入する．

具体的には，$v=v_0\sin\frac{\pi}{l}x$ なので，

$$v'=v_0\frac{\pi}{l}\cos\frac{\pi}{l}x,$$

$$v''=-v_0\left(\frac{\pi}{l}\right)^2\sin\frac{\pi}{l}x,$$

$$v'''=-v_0\left(\frac{\pi}{l}\right)^3\cos\frac{\pi}{l}x,$$

$$v''''=-v_0\left(\frac{\pi}{l}\right)^4\sin\frac{\pi}{l}x,$$

を代入すると，

$$v_0\sin\frac{\pi}{l}x\left\{\left(\frac{\pi}{l}\right)^4-\frac{P_{cr}}{EI}\left(\frac{\pi}{l}\right)^2\right\}=0$$

{ } 内がゼロのとき，上式が満足できるので，

$P_{cr}=\dfrac{\pi^2 EI}{l^2}$，したがって，$l_e=1.0\cdot l$（柱の長さと同じ）

発展問題 2

まず，柱が変形する方向を考える．圧縮力を受ける柱は弱軸まわりの変形が生じること，柱両端の支持条件により有効座屈長が決まることに注意する．

弱軸まわりの断面二次モーメントは，

$$I=\frac{50\times30^3}{12}=1.125\times10^5\ \mathrm{mm}^4$$

$l_e=2l$ であり

$$P_{cr}=\frac{\pi^2 EI}{l_e^2}=\frac{\pi^2\cdot2.0\times10^5\times1.125\times10^5}{(2\times2\times10^3)^2}=13.9\ \mathrm{kN},\quad \sigma_{cr}=\frac{P_{cr}}{A}=9.2\ \mathrm{N/mm^2}$$

さらに，$\sigma_{cr} > \sigma_y$ の関係を満たすような l_e を求めると，

$$\sigma_{cr} = \frac{\pi^2 E}{\left(\frac{l_e}{r}\right)^2} = \frac{\pi^2 E}{\left(\frac{l_e}{\sqrt{I/A}}\right)^2} > \sigma_y \text{ から } l_e < \pi\sqrt{\frac{I}{A}}\sqrt{\frac{E}{\sigma_y}} = 793.3\ \text{mm}$$

したがって，$l_e = 2l$ なので，柱の長さ l を 396 mm 以下にすれば柱の座屈は生じない．

── 著者略歴 ──

北原　武嗣（きたはら　たけし）
1989 年　京都大学工学部土木工学科卒業
1991 年　京都大学大学院修士課程修了
　　　　株式会社竹中工務店
2000 年　群馬工業高等専門学校環境都市工学科講師
2001 年　名古屋大学大学院博士課程後期課程修了
2002 年　群馬工業高等専門学校環境都市工学科助教授
2004 年　関東学院大学工学部社会環境システム学科助教授
2009 年　関東学院大学工学部社会環境システム学科教授
2013 年　関東学院大学理工学部土木学系教授
　　　　博士（工学）

梶田　幸秀（かじた　ゆきひで）
1994 年　京都大学工学部土木工学科卒業
1996 年　京都大学大学院工学研究科土木工学専攻修士課程修了
1998 年　京都大学大学院工学研究科土木工学専攻博士後期課程中途退学
1998 年　防衛大学校土木工学教室土木工学科　助手
2000 年　防衛大学校システム工学群建設環境工学科助手
2005 年　九州大学大学院工学研究院建設デザイン部門助教授
2007 年　九州大学大学院工学研究院建設デザイン部門准教授
2012 年　九州大学大学院工学研究院社会基盤部門准教授
　　　　博士（工学）

松村　政秀（まつむら　まさひで）
1997 年　大阪市立大学工学部土木工学科卒業
1999 年　大阪市立大学大学院工学研究科土木工学専攻前期博士課程修了
1999 年　大阪市立大学工学部助手
2002 年　大阪市立大学大学院工学研究科都市系専攻助手
2005 年　大阪市立大学大学院工学研究科都市系専攻講師
2012 年　大阪市立大学大学院工学研究科都市系専攻准教授
2015 年　京都大学大学院工学研究科社会基盤工学専攻准教授
2019 年　熊本大学くまもと水循環・減災研究教育センター教授
　　　　博士（工学）

鈴木　康夫（すずき　やすお）
2000 年　大阪市立大学工学部土木工学科卒業
2002 年　大阪市立大学大学院工学研究科都市系専攻前期博士課程修了
2005 年　大阪市立大学大学院工学研究科都市系専攻後期博士課程修了
2005 年　京都大学大学院工学研究科研修員
2006 年　宇都宮大学工学部助手
2014 年　京都大学大学院工学研究科社会基盤工学専攻助教
2018 年　富山大学都市デザイン学部都市・交通デザイン学科准教授
　　　　博士（工学）

田中　賢太郎（たなか　けんたろう）
2001 年　摂南大学工学部土木工学科卒業
2003 年　摂南大学大学院工学研究科社会開発工学専攻修士課程修了
2006 年　大阪市立大学大学院工学研究科都市系専攻後期博士課程修了
2006 年　関西設計株式会社
2008 年　関東学院大学工学部社会環境システム学科助手
2011 年　摂南大学理工学部都市環境工学科講師
2015 年　摂南大学理工学部都市環境工学科准教授
　　　　博士（工学）

橋本　国太郎（はしもと　くにたろう）
2003 年　大阪市立大学工学部土木工学科卒業
2005 年　大阪市立大学大学院 工学研究科都市系専攻前期博士課程修了
　　　　神鋼鋼線工業株式会社
2007 年　京都大学大学院工学研究科社会基盤工学専攻助教
2014 年　神戸大学大学院工学研究科市民工学専攻准教授
　　　　博士（工学）

大谷　友香（おおたに　ゆか）
2008 年　名古屋工業大学工学部建築・デザイン工学科卒業
2010 年　東京工業大学大学院総合理工学研究科人間環境システム専攻博士前期課程修了
2014 年　東京工業大学大学院総合理工学研究科人間環境システム専攻博士後期課程退学
2014 年　関東学院大学工学部社会環境システム学科助手
2016 年　関東学院大学理工学部土木学系助手
　　　　修士（工学）

執筆分担

1 章～3 章：田中 賢太郎
4 章，5 章：鈴木 康夫・大谷 友香
6 章～8 章：橋本 国太郎
9 章，10 章，16 章：松村 政秀
11 章：大谷 友香
12 章～15 章：梶田 幸秀

構造力学演習

2020年 12月 9日　　第1版第1刷発行

監修者　北原　武嗣
著　者　梶田　幸秀
　　　　松村　政秀
　　　　鈴木　康夫
　　　　田中　賢太郎
　　　　橋本　国太郎
　　　　大谷　友香

発行者　田中　聡

発　行　所
株式会社　電　気　書　院
ホームページ　www.denkishoin.co.jp
(振替口座　00190-5-18837)
〒101-0051　東京都千代田区神田神保町1-3ミヤタビル2F
電話(03)5259-9160／FAX(03)5259-9162

印刷　創栄図書印刷株式会社
Printed in Japan／ISBN978-4-485-30061-9